普通高等教育"十一五"国家级规划教材

新世纪计算机基础教育丛书　　丛书主编　谭浩强

Visual Basic 程序设计教程
（第四版）

刘炳文　编著

清华大学出版社
北京

内 容 简 介

本书通过大量实例，深入浅出地介绍了 Visual Basic 6.0 中文版的开发环境、对象和事件驱动的概念、运算符和表达式、数据输入输出、常用标准控件、基本控制结构、数组和记录、过程调用、键盘和鼠标事件、菜单程序设计、对话框程序设计、多窗体程序设计以及文件处理等问题。针对初学者的特点，全书在编排上注意了由简及繁、由浅入深和循序渐进，力求通俗易懂、简捷实用。只要具有 Windows 初步知识，就可以通过本书掌握 Visual Basic 程序设计的基本内容。全书每章都附有习题，便于学习和教学。

本书可作为高等学校教材，并可作为全国计算机等级考试（NCRE）的应试教材，也可以供读者自学使用。

作者编写的《Visual Basic 程序设计教程题解与上机指导》（第四版）可以与本书配套使用。电子教案可在清华大学出版社网站（www.tup.com.cn）下载。

本书封面贴有清华大学出版社防伪标签，无标签者不得销售。
版权所有，侵权必究。举报：010-62782989，beiqinquan@tup.tsinghua.edu.cn。

图书在版编目（CIP）数据

Visual Basic 程序设计教程/刘炳文编著. —4版. —北京：清华大学出版社，2009.11(2025.2 重印)
（新世纪计算机基础教育丛书）
ISBN 978-7-302-20596-8

Ⅰ．V… Ⅱ．刘… Ⅲ．BASIC 语言－程序设计－高等学校－教材 Ⅳ．TP312

中国版本图书馆 CIP 数据核字（2009）第 118416 号

责任编辑：焦　虹
责任校对：李建庄
责任印制：宋　林

出版发行：清华大学出版社
　　　　网　　址：https://www.tup.com.cn，https://www.wqxuetang.com
　　　　地　　址：北京清华大学学研大厦 A 座　　　　邮　　编：100084
　　　　社　总　机：010-83470000　　　　　　　　　　邮　　购：010-62786544
　　　　投稿与读者服务：010-62776969，c-service@tup.tsinghua.edu.cn
　　　　质　量　反　馈：010-62772015，zhiliang@tup.tsinghua.edu.cn
印 装 者：三河市龙大印装有限公司
经　　销：全国新华书店
开　　本：185mm×260mm　　　印　张：24.5　　　字　数：575 千字
版　　次：2009 年 11 月第 4 版　　　　　　　　　印　次：2025 年 2 月第 25 次印刷
定　　价：68.90 元

产品编号：034223-05

序

现代科学技术的飞速发展,改变了世界,也改变了人类的生活。作为新世纪的大学生,应当站在时代发展的前列,掌握现代科学技术知识,调整自己的知识结构和能力结构,以适应社会发展的要求。新世纪需要具有丰富的现代科学知识,能够独立完成面临的任务,充满活力,有创新意识的新型人才。

掌握计算机知识和应用,无疑是培养新型人才的一个重要环节。现在计算机技术已深入到人类生活的各个角落,与其他学科紧密结合,成为推动各学科飞速发展的有力的催化剂。无论学什么专业的学生,都必须具备计算机的基础知识和应用能力。计算机既是现代科学技术的结晶,又是大众化的工具。学习计算机知识,不仅能够掌握有关知识,而且能培养人们的信息素养。这是高等学校全面素质教育中极为重要的一部分。

高校计算机基础教育应当遵循的理念是:面向应用需要;采用多种模式;启发自主学习;重视实践训练;加强创新意识;树立团队精神,培养信息素养。

计算机应用人才队伍由两部分人组成:一部分是计算机专业出身的计算机专业人才,他们是计算机应用人才队伍中的骨干力量;另一部分是各行各业中应用计算机的人员。这后一部分人一般并非计算机专业毕业,他们人数众多,既熟悉自己所从事的专业,又掌握计算机的应用知识,善于用计算机作为工具解决本领域中的任务。他们是计算机应用人才队伍中的基本力量。事实上,大部分应用软件都是由非计算机专业出身的计算机应用人员研制的。他们具有的这个优势是其他人难以代替的。从这个事实可以看到在非计算机专业中深入进行计算机教育的必要性。

非计算机专业中的计算机教育,无论目的、内容、教学体系、教材、教学方法等各方面都与计算机专业有很大的不同,绝不能照搬计算机专业的模式和做法。全国高等院校计算机基础教育研究会自1984年成立以来,始终不渝地探索高校计算机基础教育的特点和规律。2004年,全国高等院校计算机基础教育研究会与清华大学出版社共同推出了《中国高等院校计算机基础教育课程体系2004》(简称CFC2004);2006年、2008年又共同推出了《中国高等院校计算机基础教育课程体系2006》(简称CFC2006)及《中国高等院校计算机基础教育课程体系2008》(简称CFC2008),由清华大学出版社正式出版发行。

1988年起,我们根据教学实际的需要,组织编写了《计算机基础教育丛书》,邀请有丰富教学经验的专家、学者先后编写了多种教材,由清华大学出版社出版。丛书出版后,迅速受到广大高校师生的欢迎,对高等学校的计算机基础教育起了积极的推动作用。广大读者反映这套教材定位准确,内容丰富,通俗易懂,符合大学生的特点。

1999年,根据新世纪的需要,在原有基础上组织出版了《新世纪计算机基础教育丛书》。由于内容符合需要,质量较高,被许多高校选为教材。丛书总发行量1000多万册,这在国内是罕见的。

最近,我们又对丛书作了进一步的修订,根据发展的需要,增加了新的书目和内容。本丛书有以下特点:

(1)内容新颖。根据21世纪的需要,重新确定丛书的内容,以符合计算机科学技术的发展和教学改革的要求。本丛书除保留了原丛书中经过实践考验且深受群众欢迎的优秀教材外,还编写了许多新的教材。在这些教材中反映了近年来迅速得到推广应用的一些计算机新技术,以后还将根据发展不断补充新的内容。

(2)适合不同学校组织教学的需要。本丛书采用模块形式,提供了各种课程的教材,内容覆盖了高校计算机基础教育的各个方面。丛书中既有理工类专业的教材,也有文科和经济类专业的教材;既有必修课的教材,也包括一些选修课的教材。各类学校都可以从中选择到合适的教材。

(3)符合初学者的特点。本丛书针对初学者的特点,以应用为目的,以应用为出发点,强调实用性。本丛书的作者都是长期在第一线从事高校计算机基础教育的教师,对学生的基础、特点和认识规律有深入的研究,在教学实践中积累了丰富的经验。可以说,每一本教材都是他们长期教学经验的总结。在教材的写法上,既注意概念的严谨和清晰,又特别注意采用读者容易理解的方法阐明看似深奥难懂的问题,做到例题丰富,通俗易懂,便于自学。这一点是本丛书一个十分重要的特点。

(4)采用多样化的形式。除了教材这一基本形式外,有些教材还配有习题解答和上机指导,并提供电子教案。

总之,本丛书的指导思想是内容新颖、概念清晰、实用性强、通俗易懂、教材配套。简单概括为:"新颖、清晰、实用、通俗、配套"。我们经过多年实践形成的这一套行之有效的创作风格,相信会受到广大读者的欢迎。

本丛书多年来得到了各方面人士的指导、支持和帮助,尤其是得到了全国高等院校计算机基础教育研究会的各位专家和各高校老师们的支持和帮助,我们在此表示由衷的感谢。

本丛书肯定有不足之处,希望得到广大读者的批评指正。

丛 书 主 编
全国高等院校计算机基础教育研究会会长
谭 浩 强

前言

Visual Basic 称得上是 Microsoft 公司迄今为止最成功的开发工具，在全世界拥有数以百万计的用户。它之所以受到人们的青睐，原因是多方面的，但主要有两点：一是功能强大，二是容易掌握。Visual Basic 的出现，打破了 Windows 应用程序的开发由专业的 C 程序员一统天下的局面，即使非专业人员也能在较短的时间内开发出质量高、界面好的 Visual Basic 应用程序。

Visual Basic 功能强大，内容十分丰富。Visual Basic 5.0 及以后的版本已发展成为大型程序设计语言，要在一本书中面面俱到地讲述全部功能是不现实的。笔者认为，对于初学者来说，应当把主要精力放在最基本、最常用的那些部分，待有一定基础后再学习其他部分。本书介绍的是 Visual Basic 6.0 的基础知识，是 Visual Basic 最基本的部分，适用于初学者。针对初学者的特点，在体系结构和内容上注意了由简到繁、由浅入深、循序渐进、深入浅出以及理论与实践的密切结合。在介绍新概念时，一般从具体问题入手，然后逐步引出概念和结论，并通过不同类型的例题，帮助读者掌握 Visual Basic 程序设计的方法和技巧，力求使读者能顺利地理解和掌握每个新引入的概念。考虑到 Visual Basic 是为编写应用软件而研制的，本书中的例题主要用来加深对概念的理解。只有理解了这些基本概念，才能用 Visual Basic 设计复杂的应用程序；在掌握了本书的内容之后，就可以登堂入室，达到更高的境界。

为了适应广大初学者的需要，本书不要求读者具有专门的计算机专业知识的基础，也不要求有其他计算机高级语言的编程经验，只要求读者具有 Windows 的初步知识。Visual Basic 6.0 是在 Windows 环境下运行的编程语言，与 Windows 有着十分密切的关系。为了节省篇幅，集中讨论 Visual Basic 的程序设计技术，本书没有专门介绍 Windows 的操作，但它是学习和掌握 Visual Basic 程序设计方法的重要方面。因此，为了能顺利地学习 Visual Basic 程序设计，在学习本书的内容之前，应适当地学习 Windows 的基础知识。

Visual Basic 6.0 包括 3 种版本：学习版、专业版和企业版。这些版本是在相同的基础上建立起来的，因此大多数应用程序可以在 3 种版本中通用。本书使用的是 Visual Basic 6.0 中文企业版，但其内容可用于专业版和学习版,书中所有程序可以在专业版和学习版中运行。此外,本书的大部分内容实际上与版本的更新无关,对仍在使用旧版本的用户同样适用。

本书于 2006 年 8 月发行第三版,受到广大读者欢迎,先后多次重印。根据专家和读者的意见,结合笔者本人的应用实践,在第三版的基础上进行了修订。这次修订,对第三版的内容没有作太大的改动,只进行了部分修改和调整,使需要掌握的内容更加突出,以便于学习。

全书共分 14 章,主要内容包括:Visual Basic 程序开发环境、对象和事件驱动的概念、运算符和表达式、数据输入输出、常用标准控件、基本控制结构、数组和记录、过程调用、键盘和鼠标事件过程、菜单程序设计、对话框程序设计、多窗体程序设计、文件处理等。

在我国,Visual Basic 正在受到越来越多的计算机专业和非专业人士的重视,希望本书的修订能给读者学习和使用 Visual Basic 带来一些便利。感谢读者选择和使用本书,欢迎专家和广大读者对本书批评指正,提出修改意见,笔者将不胜感激。

刘炳文

2009 年 8 月

目 录

第 1 章 Visual Basic 编程环境 ······· 1

1.1 可视化与事件驱动型语言 ······· 1
    1.1.1 可视化界面设计 ······· 1
    1.1.2 事件驱动的编程机制 ······· 2
1.2 Visual Basic 的启动与退出 ······· 2
1.3 主窗口 ······· 5
    1.3.1 标题栏和菜单栏 ······· 5
    1.3.2 工具栏 ······· 7
1.4 其他窗口 ······· 8
    1.4.1 窗体设计器和工程资源管理器 ······· 8
    1.4.2 属性窗口和工具箱窗口 ······· 10
习题 ······· 12

第 2 章 对象 ······· 13

2.1 对象及其属性设置 ······· 13
    2.1.1 Visual Basic 的对象 ······· 13
    2.1.2 对象属性设置 ······· 15
2.2 窗体 ······· 17
    2.2.1 窗体的结构与属性 ······· 17
    2.2.2 窗体事件 ······· 22
2.3 控件 ······· 22
    2.3.1 内部控件 ······· 23
    2.3.2 控件的命名和控件值 ······· 24
2.4 控件的画法和基本操作 ······· 26
    2.4.1 控件的画法 ······· 26
    2.4.2 控件的基本操作 ······· 27
习题 ······· 29

第 3 章 建立简单的 Visual Basic 应用程序 ······· 31

3.1 语句 ······· 31
    3.1.1 Visual Basic 中的语句 ······· 31

      3.1.2　赋值、注释、暂停和结束语句 …………………………………………… 32
  3.2　编写简单的 Visual Basic 应用程序 …………………………………………………… 35
      3.2.1　程序设计 ……………………………………………………………………… 35
      3.2.2　代码编辑器 …………………………………………………………………… 41
  3.3　程序的保存、装入和运行 ……………………………………………………………… 42
      3.3.1　保存程序 ……………………………………………………………………… 42
      3.3.2　程序的装入 …………………………………………………………………… 44
      3.3.3　程序的运行 …………………………………………………………………… 45
  3.4　Visual Basic 应用程序的结构与工作方式 …………………………………………… 46
  习题 …………………………………………………………………………………………… 47

第 4 章　数据类型、运算符与表达式 ……………………………………………………… 49

  4.1　基本数据类型 …………………………………………………………………………… 49
  4.2　常量和变量 ……………………………………………………………………………… 52
      4.2.1　常量 …………………………………………………………………………… 52
      4.2.2　变量 …………………………………………………………………………… 54
  4.3　变量的作用域 …………………………………………………………………………… 57
      4.3.1　局部变量与全局变量 ………………………………………………………… 57
      4.3.2　默认声明 ……………………………………………………………………… 58
  4.4　常用内部函数 …………………………………………………………………………… 60
      4.4.1　转换、数学及日期和时间函数 ……………………………………………… 60
      4.4.2　字符串函数 …………………………………………………………………… 62
      4.4.3　Shell 函数 ……………………………………………………………………… 66
  4.5　运算符与表达式 ………………………………………………………………………… 67
      4.5.1　算术运算符 …………………………………………………………………… 68
      4.5.2　关系运算符与逻辑运算符 …………………………………………………… 69
      4.5.3　字符串表达式与日期表达式 ………………………………………………… 72
      4.5.4　表达式的执行顺序 …………………………………………………………… 73
  习题 …………………………………………………………………………………………… 74

第 5 章　数据输入输出 ……………………………………………………………………… 76

  5.1　数据输出——Print 方法 ……………………………………………………………… 76
      5.1.1　Print 方法 ……………………………………………………………………… 76
      5.1.2　与 Print 方法有关的函数和方法 …………………………………………… 78
      5.1.3　格式输出 ……………………………………………………………………… 81
  5.2　数据输入——InputBox 函数 …………………………………………………………… 84
  5.3　MsgBox 函数和 MsgBox 语句 ………………………………………………………… 87
      5.3.1　MsgBox 函数 …………………………………………………………………… 87

　　　　5.3.2　MsgBox 语句 ………………………………………………… 90
　5.4　字形 …………………………………………………………………… 91
　　　　5.4.1　字体类型和大小 …………………………………………… 91
　　　　5.4.2　其他属性 …………………………………………………… 92
　习题 ………………………………………………………………………… 94

第 6 章　常用标准控件 ………………………………………………… 96

　6.1　文本控件 ……………………………………………………………… 96
　　　　6.1.1　标签 ………………………………………………………… 96
　　　　6.1.2　文本框 ……………………………………………………… 97
　6.2　图形控件 ……………………………………………………………… 101
　　　　6.2.1　图片框和图像框 …………………………………………… 102
　　　　6.2.2　图形文件的装入 …………………………………………… 104
　　　　6.2.3　直线和形状 ………………………………………………… 107
　6.3　按钮控件 ……………………………………………………………… 109
　　　　6.3.1　属性和事件 ………………………………………………… 109
　　　　6.3.2　应用举例 …………………………………………………… 110
　6.4　选择控件——复选框和单选按钮 …………………………………… 112
　　　　6.4.1　复选框和单选按钮的属性和事件 ………………………… 113
　　　　6.4.2　应用举例 …………………………………………………… 114
　6.5　选择控件——列表框和组合框 ……………………………………… 116
　　　　6.5.1　列表框 ……………………………………………………… 116
　　　　6.5.2　组合框 ……………………………………………………… 120
　6.6　滚动条 ………………………………………………………………… 124
　6.7　计时器 ………………………………………………………………… 126
　6.8　框架 …………………………………………………………………… 129
　6.9　焦点与 Tab 顺序 ……………………………………………………… 131
　　　　6.9.1　设置焦点 …………………………………………………… 131
　　　　6.9.2　Tab 顺序 …………………………………………………… 132
　习题 ………………………………………………………………………… 134

第 7 章　Visual Basic 控制结构 ………………………………………… 137

　7.1　选择控制结构 ………………………………………………………… 137
　　　　7.1.1　单行结构条件语句 ………………………………………… 137
　　　　7.1.2　块结构条件语句 …………………………………………… 138
　　　　7.1.3　IIf 函数 ……………………………………………………… 142
　7.2　多分支控制结构 ……………………………………………………… 143
　7.3　For 循环控制结构 …………………………………………………… 147

7.4 当循环控制结构 …… 152
7.5 Do 循环控制结构 …… 155
7.6 多重循环 …… 160
7.7 GoTo 型控制 …… 162
 7.7.1 GoTo 语句 …… 162
 7.7.2 On…GoTo 语句 …… 164
习题 …… 164

第 8 章 数组与记录 …… 167

8.1 数组的概念 …… 167
 8.1.1 数组的定义 …… 167
 8.1.2 默认数组 …… 171
8.2 动态数组 …… 172
 8.2.1 动态数组的定义 …… 172
 8.2.2 数组的清除和重定义 …… 175
8.3 数组的基本操作 …… 176
 8.3.1 数组元素的输入、输出和复制 …… 176
 8.3.2 For Each…Next 语句 …… 180
8.4 数组的初始化 …… 182
8.5 控件数组 …… 184
 8.5.1 基本概念 …… 184
 8.5.2 建立控件数组 …… 185
8.6 记录 …… 188
 8.6.1 记录类型和记录类型变量 …… 188
 8.6.2 记录变量的初始化及其引用 …… 190
8.7 记录数组 …… 193
习题 …… 196

第 9 章 过程 …… 199

9.1 Sub 过程 …… 199
 9.1.1 建立 Sub 过程 …… 199
 9.1.2 调用 Sub 过程 …… 202
9.2 Function 过程 …… 204
 9.2.1 建立 Function 过程 …… 204
 9.2.2 调用 Function 过程 …… 206
9.3 参数传送 …… 209
 9.3.1 形参与实参 …… 209
 9.3.2 引用 …… 211

9.3.3 传值 ·· 213
9.3.4 数组参数的传送 ································ 215
9.4 可选参数与可变参数 ·· 222
9.4.1 可选参数 ··· 222
9.4.2 可变参数 ··· 223
9.5 对象参数 ··· 224
9.5.1 窗体参数 ··· 224
9.5.2 控件参数 ··· 226
9.6 局部内存分配 ··· 230
9.7 递归 ·· 232
习题 ·· 236

第 10 章 键盘与鼠标事件 ··· 238

10.1 KeyPress 事件 ·· 238
10.2 KeyDown 和 KeyUp 事件 ····································· 241
10.3 鼠标事件 ·· 248
10.3.1 鼠标位置 ·· 249
10.3.2 鼠标按钮 ·· 251
10.3.3 转换参数 ·· 253
10.4 鼠标光标的形状 ·· 256
10.4.1 MousePointer 属性 ·························· 256
10.4.2 设置鼠标光标形状 ··························· 256
10.5 拖放 ·· 258
10.5.1 与拖放有关的属性、事件和方法 ········ 258
10.5.2 自动拖放 ·· 260
10.5.3 手动拖放 ·· 262
习题 ·· 265

第 11 章 菜单程序设计 ·· 267

11.1 Visual Basic 中的菜单 ··· 267
11.2 菜单编辑器 ··· 268
11.3 用菜单编辑器建立菜单 ·· 271
11.3.1 界面设计 ·· 271
11.3.2 编写程序代码 ·································· 273
11.4 菜单项的控制 ··· 275
11.4.1 有效性控制 ····································· 275
11.4.2 菜单项标记 ····································· 277
11.4.3 键盘选择 ·· 279

11.5 菜单项的增减 …… 280
11.6 弹出式菜单 …… 283
习题 …… 287

第12章 对话框程序设计 …… 288

12.1 概述 …… 288
    12.1.1 对话框的分类与特点 …… 288
    12.1.2 自定义对话框 …… 289
    12.1.3 通用对话框控件 …… 291
12.2 文件对话框 …… 292
    12.2.1 文件对话框的结构 …… 292
    12.2.2 文件对话框的属性 …… 293
    12.2.3 文件对话框举例 …… 296
12.3 其他对话框 …… 298
    12.3.1 颜色对话框 …… 298
    12.3.2 字体对话框 …… 299
    12.3.3 打印对话框 …… 301
习题 …… 304

第13章 多窗体程序设计与环境应用 …… 306

13.1 建立多窗体应用程序 …… 306
    13.1.1 与多窗体程序设计有关的语句和方法 …… 306
    13.1.2 建立界面 …… 307
    13.1.3 编写程序代码 …… 311
13.2 多窗体程序的执行与保存 …… 318
    13.2.1 指定启动窗体 …… 318
    13.2.2 多窗体程序的存取 …… 319
13.3 Visual Basic 工程结构 …… 320
    13.3.1 标准模块 …… 321
    13.3.2 窗体模块 …… 321
    13.3.3 Sub Main 过程 …… 322
13.4 闲置循环与 DoEvents 语句 …… 324
13.5 系统对象 …… 326
    13.5.1 App 对象 …… 326
    13.5.2 Screen 对象 …… 327
习题 …… 328

第 14 章 文件 ……330

- 14.1 文件概述 ……330
- 14.2 文件的打开与关闭 ……332
  - 14.2.1 文件的打开或建立 ……332
  - 14.2.2 文件的关闭 ……334
- 14.3 文件操作语句和函数 ……335
  - 14.3.1 文件指针 ……335
  - 14.3.2 其他语句和函数 ……336
- 14.4 顺序文件 ……337
  - 14.4.1 顺序文件的写操作 ……337
  - 14.4.2 顺序文件的读操作 ……342
- 14.5 随机文件 ……347
  - 14.5.1 随机文件的读写操作 ……347
  - 14.5.2 随机文件举例 ……348
- 14.6 用控件显示和修改随机文件 ……355
- 14.7 二进制文件 ……358
  - 14.7.1 二进制存取与随机存取 ……359
  - 14.7.2 程序举例 ……359
- 14.8 文件系统控件 ……360
  - 14.8.1 驱动器列表框和目录列表框 ……361
  - 14.8.2 文件列表框 ……363
  - 14.8.3 程序举例 ……365
- 14.9 文件基本操作 ……369
- 习题 ……371

参考文献 ……373

第1章 Visual Basic 编程环境

Visual Basic 是新一代的可视化程序设计语言,其应用程序设计是在一个集成开发环境(IDE)中进行的。本章将介绍 Visual Basic 6.0 版的集成开发环境。

1.1 可视化与事件驱动型语言

Visual Basic 是一种新型的现代程序设计语言,具有很多与传统程序设计语言不同的特点,其中最主要的特点有两个,即可视化界面设计和事件驱动的编程机制。

1.1.1 可视化界面设计

常用的高级程序设计语言大体上可以分为两类,即面向过程的语言和面向对象的语言。面向过程的程序设计语言把解题的过程看做是数据加工的过程,注重的是算法描述,因此,面向过程的高级语言又称为算法语言。

计算机技术的进一步发展,特别是具有图形用户界面(GUI)的操作系统(如 Windows 系列操作系统)的广泛使用,使得面向对象的程序设计思想应运而生。采用面向对象思想的程序设计语言就是面向对象的程序设计语言。

Visual Basic 虽然是面向对象的程序设计语言,但它与一般的面向对象的程序设计语言不完全相同。在一般的面向对象程序设计语言中,对象由程序代码和数据组成,是抽象的概念;而 Visual Basic 则是应用面向对象的程序设计方法,把程序和数据封装起来作为一个对象,并为每个对象赋予应有的属性,使对象成为实在的东西。在设计对象时,不必编写建立和描述每个对象的程序代码,而是用工具画在界面上,Visual Basic 自动生成对象的程序代码并封装起来。每个对象以图形方式显示在界面上,都是可视的。

用传统程序设计语言来设计程序时,主要的工作就是设计算法和编写代码,程序的功能和显示结果(包括大量的用户界面)都通过程序语句来实现。在设计过程中看不到界面的实际显示效果,必须编译后运行程序才能观察。如果对界面的效果不满意,就要回到程序中去修改。有时候,这种"编程—编译—修改"的操作可能要反复多次,从而大大影响了软件开发效率。Visual Basic 提供了可视化设计工具,把 Windows 界面设计的复杂性"封装"起来,开发人员不必为界面设计而编写大量程序代码,只需要按设计要求的屏幕布局,用系统提供的工具(控件),在屏幕上画出各种"部件",即图形对象,并设置这些图形对象的属性,Visual Basic 自动产生界面设计代码,程序设计人员只需要编写实现程序功能的那部分代码。也就是说,程序所需要的用户界面是用

图 1.1 简易计算器面板

Visual Basic 所提供的可视化设计工具"画"出来的,而不是用程序代码"写"出来的。例如,根据需要很容易画出如图 1.1 所示的简易计算器面板。如果用传统的程序设计语言建立这样一个界面,则必须编写大量的程序代码,而且可能要经过反复修改才能达到设计要求。

1.1.2 事件驱动的编程机制

Visual Basic 通过事件驱动的方式来实现对象的操作,其程序不是按照预定的"路径"执行,而是在响应不同的事件时,驱动不同的事件代码,以此来控制对象的行为。一个对象可能会产生多个事件,每个事件都可以通过一段程序来响应。例如,命令按钮是一个对象,当用户单击该按钮时,将产生一个单击(Click)事件,而在产生该事件时将执行一段程序,用来实现指定的操作。

在用 Visual Basic 设计大型应用软件时,不必建立具有明显开始和结束的程序,而是编写若干个微小的子程序,即过程。这些过程分别面向不同的对象,由用户操作引发某个事件来驱动完成某种特定的功能,或者由事件驱动程序调用通用过程来执行指定的操作。这样可以方便编程人员,提高效率。

在传统的面向过程的应用程序中,执行哪一部分代码和按何种顺序执行代码都由程序本身控制。而在面向对象的程序设计中,编程人员要以"对象"为中心来设计模块,而不是以"过程"为中心来考虑应用程序的结构。此外,在事件驱动应用程序中,代码不是按预定的顺序执行,而是在响应不同的事件时执行不同的代码段。

事件是可以由窗体或控件识别的操作。在响应事件时,事件驱动应用程序执行指定的代码。事件可以由用户操作触发,也可以由来自操作系统或其他应用程序的消息触发,甚至由应用程序本身的消息触发。这些事件的顺序决定了代码执行的顺序,因此,在事件驱动应用程序中,每次运行时所执行的代码和所经过的"路径"是不一样的。

Visual Basic 的窗体和每个控件都有一个预定义的事件集,当其中的某个事件发生,并且在相关联的事件过程中存在代码时,Visual Basic 将执行这些代码。

尽管 Visual Basic 中的对象能自动识别预定义的事件集,但必须通过代码判定它们是否响应具体事件以及如何响应具体事件,代码(即事件过程)与每个事件对应。为了让窗体或控件响应某个事件,必须把代码放入这个事件的事件过程之中。

对象所能识别的事件类型有很多种,但多数类型为大多数对象所共有。例如,大多数对象都能识别 Click 事件,即单击事件;如果单击窗体,则执行窗体的单击事件过程中的代码;如果单击命令按钮,则执行命令按钮的单击事件过程中的代码。此外,某些事件可以在运行期间触发。例如,在运行期间改变文本框中的文本时,将引发文本框的 Change 事件,如果 Change 事件过程中含有代码,则执行这些代码。

1.2 Visual Basic 的启动与退出

Visual Basic 6.0 可以在多种操作系统下运行,包括 Windows 95、Windows 98、Windows NT 4.0、Windows 2000、Windows XP 和 Windows Vista 等。为了叙述方便,在本书中上述操作系统一律称作 Windows。此外,除非特别说明,Visual Basic 一般指的

是 Visual Basic 6.0。

　　Visual Basic 6.0 是 Visual Studio 6.0 套装软件中的一个成员，它可以和 Visual Studio 6.0 一起安装，也可以单独安装。单独安装的 Visual Basic 6.0 中文版包括 4 张光盘，其中两张为 MSDN。安装方式不同，启动方式也略有区别。在这里，假定所使用的 Visual Basic 6.0 是单独安装的。

　　开机并进入中文 Windows 后，可以用多种方法启动 Visual Basic。

1. 使用"开始"菜单中的"程序"命令

　　（1）单击 Windows 环境下的"开始"按钮，弹出一个菜单，把鼠标光标移到"程序"命令上，将弹出下一个级联菜单。

　　（2）把鼠标光标移到"Microsoft Visual Basic 6.0 中文版"，弹出下一个级联菜单，即 Visual Basic 6.0 程序组。

　　（3）单击"Microsoft Visual Basic 6.0 中文版"，即可进入 Visual Basic 6.0 编程环境。

2. 使用"我的电脑"

　　（1）双击"我的电脑"，弹出一个窗口，然后单击 Visual Basic 6.0 所在的硬盘驱动器盘符，将打开相应的驱动器窗口。

　　（2）单击驱动器窗口中的 vb60 文件夹，打开"VB60"窗口。

　　（3）双击"vb6.exe"图标，即可进入 Visual Basic 6.0 编程环境。

3. 使用"开始"菜单中的"运行"命令

　　（1）单击"开始"按钮，弹出一个菜单，然后单击"运行"命令，将弹出一个对话框。

　　（2）在"打开"栏内输入 Visual Basic 6.0 启动文件的名字（包括路径）。例如：

c:\vb60\vb6.exe

　　（3）单击"确定"按钮，即可启动 Visual Basic 6.0。

4. 建立启动 Visual Basic 6.0 的快捷方式

　　具体操作见有关资料。

　　用上面所介绍的任何一种方法启动 Visual Basic 6.0 后，将首先显示版权屏幕，说明此份程序副本的使用权属于谁。稍候，显示"新建工程"对话框，如图 1.2 所示。图中所显示的是"新建"选项卡，如果单击"现存"或"最新"选项卡，则可分别显示现有的或最新的 Visual Basic 应用程序文件名列表，可从中选择要打开的文件名。

　　"新建"选项卡对话框显示了可以在 Visual Basic 6.0 中使用的工程类型，即可以建立的应用程序，其中"标准 EXE"用来建立一个标准的 EXE 工程，本书将只讨论这种工程类型。

　　在对话框中选择要建立的工程类型（例如"标准 EXE"），然后单击"打开"按钮，即进入 Visual Basic 6.0 集成环境，如图 1.3 所示。

　　Visual Basic 6.0 提供了许多种工程类型，以满足不同的需要。每次启动 Visual Basic 时，都要显示"新建工程"对话框。在一般情况下，可能主要使用"标准 EXE"工程，因此，没有必要在每次启动 Visual Basic 时显示该对话框，这可以通过选择对话框（见图 1.2）左下角的"不再显示这个对话框"选项来实现（用鼠标单击小方框，使框内有"√"）。选择该选项后，再选择"标准 EXE"，然后单击"打开"按钮，进入 Visual Basic 开发环境。

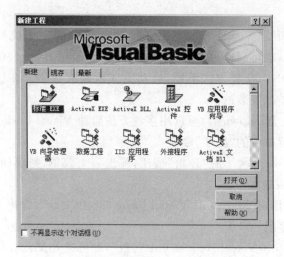

图 1.2 "新建工程"对话框("新建"选项卡)

以后再启动 Visual Basic 时,就不再显示"新建工程"对话框,直接进入开发环境。

在默认情况下,Visual Basic 6.0 的集成开发环境为传统的 Windows MDI(多文档界面)方式(见图 1.3);此外,也可以用 SDI(单文档界面)方式启动 Visual Basic。在多数情况下,使用 SDI 方式可能会更方便。为了把编程环境变为 SDI 方式,可执行"工具"菜单中的"选项"命令,打开"选项"对话框,选择"高级"选项卡,在对话框中选择"SDI 开发环境"选项,然后单击"确定"按钮。这样设置后,退出 Visual Basic,然后重新启动,即可按 SDI 方式进入 Visual Basic 集成开发环境。

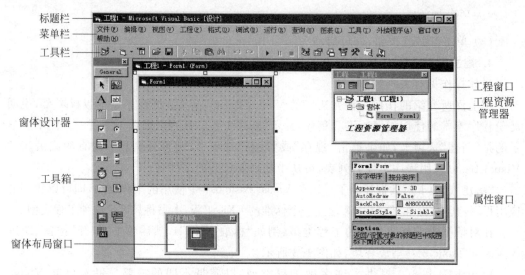

图 1.3 Visual Basic 6.0 编程环境(MDI 方式)

从图 1.3 中可以看出,启动 Visual Basic 后,屏幕上分为若干部分,包括标题栏、菜单栏、工具栏、工具箱、窗体设计器、工程资源管理器窗口、窗体布局窗口和属性窗口。为了能清楚地看到每个部分,这里对原来的各部分进行了缩放和重新排列。读者在启动自己的 Visual Basic 后，所看到的各部分的排列情况可能与图 1.3 所示的有微小差别，一些窗口会重叠。实际上，和 Windows 下的窗口一样，集成开发环境中的每个窗口都可以在屏幕上移动、缩小、放大或关闭。此外，Visual Basic 保存上一次使用时屏幕上各部分最后的排列方式，并作为下一次启动 Visual Basic 后的屏幕布局。

为了退出 Visual Basic，可先打开"文件"菜单，并执行其中的"退出"命令（或按 Alt＋Q）。如果当前程序已修改过并且没有存盘，系统将显示一个对话框，询问用户是否将其存盘，此时选择"是"按钮则存盘，选择"否"按钮则不存盘。在上述两种情况下，都将退出 Visual Basic，回到 Windows 环境。

1.3 主 窗 口

主窗口也称设计窗口。启动 Visual Basic 后，主窗口位于集成环境的顶部，该窗口由标题栏、菜单栏和工具栏组成（见图 1.3）。

1.3.1 标题栏和菜单栏

1. 标题栏

标题栏是屏幕顶部的水平条，它显示的是应用程序的名字。用户与标题栏之间的交互关系由 Windows 来处理，而不是由应用程序处理。启动 Visual Basic 后，标题栏中显示的信息为：

工程1 - Microsoft Visual Basic [设计]

方括号中的"设计"表明当前的工作状态是"设计阶段"。随着工作状态的不同，方括号中的信息也随之改变，可能会是"运行"或"Break"，分别代表运行阶段或中断阶段。这 3 个阶段也分别称为设计模式、运行模式和中断模式。

2. 菜单栏

在标题栏的下面是集成环境的主菜单。菜单栏中的菜单命令提供了开发、调试和保存应用程序所需要的工具。Visual Basic 6.0 中文版的菜单栏共有 13 个菜单项：文件、编辑、视图、工程、格式、调试、运行、查询、图表、工具、外接程序、窗口和帮助。每个菜单项含有若干个菜单命令，执行不同的操作。用鼠标单击某个菜单项，即可打开该菜单，然后用鼠标单击菜单中的某一条就能执行相应的菜单命令。例如，单击"文件"，就可以打开文件菜单，如图 1.4 所示。打开菜单后，如果单击"打开工程"，就可以打开已有的工程文件；而如果单击"工程另存为"，就可以保存文件；等等。在以后的叙述中，形如上面的操作记为"执行文件菜单中的'打开工程'命令"、"执行文件菜单中的'工程另存为'命令"。

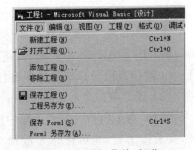

图 1.4 "文件"菜单（部分）

菜单中的命令分为 3 种类型，第一类是可以直接执行的命令，这类命令的后面没有任何信息(例如"保存工程");第二类在命令名后面带有省略号(例如"打开工程"),需要通过打开"对话框"来执行;第三类带有子菜单命令(见"格式"菜单),这类命令的右端有一个箭头。在用鼠标单击第二类命令后,屏幕上将显示一个对话框,利用该对话框,可以执行各种有关的操作。在"文件"菜单中,"新建工程"、"保存工程"等是可以直接执行的命令,而"打开工程"、"工程另存为"等命令,则必须通过对话框来执行。此外,从"文件"菜单可以看出,在有些命令的后面还带有其他信息,例如:

    打开工程...   Ctrl+O
    保存 Form1   Ctrl+S

其中"Ctrl+O"等叫做"热键"(或快捷键)。在菜单中,热键列在相应的菜单命令之后,与菜单命令具有相同的作用。使用热键方式,不必打开菜单就能执行相应的菜单命令。例如,按 Ctrl+O 键,可以立即执行"打开工程"命令。注意,只有部分菜单命令能通过热键执行。

    上面介绍了通过鼠标和热键执行菜单命令的方法。除鼠标外,也可以通过键盘执行菜单命令。只有在打开菜单后,才能选择所需要的命令,执行相应的操作。Visual Basic 6.0 提供了多种打开菜单和选择菜单的方法,用户可以根据自己的兴趣或习惯选用其中的一种。

    第一种方法,步骤如下:
    (1) 按 F10 或 Alt 键,激活菜单栏,此时第一个菜单项"文件"被加上一个浅色的框。
    (2) 按菜单项后面括号中的字母键,打开菜单,下拉显示该菜单项的命令。菜单被打开后,各菜单命令后面的括号内都有一个字母。
    (3) 按菜单命令后面括号中的字母键,即可执行相应的命令。
    第二种方法,步骤如下:
    (1) 按 F10 或 Alt 键,激活菜单栏,此时第一个菜单项"文件"被加上一个浅色的框。
    (2) 用"→"或"←"把条形光标移到需要打开的菜单上,按回车键,打开该菜单。
    (3) 菜单被打开后,条形光标覆盖在第一个或上一次执行的菜单命令上。用"↑"或"↓"把条形光标移到所需要的命令上,按回车键即可执行条形光标所在位置的菜单命令。
    第三种方法,步骤如下:
    (1) 按下 Alt 键,不要松开,接着按需要打开的菜单项后面括号中的字母键,然后松开(Alt 键接着松开),该菜单即被打开。
    (2) 按菜单命令后面括号中的字母键,即可执行指定的菜单命令。
    例如,为了执行"文件"菜单中的"打开工程"命令,可以这样操作:按住 Alt 键,不要松开,接着按 F 键,先后松开 F 键和 Alt 键,再按 O 键,即可执行"文件"菜单中的"打开工程"命令。上述过程记做:Alt+F,O。
    除上面 3 种方法外,有些菜单命令还可以通过热键执行。对于没有热键的菜单命令,只能通过上面 3 种方式执行。
    菜单被打开后,在屏幕上显示相应的菜单命令。如果打开了不适当或不需要的菜单,或者执行菜单命令时打开了不需要的对话框,可以用 Esc 键关闭。

Visual Basic 应用程序的编辑、编译、连接、运行、调试及文件的打开、保存等都可以通过相应的菜单命令来实现,其用法与上面介绍的类似。

1.3.2 工具栏

Visual Basic 6.0 提供了 4 种工具栏,包括编辑、标准、窗体编辑器和调试,并可根据需要定义用户自己的工具栏。在一般情况下,集成环境中只显示标准工具栏,其他工具栏可以通过"视图"菜单中的"工具栏"命令打开(或关闭)。每种工具栏都有固定和浮动两种形式。把鼠标光标移到固定形式工具栏中没有图标的地方,按住左按钮,向下拖动鼠标,或者双击工具栏左端的两条浅色竖线,即可把工具栏变为浮动的;而如果双击浮动工具栏的标题条,则可变为固定工具栏。

固定形式的标准工具栏位于菜单栏的下面,即主窗口的底部,它以图标的形式提供了部分常用菜单命令的功能。只要用鼠标单击代表某个命令的图标按钮,就能直接执行相应的菜单命令。工具条中有 21 个图标,代表 21 种操作,固定形式的如图 1.5(a)所示。大多数图标都有与之等价的菜单命令。图 1.5(b)是浮动形式的标准工具栏。

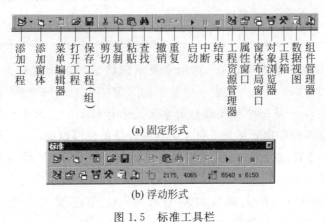

图 1.5 标准工具栏

表 1.1 列出了工具栏中各图标的作用。

表 1.1 工具栏图标

名 称	作 用
添加工程	添加一个新工程,相当于"文件"菜单中的"添加工程"命令
添加窗体	在工程中添加一个新窗体,相当于"工程"菜单中的"添加窗体"命令
菜单编辑器	打开菜单编辑对话框,相当于"工具"菜单中的"菜单编辑器"命令
打开工程	用来打开一个已经存在的 Visual Basic 工程文件,相当于"文件"菜单中的"打开工程"命令
保存工程(组)	保存当前的 Visual Basic 工程(组)文件,相当于"文件"菜单中的"保存工程(组)"命令
剪切	把选择的内容剪切到剪贴板,相当于"编辑"菜单中的"剪切"命令
复制	把选择的内容复制到剪贴板,相当于"编辑"菜单中的"复制"命令

续表

名 称	作 用
粘贴	把剪贴板的内容复制到当前插入位置,相当于"编辑"菜单中的"粘贴"命令
查找	打开"查找"对话框,相当于"编辑"菜单中的"查找"命令
撤销	撤销当前的修改
重复	对"撤销"的反操作
启动	用来运行一个应用程序,相当于"运行"菜单中的"启动"命令
中断	暂停正在运行的程序(可以单击"启动"按钮或按 Shift+F5 键继续),相当于热键 Ctrl+Break 键或"运行"菜单中的"中断"命令
结束	结束一个应用程序的运行并回到设计窗口,相当于"运行"菜单中的"结束"命令
工程资源管理器	打开工程资源管理器窗口,相当于"视图"菜单中的"工程资源管理器"命令
属性窗口	打开属性窗口,相当于"视图"菜单中的"属性窗口"命令
窗体布局窗口	打开窗体布局窗口,相当于"视图"菜单中的"窗体布局窗口"命令
对象浏览器	打开"对象浏览器"对话框,相当于"视图"菜单中的"对象浏览器"命令
工具箱	打开工具箱,相当于"视图"菜单中的"工具箱"命令
数据视图	打开数据视图窗口
组件管理器	管理系统中的组件(Component)

在工具栏的右侧还有两个栏,分别用来显示窗体的当前位置和大小,其单位为缇(twip),1 英寸等于 1440 twip。左边一栏显示的是窗体左上角的坐标,右边一栏显示的是窗体的长×宽。twip 是一种与屏幕分辨率无关的计量单位。无论在什么屏幕上画一条 1440twip 的直线,打印出来都是 1 英寸。这种计量单位可以确保在不同的屏幕上都能保持正确的相对位置或比例关系。在 Visual Basic 中,twip 是默认单位,可以通过 Scalemode 属性改变。

除上面几个部分外,在主窗口的左上角和右上角还有几个控制框,其作用与 Windows 下普通窗口中的控制框相同。

1.4 其他窗口

标题栏、菜单栏和工具栏所在的窗口称为主窗口。除主窗口外,Visual Basic 6.0 的编程环境中还有其他一些窗口,包括窗体设计器窗口、属性窗口、工程资源管理器窗口、工具箱窗口、调色板窗口、代码窗口和立即窗口等。本节介绍其中的部分窗口。

1.4.1 窗体设计器和工程资源管理器

1. 窗体设计器窗口

窗体设计器窗口简称窗体(Form),是应用程序最终面向用户的窗口,它对应于应用程序的运行结果。各种图形、图像、数据等都是通过窗体或窗体中的控件显示出来的。当打开一个新的工程文件时,Visual Basic 建立一个空的窗体,并将其命名为 Form$x$(这里

的 x 为 $1,2,3,\cdots$）。

启动 Visual Basic 后，窗体的名字为 Form1，其操作区中布满了小点（见图 1.6），这些小点是供对齐用的。如果想清除这些小点，或者想改变点与点之间的距离，则可通过执行"工具"菜单中的"选项"命令（"通用"选项卡）来调整。

在窗体的左上角是窗体的标题，右上角有 3 个图标，其作用与 Windows 下普通窗口中的图标相同。

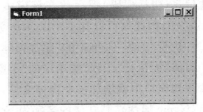

图 1.6 窗体

在设计应用程序时，窗体就像是一块画布，在这块画布上可以画出组成应用程序的各个构件。程序员根据程序界面的要求，从工具箱（见 1.4.2 节）中选择所需要的工具，并在窗体中画出来，这样就完成了应用程序设计的第一步。

2. 工程资源管理器窗口

在工程资源管理器窗口中，含有建立一个应用程序所需要的文件的清单。工程资源管理器窗口中的文件可以分为 6 类，即窗体文件（*.frm）、程序模块文件（*.bas）、类模块文件（*.cls）、工程文件（*.vbp）、工程组文件（*.vbg）和资源文件（*.res）。图 1.7 所示的是含有两个工程、多个窗体、多个程序模块和类模块的工程资源管理器窗口。

在工程资源管理器窗口中，括号内是工程、窗体、程序模块、类模块等的存盘文件名，括号外是相应的名字（Name 属性）。每个工程名左侧都有一个方框，当方框内为"－"号时，该工程处于"展开"状态（见图 1.7），此时如果单击"－"号方框，则变为"折叠"状态，方框内的"－"号变为"＋"号，如图 1.8 所示。

图 1.7 工程资源管理器窗口（展开）

图 1.8 工程资源管理器窗口（折叠）

可以出现在工程资源管理器窗口中的文件有以下几类：

(1) 工程文件和工程组文件

工程文件的扩展名为.vbp，每个工程对应一个工程文件。当一个程序包括两个以上的工程时，这些工程构成一个工程组，工程组文件的扩展名为.vbg。用"文件"菜单中的"新建工程"命令可以建立一个新的工程，用"打开工程"命令可以打开一个已有的工程，而用"添加工程"命令可以添加一个新工程。

(2) 窗体文件

窗体文件的扩展名为.frm，每个窗体对应一个窗体文件，窗体及其控件的属性和其他信息（包括代码）都存放在该窗体文件中。一个应用程序可以有多个窗体（最多可达255个），因此就可以有多个以.frm为扩展名的窗体文件。

执行"工程"菜单中的"添加窗体"命令或单击工具栏中的"添加窗体"按钮可以增加一个窗体，而执行"工程"菜单中的"移除"命令可以删除当前的窗体。每建立一个窗体，工程管理器窗口中就增加一个窗体文件，每个窗体都有一个不同的名字，可以通过属性窗口设置（Name属性），其默认的名字为 Form$x$（x 为 1,2,3,…），相应的默认文件名为 Form$x$.frm（x 为 1,2,3,…）。

(3) 标准模块文件

标准模块文件也称程序模块文件，其扩展名为.bas，它是为合理组织程序而设计的。标准模块是一个纯代码性质的文件，它不属于任何一个窗体，主要在大型应用程序中使用。

标准模块由程序代码组成，主要用来声明全局变量和定义一些通用的过程，可以被不同窗体的程序调用。标准模块通过"工程"菜单中的"添加模块"命令来建立。

(4) 类模块文件

Visual Basic 提供了大量预定义的类，同时也允许用户根据需要定义自己的类，用户通过类模块来定义自己的类，每个类都用一个文件来保存，其扩展名为.cls。

(5) 资源文件

资源文件中存放的是各种"资源"，是一种可以同时存放文本、图片、声音等多种资源的文件。资源文件由一系列独立的字符串、位图及声音文件（如.wav文件、.mid文件等）组成，其扩展名为.res。资源文件是一个纯文本文件，可以用简单的文字编辑器（如NotePad）编辑。

除上面几类文件外，在工程管理器窗口的顶部还有 3 个按钮，分别为"查看代码"、"查看对象"和"切换文件夹"。如果单击工程资源管理器窗口中的"查看代码"按钮，则相应文件的代码将在代码窗口中显示出来。当单击"查看对象"按钮时，Visual Basic 将显示相应的窗体。在一般情况下，工程资源管理器窗口中的项目不显示文件夹，如果单击"切换文件夹"按钮，则可显示各类文件所在的文件夹，如图 1.9 所示。如果再单击一次该按钮，则取消文件夹显示。

用 Visual Basic 设计应用程序时，通常先设计窗体（即界面），然后再编写程序。设计完窗体后，只要双击窗体的任一部位，就可以切换到代码窗口，与单击"查看代码"按钮的作用相同。

图 1.9　用"切换文件夹"按钮显示文件夹

1.4.2　属性窗口和工具箱窗口

1. 属性窗口

属性窗口主要是针对窗体和控件设置的，在 Visual Basic 中，窗体和控件被称为对象。每个对象都可以用一组属性来刻画其特征,而属性窗口就是用来设置窗体或窗体中控件属性的。

图 1.10 显示的是一个属性窗口。窗口中的属性按字母顺序排列,可以通过窗口右部的垂直滚动条找到任一个属性。除窗口标题外,属性窗口分为 4 部分,分别为对象框、属性显示方式、属性列表和对当前属性的简单解释。

对象框位于属性窗口的顶部,可以通过单击其右端向下的箭头下拉显示列表,其内容为应用程序中每个对象的名字及对象的类型。启动 Visual Basic 后,对象框中只含有窗体的信息。随着窗体中控件的增加,将把这些对象的有关信息加入到对象框的下拉列表中。

属性显示方式分为两种,即按字母顺序和按分类顺序,分别通过单击相应的按钮来实现。图 1.10 是按字母顺序显示的属性列表,如果单击"按分类序"按钮,则按分类顺序显示属性列表,如图 1.11 所示。

图 1.10 属性窗口(按字母序)

图 1.11 属性窗口(按分类序)

在属性列表部分,可以滚动显示当前活动对象的所有属性,以便观察或设置每项属性的当前值。属性的变化将改变相应对象的特征。

每选择一种属性(条形光标位于该属性上),在"属性解释"部分都要显示该属性名称和功能说明。如果不想显示属性解释,即去掉属性窗口中的"属性解释"部分,可按以下步骤操作:用鼠标右键单击属性窗口的任意部位(标题栏除外),将弹出一个菜单,单击该菜单中的"描述"命令。用同样的操作可以恢复"属性解释"部分的显示。

每个 Visual Basic 对象都有其特定的属性,可以通过属性窗口来设置,对象的外观和对应的操作由所设置的值来确定。有些属性的取值是有一定限制的,例如对象的可见性只能设置为 True 或 False(即可见或不可见);而有些属性(如标题)可以为任何文本。在实际的应用程序设计中,不可能也没必要设置每个对象的所有属性,很多属性可以使用默认值。

2. 工具箱窗口

工具箱窗口由工具图标组成,这些图标是 Visual Basic 应用程序的构件,称为图形对象或控件(Control),每个控件由工具箱中的一个工具图标来表示。

在一般情况下,工具箱位于窗体的左侧。工具箱中的工具分为两类,一类称为内部控件或标准控件,一类称为 ActiveX 控件。启动 Visual Basic 后,工具箱中只有内部控件。

工具箱主要用于应用程序的界面设计。在设计阶段,首先用工具箱中的工具(即控件)在窗体上建立用户界面,然后编写程序代码。界面的设计完全通过控件来实现,可以任意改变其大小,移动到窗体的任何位置。

除上述几种窗口外,在集成环境中还有其他一些窗口,包括窗体布局窗口、代码编辑器窗口、立即窗口、本地窗口和监视窗口等。

习　题

1.1　在设计界面时,可视化程序设计语言与传统的程序设计语言有什么区别?

1.2　事件驱动编程机制与传统的面向过程的程序设计有什么区别?

1.3　在正确安装 Visual Basic 6.0 后,可以通过几种方式启动 Visual Basic? 在这些方式中,哪一种方式较好?

1.4　Visual Basic 6.0 集成开发环境由哪些部分组成? 每个部分的主要功能是什么?

1.5　在一般情况下,启动 Visual Basic 时要显示"新建工程"对话框。为了不显示该对话框,直接进入 Visual Basic 集成环境并建立"标准 EXE"文件,应如何操作? 如果想在启动 Visual Basic 后直接进入单文档界面(SDI)方式并建立"标准 EXE"文件,应如何操作?

1.6　如何用鼠标和键盘打开菜单和执行菜单命令?

1.7　Visual Basic 6.0 集成环境中包括哪些主要窗口? 如何打开和关闭这些窗口?

1.8　标准工具栏中共有多少工具按钮? 每个按钮所对应的菜单命令是什么?

1.9　Visual Basic 6.0 的工程包括哪几类文件?

1.10　属性窗口由哪几部分组成? 它们的功能是什么?

第2章 对　　象

对象是 Visual Basic 中的重要概念，离开了对象，Visual Basic 的程序设计将无从谈起。本章将讨论 Visual Basic 中最基本的两种预定义对象：窗体和控件。

2.1 对象及其属性设置

用 Visual Basic 进行应用程序设计，实际上是与一组标准对象进行交互的过程。因此，准确地理解对象的概念，是设计 Visual Basic 程序的重要一环。

2.1.1 Visual Basic 的对象

1. 什么是对象

在面向对象的程序设计中，"对象"是系统中的基本运行实体。Visual Basic 中的对象与面向对象程序设计中的对象在概念上是一样的，但在使用上有很大区别。在面向对象程序设计中，对象由程序员自己设计。而在 Visual Basic 6.0 中，对象分为两类，一类是由系统设计好的，称为预定义对象，可以直接使用或对其进行操作；另一类由用户定义，可以像 C++ 一样建立用户自己的对象。

前面介绍了窗体窗口和工具箱窗口，用工具箱中的控件图标可以在窗体上设计界面。窗体和控件就是 Visual Basic 中预定义的对象，这些对象是由系统设计好提供给用户使用的，其移动、缩放等操作也是由系统预先规定好的，这比一般的面向对象程序设计中的操作要简单得多。例如，在面向对象程序设计中，可以把屏幕上的一个图形看做是对象，为了把这个对象移到新的位置，通常要进行以下操作：记住图形的当前坐标位置，把图形读入缓冲区，接着清除原来位置的图形，然后再把缓冲区中的图形在新位置显示出来。而在 Visual Basic 中，对象的移动极其简单，就如同把桌子上的杯子从一个地方拿到另一个地方一样方便。

除窗体和控件外，Visual Basic 还提供了其他一些对象，包括打印机（Printer）、调试（Debug）、剪贴板（Clipboard）、屏幕（Screen）等。

工具箱中的控件实际上是"空对象"。以后我们会看到，用这些空对象可以在窗体上建立真正的对象（实体），然后就可以用鼠标调整这些对象的位置和大小。

对象是具有特殊属性（数据）和行为方式（方法）的实体。建立一个对象后，其操作通过与该对象有关的属性、事件和方法来描述。

2. 对象属性

属性是一个对象的特性，不同的对象有不同的属性。对象常见的属性有标题（Caption）、名称（Name）、颜色（Color）、字体大小（Fontsize）以及是否可见（Visible）等。

前面介绍的属性窗口中含有各种属性,可以在属性列表中为具体的对象选择所需要的属性(其方法将在后面介绍)。

除了用属性窗口设置对象属性外,也可以在程序中用程序语句设置,一般格式如下:

  对象名.属性名称 = 新设置的属性

例如,假定窗体上有一个文本框控件,其名字为 Display(对象名称),它的属性之一是 Text,即在文本框中显示指定的内容。如果执行:

```
Display.Text = "Visual Basic 程序设计"
```

则把字符串"Visual Basic 程序设计"赋给 Display 文本框控件的 Text 属性。在这里,Display 是对象名,Text 是属性名,而字符串"Visual Basic 程序设计"是所设置的属性值。再如:

```
Display.Visible = False
```

表示窗体上有一个文本框控件,名字为 Display,其属性 Visible(可见性)为 False,程序运行时,该对象不显示。如果赋予值 True,则运行时显示该文本框。

3. 对象事件

Visual Basic 是采用事件驱动编程机制的语言。传统编程使用的是面向过程、按顺序进行的机制,这种编程方式的缺点是写程序的人总是要关心什么时候发生什么事情。而在事件驱动编程中,程序员只要编写响应用户动作的程序,如选择命令、移动鼠标等,而不必考虑按精确次序执行的每个步骤。在这种机制下,不必编写一个大型程序,而是建立一个由若干个微小程序组成的应用程序,这些微小程序都可以由用户启动的事件来激发。利用 Visual Basic,可以方便地编写此类应用程序。

所谓事件(Event),是由 Visual Basic 预先设置好的、能够被对象识别的动作,例如 Click(单击)、DblClick(双击)、Load(装入)、MouseMove(移动鼠标)、Change(改变)等。不同的对象能够识别的事件也不一样。当事件由用户触发(如 Click)或由系统触发(如 Load)时,对象就会对该事件做出响应(Respond)。例如,可以编写一个程序,该程序响应用户的 Click 事件,只要单击鼠标左键即可在屏幕上显示指定的信息。

响应某个事件后所执行的操作通过一段程序代码来实现,这样的一段程序代码叫做事件过程(Event Procedure)。一个对象可以识别一个或多个事件,因此可以使用一个或多个事件过程对用户或系统的事件作出响应。虽然一个对象可以拥有许多事件过程,但在程序中能使用多少事件过程,则要由设计者根据程序的具体要求来确定。

事件过程的一般格式如下:

```
Private Sub 对象名称_事件名称()
    ⋮
    事件响应程序代码
    ⋮
End sub
```

"对象名称"指的是该对象的 Name 属性,"事件名称"是由 Visual Basic 预先定义好的赋予该对象的事件,而这个事件必须是对象所能识别的。至于一个对象可以识别哪些事件,则无需用户操心,因为在建立了一个对象(窗体或控件)后,Visual Basic 能自动确定与该对象相配的事件,并可显示出来供用户选择。具体用法将在以后介绍。

4. 对象方法

在传统的程序设计中,过程和函数是编程语言的主要部件。而在面向对象程序设计(OOP)中,引入了称为方法(Method)的特殊过程和函数。方法的操作与过程、函数的操作相同,但方法是特定对象的一部分,正如属性和事件是对象的一部分一样。其调用格式为:

对象名称.方法名称

方法的调用似乎没有过程调用方便,但它有一个优点,就是允许多个方法重名,即多个对象使用同一个方法。例如,在 BASIC 的早期版本中,用 PRINT 语句(过程)可以在显示器上显示一个文本字符串。为了在打印机上打印同一个字符串,必须执行(调用)另一个语句(过程)LPRINT。两个语句(过程)的操作类似,但不能用同一个语句来实现。在 Visual Basic 中,提供了一个名为 Print 的方法,当把它用于不同的对象时,可以在不同的设备上输出信息。例如:

```
Myform.Print "Good morning!"
```

可以在名为"Myform"的窗体上显示字符串"Good morning!"。在 Visual Basic 中,打印机的对象名为 Printer,如果执行:

```
Printer.Print "Good morning!"
```

则在打印机上打印出字符串"Good morning!"。

上面两条指令使用的是同一个方法,但由于对象不同,执行操作的设备也不一样。

在调用方法时,可以省略对象名。在这种情况下,Visual Basic 所调用的方法作为当前对象的方法,一般把当前窗体作为当前对象。前面的例子如果改为:

```
Print "Good morning!"
```

则运行时将在当前窗体上显示字符串"Good morning!"。为了避免不确定性,最好使用"对象.方法"的形式。

Visual Basic 提供了大量的方法,有些方法可以适用于多种甚至所有类型的对象,而有些方法可能只适用于少数几种对象。以后的章节将分别介绍各种方法的使用。

2.1.2 对象属性设置

对象属性可以通过程序代码设置(见前),也可以在设计阶段通过属性窗口设置。为了在属性窗口中设置对象的属性,必须先选择要设置属性的对象,然后激活属性窗口。可以用下面几种方法激活属性窗口:

(1) 用鼠标单击属性窗口的任何部位。
(2) 执行"视图"菜单中的"属性窗口"命令。
(3) 按 F4 键。

(4) 单击工具栏上的"属性窗口"按钮。
(5) 按 Ctrl+PgDn 键或 Ctrl+PgUp 键。

属性不同,设置新属性的方式也不一样。通常有以下 3 种方式:

1. 直接输入新属性值

有些属性,如 Caption(标题)、Text(文本框的文本内容)等都必须由用户输入。在建立对象(控件或窗体)时,Visual Basic 可能为其提供默认值。为了提高程序的可读性,最好能赋予它一个有确定意义的名称,这可以通过在属性窗口中输入新属性值来实现。例如,为了把命令按钮的 Caption 属性设置为"命令按钮测试",可按如下步骤操作(见图 2.1):

(1) 启动 Visual Basic,在窗体上画一个命令按钮(画控件的方法见 2.4 节)。
(2) 选择命令按钮(单击该按钮内部),然后激活属性窗口。
(3) 在属性列表中找到 Caption,并双击该属性条。
(4) 在 Caption 右侧一列上输入"命令按钮测试"。

上面的步骤(3)也可以改为"单击该属性条"。

2. 选择输入(通过下拉列表选择所需要的属性值)

有些属性(例如 BorderStyle、ControlBox、DrawStyle、DrawMode 等)取值的可能情况是有限的,可能只有两种、几种或十几种,对于这样的属性,可以在下拉列表中选择所需要的属性值。例如,为了设置窗体对象的 BorderStyle(边界类型)属性(见图 2.2),可以按如下步骤操作:

(1) 启动 Visual Basic,激活属性窗口。
(2) 在属性窗口中找到 BorderStyle,并单击该属性条。其右侧一列显示 BorderStyle 的当前属性值,同时在右端出现一个向下的箭头。
(3) 单击右端的箭头,将下拉显示该属性可能取值的列表(见图 2.2)。
(4) 单击列表中的某一项,即可把该项设置为 BorderStyle 属性的值。

图 2.1 输入属性值

图 2.2 从下拉列表中选择属性值

对于需要选择输入的属性,也可以通过 Alt 与光标移动键选择所需要的属性值,其方法是:单击属性条,然后按 Alt+↑键或 Alt+↓键,则在右侧栏内下拉显示可供选择的属性值,此时可以用↑键或↓键把条形光标移到所需要的属性值上,然后按回车键(或 Alt+↑键、Alt+↓键)即可。

单击与颜色有关的属性条(例如 BackColor、ForeColor 等)时,右端也会出现箭头。在这种情况下,单击箭头将弹出调色板窗口,然后单击调色板中的色块,即可设置相应的颜色。

3. 利用对话框设置属性

对于与图形(Picture)、图标(Icon)或字体(Font)等有关的属性,设置框的右端会显示省略号,即 3 个小点(…),单击这 3 个小点,屏幕上将显示一个对话框,可以利用这个对话框设置所需要的属性(装入图形、图标或设置字体)。例如,在属性列表中找到 Font 属性,单击该属性条,然后单击右端的省略号(见图 2.3),将显示"字体"对话框,可以在这个对话框中设置对象的 Font 属性,包括字体、字体样式、大小及效果等。

图 2.3 用对话框设置属性

2.2 窗 体

窗体是一块"画布",在窗体上可以直观地建立应用程序。在设计程序时,窗体是程序员的"工作台",而在运行程序时,每个窗体对应于一个窗口。

窗体是 Visual Basic 中的对象,具有自己的属性、事件和方法。本节介绍窗体属性和事件,第 5 章将介绍窗体方法。

2.2.1 窗体的结构与属性

窗体的结构与 Windows 下的窗口十分类似。在程序运行前,即设计阶段,称为窗体;程序运行后也可以称为窗口。窗体与 Windows 下的窗口不但结构类似,而且特性也差不多。图 2.4 是一个窗体的示意图。

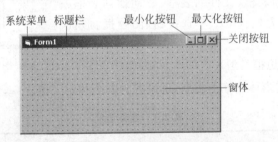

图 2.4 窗体的结构

系统菜单也叫控制框,位于窗体的左上角,双击该图标将关闭窗体;如果单击该图标,将下拉显示系统菜单命令,可以用这些命令对窗体进行移动、最大化、最小化及关闭等操作。标题栏是窗体的标题。单击右上角的最大化按钮可以使窗体扩大至整个屏幕,单击最小化按钮则把窗体缩小为一个图标,而单击关闭按钮将关闭窗体。上述系统菜单、标题栏、最大化按钮、最小化按钮可以通过窗体属性设置,分别为 ControlBox、Caption、MinButton、MaxButton。

窗体属性决定了窗体的外观和操作。可以用两种方法来设置窗体属性:一是通过属性窗口设置,二是在窗体事件过程中通过程序代码设置。前者称为在设计阶段设置属性,而后者称为在运行期间设置属性。大部分属性既可以通过属性窗口设置,也可以通过程序代码设置,而有些属性只能用程序代码或属性窗口设置。通常把只能在设计阶段(即通过属性窗口)设置的属性称为"只读属性"。Name 就是只读属性。

下面按字母顺序列出窗体的常用属性。这些属性中有少部分只适用于窗体,大部分既适用于窗体,也适用于其他对象(控件)。

1. AutoRedraw(自动重画)

该属性控制屏幕图像的重建,主要用于多窗体程序设计中。其格式如下:

对象.AutoRedraw[= Boolean]

这里的"对象"可以是窗体或图片框,Boolean 的取值为 True 或 False。如果把 AutoRedraw 属性设置为 True,则当一个窗体被其他窗体覆盖,又回到该窗体时,将自动刷新或重画该窗体上的所有图形。如果把该属性设置为 False,则必须通过事件过程来设置这一操作。该属性的默认值为 False。

方括号中的内容可以省略。在这种情况下,将显示对象当前的 AutoRedraw 属性值。

2. BackColor(背景颜色)

该属性用来设置窗体的背景颜色。颜色是一个十六进制常量,每种颜色都用一个常数来表示。不过,在设计程序时,不必用颜色常数来设置背景色,可以通过调色板来直观地设置,其操作是:选择属性窗口中的 BackColor 属性条,单击右端的箭头,将显示一个对话框,在该对话框中选择"调色板",即可显示一个"调色板",如图 2.5 所示。此时只要单击调色板中的某个色块,即可把这种颜色设置为窗体的背景色。

图 2.5 调色板

该属性适用于窗体及大多数控件,包括复选框、组合框、命令按钮、目录列表框、文件列表框、驱动器列表框、框架、网格、标签、列表框、OLE、单选按钮、图片框、形状及文本框。

3. BorderStyle(边框类型)

该属性用来确定窗体边框的类型,可设置为 6 个预定义值之一,见表 2.1。

表 2.1 窗体边框

设 置 值	作 用
0-None	窗体无边框
1-Fixed Single	固定单边框。可以包含控制菜单框、标题栏、"最大化"按钮和"最小化"按钮。其大小只能用最大化和最小化按钮改变
2-Sizable	(默认值)可调整的边框。窗体大小可变,并有标准的双线边界
3-Fixed Dialog	固定对话框。可以包含控制菜单框和标题栏,但没有最大化按钮和最小化按钮。窗体大小不变(设计时设定),并有双线边界
4-Fixed ToolWindow	固定工具窗口。窗体大小不能改变,只显示关闭按钮,并用缩小的字体显示标题栏
5-Sizable ToolWindow	可变大小工具窗口。窗体大小可变,只显示关闭按钮,并用缩小的字体显示标题栏

在运行期间,BorderStyle 属性是"只读"属性。也就是说,它只能在设计阶段设置,不能在运行期间改变。

除窗体外,BorderStyle 属性还可用于多种控件,其设置值也不一样。

4. Caption(标题)

该属性用来定义窗体标题。启动 Visual Basic 或者执行"工程"菜单中的"添加窗体"命令后,窗体使用的是默认标题(如 Form1,Form2 等)。用 Caption 属性可以把窗体标题改为所需要的名字。该属性既可通过属性窗口设置,也可以在事件过程中通过程序代码设置,其格式如下:

对象.Caption[= 字符串]

这里的"对象"可以是窗体、复选框、命令按钮、数据控件、框架、标签、菜单及单选按钮,"字符串"是要设置的窗体的标题。例如:

Form1.Caption = "Visual Basic Test"

将把窗体标题设置为"Visual Basic Test"。如果省略"= 字符串",则返回"对象"的当前标题。

5. ControlBox(控制框)

该属性用来设置窗口控制框(也称系统菜单,位于窗口左上角,见图 2.4)的状态。当该属性被设置为 True(默认)时,窗口左上角会显示一个控制框。此外,ControlBox 属性还与 BorderStyle 属性有关系。如果把 BorderStyle 属性设置为 0-None,则 ControlBox 属性将不起作用(即使被设置为 True)。ControlBox 属性只适用于窗体。

6. Enabled(允许)

该属性用于激活或禁止。每个对象都有一个 Enabled 属性,可以被设置为 True 或者 False,分别用来激活或禁止该对象。对于窗体,该属性一般设置为 True;但为了避免鼠标或键盘事件发送到某个窗体,也可以设置为 False。该属性可在属性窗口中设置,也可以通过程序代码设置,其格式如下:

对象.Enabled[= Boolean 值]

这里的"对象"可以是窗体、所有控件及菜单,其设置值可以是 True 或 False。当该属性被设置为 False 后,运行时相应的对象呈灰色显示,表明处于不活动状态,用户不能访问。在默认情况下,窗体的 Enabled 属性为 True,如果窗体的 Enabled 属性为 False,则不能对窗体进行任何操作。如果省略"= Boolean 值",则返回"对象"当前的 Enabled 属性。

7. 字形(Font)属性设置

字形属性用来设置输出字符的各种特性,包括字体名称、大小、效果等。这些属性适用于窗体和大部分控件,包括复选框、组合框、命令按钮、目录列表框、文件列表框、驱动器列表框、框架、网格、标签、列表框、单选按钮、图片框、文本框及打印机。字形属性可以通过属性窗口设置,也可以通过程序代码设置。第 5 章将结合 Print 方法详细介绍它们的功能和用法。

8. ForColor(前景颜色)

用来定义文本或图形的前景颜色,其设置方法及适用范围与 BackColor 属性相同。由 Print 方法输出(显示)的文本均按用 FontColor 属性设置的颜色输出。

9. Height、Width(高、宽)

这两个属性用来指定窗体的高度和宽度,其单位为缇(twip),即 1 点的 1/20(1/1440 英寸)。如果不指定高度和宽度,则窗口的大小与设计时窗体的大小相同。

如果通过程序代码设置这两个属性,则格式如下:

对象.Height[= 数值]

对象.Width[= 数值]

这里的"对象"可以是窗体和各种控件,包括复选框、组合框、命令按钮、目录列表框、文件列表框、驱动器列表框、框架、网格、水平滚动条、垂直滚动条、图像框、标签、列表框、OLE、单选按钮、图片框、形状、文本框、屏幕及打印机。"数值"为单精度型,其计量单位为 twip。如果省略"= 数值",则返回"对象"的高度或宽度。

10. Icon(图标)

该属性用来设置窗体最小化时的图标。通常把该属性设置为 .ico 格式的图标文件,当窗体最小化(WindowState = 1)时显示为图标。.ico 文件的位置没有具体规定,但通常应和程序文件放在同一个目录下。如果在设计阶段设置该属性,可以从属性窗口的属性列表中选择该属性,然后单击设置框右端的"...",再从显示的"加载图标"对话框中选择一个图标文件。如果用程序代码设置该属性,则需使用 LoadPicture 函数或将另一个窗体图标的属性赋给该窗体的图标属性。

该属性只适用于窗体(包括 SDI 和 MDI 窗体)。

11. MaxButton、MinButton(最大、最小化按钮)

这两个属性用来显示窗体右上角的最大、最小化按钮。如果希望显示最大或最小化按钮,则应将两个属性设置为 True,这两个属性只在运行期间起作用。在设计阶段,这两项设置不起作用,因此,即使把 MaxButton 属性和 MinButton 属性设置为 False,最大、最小化按钮也不会消失。如果 BorderStyle 属性被设置为 0-None,则这两个属性将被忽略。

这两个属性只适用于窗体。

12. Name(名称)

该属性用来定义对象的名称。用 Name 属性定义的名称是在程序代码中使用的对象名,与对象的标题(Caption)不是一回事。和 BorderStyle 属性一样,Name 是只读属性,在运行时,对象的名称不能改变。

该属性适用于窗体、所有控件、菜单及菜单命令。

注意,在属性窗口中,Name 属性通常作为第一个属性条,并写作"(名称)"。

13. Picture(图形)

用来在对象中显示一个图形。在设计阶段,从属性窗口中选择该属性,并单击右端的"...",将弹出"加载图片"对话框,利用该对话框选择一个图形文件,该图形即可显示在窗体上。用该属性可以显示多种格式的图形文件,包括:.ico、.bmp、.wmf、.gif、.jpg、

.cur,.emf,.dib 等。

该属性适用于窗体、图像框、OLE 和图片框。

14. Top,Left(顶边、左边位置)

这两个属性用来设置对象的顶边和左边的坐标值,用以控制对象的位置。坐标值的默认单位为 twip。当用程序代码设置时,其格式如下:

```
对象.Top[ = y]
对象.Left[ = x]
```

这里的"对象"可以是窗体和绝大多数控件。当"对象"为窗体时,Left 指的是窗体的左边界与屏幕左边界的相对距离,Top 指的是窗体的顶边与屏幕顶边的相对距离;而当"对象"为控件时,Left 和 Top 分别指定控件的左边和顶边与窗体的左边和顶边的相对距离。

15. Visible(可见性)

用来设置对象的可见性。如果将该属性设置为 False,则将隐藏对象,如果设置为 True,则对象可见。当用程序代码设置时,格式如下:

```
对象.Visible[ = Boolean 值]
```

这里的"对象"可以是窗体和任何控件(计时器、通用对话框除外),其设置值为 True 或 False。在默认情况下,Visible 属性的值为 True。

注意,只有在运行程序时,该属性才起作用。也就是说,在设计阶段,即使把窗体或控件的 Visible 属性设置为 False,窗体或控件也仍然可见,程序运行后消失。

当对象为窗体时,如果 Visible 的属性值为 True,则其作用与 Show 方法相同;类似地,如果 Visible 的属性值为 False,则其作用与 Hide 方法相同。

16. WindowState(窗口状态)

用来设置窗体的操作状态,可以用属性窗口设置,也可以用程序代码设置,格式如下:

```
对象.WindowState[ = 设置值]
```

这里的"对象"只能是窗体,"设置值"是一个整数,取值为 0,1,2,代表的操作状态分别为:

- 0 正常状态,有窗口边界。
- 1 最小化状态,显示一个示意图标。
- 2 最大化状态,无边界,充满整个屏幕。

"正常状态"也称"标准状态",即窗体不缩小为一个图标,一般也不充满整个屏幕。其大小以设计阶段所设计的窗体为基准。但是,程序运行后,窗体的实际大小取决于 Width 和 Height 属性的值,同时可用鼠标改变其大小。

以上介绍了 Visual Basic 窗体的部分属性,下面举几个例子。

```
Form1.Width = 7000                          '把窗体的宽度设置为 7000
Form1.Height = 3000                         '把窗体的高度设置为 3000
Form1.Caption = "Visual Basic 6.0 window"   '设置窗体标题
```

```
Form1.FontName = "隶书"              '设置字体名称
Form1.FontSize = 20                 '设置字体大小
```

该例中的属性设置都有对象名,即 Form1。如果省略对象名,则默认为当前窗体。

2.2.2 窗体事件

与窗体有关的事件较多,其中常用的有以下几个:

1. Click(单击)事件

Click 事件是单击鼠标左键时发生的事件。程序运行后,当单击窗口内的某个位置时,Visual Basic 将调用窗体事件过程 Form_Click。注意,单击的位置必须没有其他对象(控件),如果单击窗体内的控件,则只能调用相应控件的 Click 事件过程,不能调用 Form_Click 过程。

2. DblClick(双击)事件

程序运行后,双击窗体内的某个位置,Visual Basic 将调用窗体事件过程 Form_DblClick。"双击"实际上触发两个事件,第一次按鼠标键时产生 Click 事件,第二次产生 DblClick 事件。

3. Load(装入)事件

Load 事件可以用来在启动程序时对属性和变量进行初始化,因为在装入窗体后,如果运行程序,将自动触发该事件。Load 是把窗体装入工作区的事件,如果这个过程存在,接着就执行它。Sub Form_Load 过程执行完之后,如果窗体模块中还存在其他事件过程,Visual Basic 将暂停程序的执行,并等待触发下一个事件过程。如果 Sub Form_Load 事件过程内不存在任何指令,Visual Basic 将显示该窗体。

4. Unload(卸载)事件

当从内存中清除一个窗体(关闭窗体或执行 Unload 语句)时触发该事件。如果重新装入该窗体,则窗体中所有的控件都要重新初始化。

5. Activate(活动)和 Deactivate(非活动)事件

当窗体变为活动窗口时触发 Activate 事件,而在另一个窗体变为活动窗口前触发 Deactivate 事件。通过操作可以把窗体变为活动窗体,例如单击窗体或在程序中执行 Show 方法等。

6. Paint(绘画)事件

当窗体被移动或放大时,或者窗口移动时覆盖了一个窗体时,触发该事件。

2.3 控 件

窗体和控件都是 Visual Basic 中的对象,它们是应用程序的"积木块",共同构成用户界面。因为有了控件,才使得 Visual Basic 不但功能强大,而且易于使用。控件以图标的形式放在"工具箱"中,每种控件都有与之对应的图标。启动 Visual Basic 后,工具箱一般位于窗体的左侧。

Visual Basic 6.0 的控件分为以下 3 类:

(1) 内部控件(也称标准控件) 例如文本框、命令按钮、图片框等。这些控件由 Visual Basic 的.exe 文件提供。启动 Visual Basic 后,内部控件就出现在工具箱中,既不能添加,也不能删除。本书将介绍大部分标准控件。

(2) ActiveX 控件 以前版本中称为 OLE 控件或定制控件,是扩展名为.ocx 的独立文件,其中包括各种版本 Visual Basic 提供的控件和仅在专业版和企业版中提供的控件,另外还包括第三方提供的 ActiveX 控件。本书将介绍 1 个 ActiveX 控件,即通用对话框控件。

(3) 可插入对象 因为这些对象能添加到工具箱中,所以可把它们当做控件使用。其中一些对象支持 OLE 自动化,使用这类控件可在 Visual Basic 应用程序中控制另一个应用程序(例如 Microsoft Word)的对象。

2.3.1 内部控件

启动 Visual Basic 后,工具箱中列出的是内部控件(标准控件),如图 2.6(a)所示。图 2.6(b)是含有内部控件和 ActiveX 控件的工具箱。工具箱实际上是一个窗口,称为工具箱窗口,可以通过单击其右上角的"×"关闭。如果想打开工具箱,可执行"视图"菜单中的"工具箱"命令或单击标准工具栏中的"工具箱"按钮。

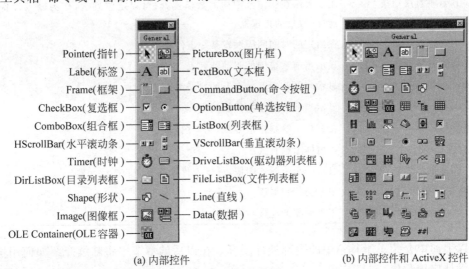

(a) 内部控件   (b) 内部控件和 ActiveX 控件

图 2.6 工具箱

表 2.2 列出了标准工具箱中各控件的名称和作用。

表 2.2 Visual Basic 6.0 标准工具箱中的控件

名 称	作 用
Pointer(指针)	这不是一个控件,只有在选择 Pointer 后,才能改变窗体中控件的位置和大小
PictureBox(图片框)	用于显示图像,包括图片或文本,Visual Basic 将其看成图形;可以装入位图(Bitmap)、图标(Icon)以及.wmf、.jpg、.gif 等各种图形格式的文件,或作为其他控件的容器(父控件)

续表

名　称	作　用
Label(标签)	可以显示(输出)文本信息,但不能输入文本
TextBox(文本框)	文本的显示区域,既可输入也可输出文本,并可对文本进行编辑
Frame(框架)	组合相关的对象,将性质相同的控件集中在一起
CommandButton(命令按钮)	用于向 Visual Basic 应用程序发出指令,当单击此按钮时,可执行指定的操作
CheckBox(复选框)	又称检查框,用于多重选择
OptionButton(单选按钮)	又称录音机按钮,用于表示单项的开关状态
ComboBox(组合框)	为用户提供对列表的选择,或者允许用户在附加框内输入选择项;它把 TextBox(文本框)和 ListBox(列表框)组合在一起,既可选择内容,又可进行编辑
ListBox(列表框)	用于显示可供用户选择的固定列表
HScrollBar(水平滚动条)	用于表示在一定范围内的数值选择;常放在列表框或文本框中用来浏览信息,或用来设置数值输入
VScrollBar(垂直滚动条)	用于表示在一定范围内的数值选择;可以定位列表,作为输入设备或速度、数量的指示器
Timer(时钟)	在给定的时间间隔触发某一事件
DriveListBox(驱动器列表框)	显示当前系统中的驱动器列表
DirListBox(目录列表框)	显示当前驱动器磁盘上的目录列表
FileListBox(文件列表框)	显示当前目录中文件的列表
Shape(形状)	在窗体上绘制矩形、圆等几何图形
Line(直线)	在窗体上画直线
Image(图像框)	显示一个位图式图像,可作为背景或装饰的图像元素
Data(数据)	用来访问数据库
OLE Container(OLE 容器)	用于对象的连接与嵌入

以上简单介绍了工具箱中的内部控件图标。在以后的章节中将陆续介绍如何用这些控件设计应用程序。

2.3.2 控件的命名和控件值

1. 控件的命名

每个窗体和控件都有一个名字,这个名字就是窗体或控件的 Name 属性值。在一般情况下,窗体和控件都有默认值,如 Form1,Command1,Text1 等。为了能见名知义,提高程序的可读性,最好用有一定意义的名字作为对象的 Name 属性值,可以从名字上看出对象的类型。为此,Microsoft 建议(注意,不是规定),用 3 个小写字母作为对象的 Name 属性的前缀。表 2.3 列出了窗体和内部控件建议使用的前缀。

表 2.3　Visual Basic 对象命名约定

对　　象	前　缀	举　例
Form(窗体)	frm	frmStartUp
PictureBox(图片框)	pic	picMove
Label(标签)	lbl	lblOptions
Frame(框架)	fra	fraOpreate
Command Button(命令按钮)	cmd 或 btn	cmdEnd, btnExit
CheckBox(复选框)	chk	chkFont
OptionButton(单选按钮)	opt	optPrinter
ComboBox(组合框)	cbo	cboWorker
ListBox(列表框)	lst	lstSound
HScrollBar(水平滚动条)	hsb	hsbTemp
VScrollBar(垂直滚动条)	vsb	vsbRate
Timer(计时器)	tmr	tmrAnimate
DriveListBox(驱动器列表框)	drv	drvName
DirListBox(目录列表框)	dir	dirSelect
FileListBox(文件列表框)	fil	filnamed
Shape(形状)	shp	shpOval
Line(直线)	lin	linDraw
Image(图像)	img	imgDisp
Data(数据)	dat	datMani
OLE(对象链接与嵌入)	ole	oleWord
CommonDialog(通用对话框)	cdl	cdlAccsess
Grid(表格)	grd	grdDisplay

在应用程序中使用表中约定的前缀,可以提高程序的可读性。本书中的程序举例只是用来说明 Visual Basic 的基本功能和操作,在为对象命名时没有遵守上面的约定,大多使用默认值。

2. 控件值

在一般情况下,通过"控件.属性"的格式设置一个控件的属性值。例如:

```
Text1.Text = "Visual Basic 6.0 程序设计"
```

这里的 Text1 是文本框控件名,而 Text 是文本框的属性,上面的程序行把文本框的 Text 属性设置为"Visual Basic 6.0 程序设计"。

为了方便使用,Visual Basic 为每个控件规定了一个默认属性,在设置这样的属性时,不必给出属性名,通常把该属性称为控件的值。控件值是一个控件的最重要或最常用的属性。例如,文本框的控件值为 Text,在设置该控件的 Text 属性时,不必写成 Text1.Text 的形式,只给出控件名即可。上面例子中的程序行可以改为:

```
Text1 = "Visual Basic 6.0 程序设计"
```

部分常用控件的控件值见表2.4。

表2.4 部分控件的控件值

控 件	属 性
CheckBox(复选框)	Value
ComboBox(组合框)	Text
CommandButton(命令按钮)	Value
CommonDialog(公共对话框)	Action
Data(数据)	Caption
DBCombo(数据约束组合框)	Text
DBGrid(数据约束网格)	Text
DBList(数据约束列表框)	Text
DirListBox(目录列表框)	Path
DriveListBox(驱动器列表框)	Drive
FileListBox(文件列表框)	FileName
Frame(框架)	Caption
HScrollBar(水平滚动条)	Value
Image(图像)	Picture
Label(标签)	Caption
Line(线形)	Visible
ListBox(列表框)	Text
OptionButton(选项按钮)	Value
PictureBox(图片框)	Picture
Shape(形状)	Shape
TextBox(文本框)	Text
Timer(定时器)	Enabled
VScrollBar(垂直滚动条)	Value

使用控件值可以节省代码,但会影响程序的可读性,因此,在本书的示例中没有使用控件值,而是显式引用控件的属性。建议在不引起阅读困难时才考虑使用控件值。

2.4 控件的画法和基本操作

在设计用户界面时,要在窗体上画出各种所需要的控件。也就是说,除窗体外,建立界面的主要工作就是画控件。本节将介绍控件的画法和基本操作。

2.4.1 控件的画法

可以通过两种方法在窗体上画一个控件。第一种方法步骤如下(以画文本框为例):

(1) 单击工具箱中的文本框图标,该图标反相显示。

(2) 把鼠标光标移到窗体上,此时鼠标光标变为"+"号("+"号的中心就是控件左上角的位置)。

(3) 把"+"号移到窗体的适当位置,按下鼠标左键,不要松开,并向右下方拖动鼠标,窗体上将出现一个方框。

(4) 随着鼠标向右下方移动,所画的方框逐渐增大。当增大到认为合适的大小时,松开鼠标键,这样就在窗体上画出一个文本框控件。

用同样的方法,可以在窗体上画出第二个文本框。含有上面所画的两个文本框的窗体如图2.7所示。

在用上面的方法画控件时,按住鼠标左键不放并移动鼠标的操作叫做拖动(drag)。

第二种建立控件的方法比较简单,即双击工具箱中某个所需要的控件图标(例如文本框),则可在窗体中央画出该控件,如图2.8所示。与第一种方法不同的是,用第二种方法所画控件的大小和位置是固定的。

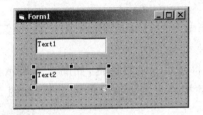
图2.7 建立控件(1)

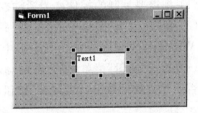
图2.8 建立控件(2)

在一般情况下,工具箱中的指针(左上角的箭头)是反相显示的。单击某个控件图标后,该图标反相显示(此时指针不再反相显示),即可在窗体上画相应的控件。画完后,图标不再反相显示,指针恢复反相显示。也就是说,每单击一次工具箱中的某个图标,只能在窗体上画一个相应的控件。如果要画出多个某种类型的控件,必须多次单击相应的控件图标。

为了能单击一次控件图标即可在窗体上画出多个相同类型的控件,可按如下步骤操作:

(1) 按住 Ctrl 键,不要松开。
(2) 单击工具箱中要画的控件的图标,然后松开 Ctrl 键。
(3) 用前面介绍的方法在窗体上画出控件(可以画一个或多个)。
(4) 画完(一个或多个)控件后,单击工具箱中的指针图标(或其他图标)。

2.4.2 控件的基本操作

1. 控件的缩放和移动

用上面的方法画出控件后,其大小和位置不一定符合设计要求,此时可对控件进行放大、缩小,或移动其位置。

在前面画控件的过程中已经看到,画完一个控件后,在该控件的边框上有8个黑色小方块,表明该控件是"活动"的。也就是说,边框上有8个黑色小方块的控件叫做活动控件或当前控件。对控件的所有操作都是针对活动控件进行的。因此,为了对一个控件进行指定的操作,必须先把该控件变为活动控件。刚画完一个控件后,该控件为活动控件。当窗体上有多个控件时,最多只有一个控件是活动的。只要单击一个不活动的控件(鼠标光标位于该控件内部),就可以把这个控件变为活动控件。而如果单击控件的外部(鼠标光标位于该控件外部),则可以把活动控件变为不活动的控件。对不活动的控件不能进行任何操作。

当控件处于活动状态时,用鼠标拖拉上、下、左、右4个小方块中的某个小方块可以使控件在相应的方向上放大或缩小;而如果拖拉位于4个角上的某个小方块,则可使该控件同时在两个方向上放大或缩小。

画出控件后,如果该控件是活动的,则只要把鼠标光标移到控件内(边框内的任何位置),按住鼠标左键不放,然后移动鼠标,就可以把控件拖拉到窗体内的任何位置。

2. 控件的复制和删除

Visual Basic 允许对画好的控件进行"复制",操作步骤如下:

(1)把需要复制的控件变为活动控件(假定为"Command1")。

(2)执行"编辑"菜单中的"复制"命令。执行该命令后,Visual Basic 将把活动控件复制到 Windows 的剪贴板(Clipboard)中。

(3)执行"编辑"菜单中的"粘贴"命令,屏幕上将显示一个对话框,如图2.9所示。询问是否要建立控件数组,单击"否"按钮后,就把活动控件复制到窗体的左上角,如图2.10所示。

图2.9 复制控件(1)

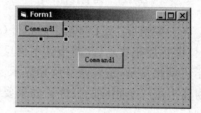
图2.10 复制控件(2)

为了清除一个控件,必须先把该控件变为活动控件,然后按 Del 键,即可把该控件清除。清除后,其他某个控件(如果有的话)自动变为活动控件。

3. 通过属性窗口改变对象的位置和大小

除了直接用拖拉方法改变控件或窗体的大小和位置外,通过改变属性窗口的属性列表中某些项目的属性值(或使用程序代码)也能改变控件或窗体的大小和位置。在属性列表中,有4种属性与窗体及控件的大小和位置有关,即 Width,Height,Top 和 Left。在属性窗口中单击属性名称,其右侧一列即显示活动控件或窗体与该属性有关的值(一般以 twip 为单位),此时输入新的属性值,即可改变活动控件或窗体的位置和大小。控件或窗体的位置由 Top 和 Left 属性确定,其大小由 Width 和 Height 属性确定,如图2.11所示。其中(Top,Left)是控件或窗体左上角的坐标,Width 是水平方向的长度,Height 是垂直方向的长度。对于窗体来说,(Top,Left)是相对于屏幕左上角的位移量;而对于控件来说,(Top,Left)是相对于窗体左上角的位移量。

4. 选择控件

前面介绍了对单个控件的操作。有时候,可能需要对多个控件进行操作,例如移动多个控件、删除多个控件、对多个控件设置相同的属性等。为了对多个控件进行操作,必须

先选择需要操作的控件,通常有两种方法选择需要操作的控件:

第一种方法:按住 Shift(或 Ctrl)键,不要松开,然后单击每个要选择的控件。被选择的每个控件的周围有 8 个小方块(在控件框内),如图 2.12 所示。

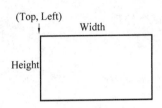

图 2.11 对象的位置和大小

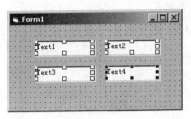

图 2.12 选择控件

第二种方法:把鼠标光标移到窗体中适当的位置(没有控件的地方),然后拖动鼠标,可画出一个虚线矩形,在该矩形内的控件(包括边线所经过的控件)即被选择。

注意,在被选择的多个控件中,有一个控件的周围是实心小方块(其他为空心小方块),这个控件称为"基准控件"。当对被选择的控件进行对齐、调整大小等操作时,将以"基准控件"为准。单击被选择的控件中的某个控件,即可把它变为"基准控件"。

选择了多个控件以后,在属性窗口中只显示它们共同的属性,如果修改其属性值,则被选择的所有控件的属性都将作相应的改变。

习 题

2.1 什么是对象?Visual Basic 中的对象与面向对象程序设计中的对象有何区别?

2.2 可以通过哪些方法激活属性窗口和工具箱窗口?

2.3 如何设置对象的属性?

2.4 什么是内部控件?什么是 ActiveX 控件?如何在窗体上画控件?

2.5 在窗体上画一个命令按钮,然后通过属性窗口设置下列属性:

Caption	这是命令按钮
Font	宋体 粗体 三号
Visible	False
Style	1-Graphical

2.6 在窗体的左上部画两个命令按钮和两个文本框,然后选择这 4 个控件,并把它们移到窗体的右下部。

2.7 在窗体的任意位置画一个文本框,然后在属性窗口中设置下列属性:

Left	1600
Top	2400
Height	1000
Width	2000

2.8 要把窗体上的某个控件变为活动的,应执行什么操作?

2.9 确定一个控件在窗体上的位置和大小的是什么属性?

2.10 要同时改变一个活动控件的高度和宽度,应执行什么操作?

2.11 假定一个文本框的 Name 属性为 Text1,要在该文本框中显示"Hello!",应使用什么语句?

2.12 要选择多个控件,应按住什么键,然后单击每个控件?

第3章 建立简单的 Visual Basic 应用程序

第2章介绍了 Visual Basic 中对象的概念,讨论了两种最主要的预定义对象,即窗体和控件。本章将通过一个简单例子说明 Visual Basic 应用程序开发的一般过程。

3.1 语　　句

程序是对计算机要执行的一组操作序列的描述,而高级语言源程序的基本组成单位是语句,它是执行具体操作的指令。

3.1.1 Visual Basic 中的语句

1. 语句的构成

Visual Basic 中的语句由 Visual Basic 关键字、对象属性、运算符、函数以及能够生成 Visual Basic 编辑器可识别指令的符号组成。每个语句以回车键结束,一个语句行的最大长度不能超过 1023 个字符。在书写语句时,必须遵循一定的规则,这种规则称为语法。

一个语句可以很简单,也可以很复杂。例如:

```
Cls
```

就是一个简单的 Visual Basic 语句,它由一个关键字组成。而

```
Print "计算结果为:";(a / (b + c) / (d + e / Sqr(f)))
```

是一个稍复杂些的语句。

2. 自动语法检查

为了使程序能被 Visual Basic 正确地识别,在书写代码时必须遵循一定的语法规则。如果设置了"自动语法检测"(用"工具"菜单"选项"命令对话框中的"编辑器"选项卡,如图 3.8 所示),则在输入语句的过程中,Visual Basic 将自动对输入的内容进行语法检查,如果发现了语法错误,则弹出一个信息框,提示出错的原因。

Visual Basic 按自己的约定对语句进行简单的格式化处理,例如命令词的第一个字母大写,运算符前后加空格等。在输入语句时,命令词、函数等可以不必区分大小写。例如,在输入 Print 时,不管输入 Print,print,还是输入 PRINT,按回车键后都变为 Print。为了提高程序的可读性,在代码中应加上适当的空格,同时应按惯例处理字母的大小写。

3. 复合语句行

在一般情况下,输入程序时要求一行一句,一句一行。但 Visual Basic 允许使用复合语句行,即把几个语句放在一行中,各语句之间用冒号(:)隔开。例如:

```
a = 7: b = 3: c = 4: Print a Mod 3 + b^3 / c \ 5
```

4. 续行

当语句较长时,为了便于阅读程序,可以通过续行符把一个语句分别放在几行中。Visual Basic 中使用的续行符是下划线(_)。如果一个语句行的末尾是下划线,则下一行与该行属于同一个语句行。例如:

```
Print Val(Text1.Text) _
    + Val(Text2.Text) _
    + Val(Text3.Text)
```

它与下面的语句等价:

```
Print Val(Text1.Text) + Val(Text2.Text) + Val(Text3.Text)
```

注意,续行符只能出现在行尾,而且与它前面的字符之间至少要有一个空格。

Visual Basic 中可以使用多种语句。早期 BASIC 版本中的某些语句(如 PRINT,CLS 等),在 Visual Basic 中称为方法,而有些语句(如流程控制、赋值、注释、结束、暂停等)仍称为语句。本节介绍 Visual Basic 的几个语句,包括赋值、注释、暂停和结束语句,其他语句将在以后的章节中介绍。

3.1.2 赋值、注释、暂停和结束语句

1. 赋值语句

用赋值语句可以把指定的值赋给某个变量或某个带有属性的对象,其一般格式为:

[Let] 目标操作符 = 源操作符

这里的"源操作符"包括:变量(简单变量或下标变量)、表达式(数值表达式、字符串表达式或逻辑表达式)、常量及带有属性的对象;而"目标操作符"指的是变量和带有属性的对象。"="称为"赋值号"。赋值语句的功能是:把"源操作符"的值赋给"目标操作符"。例如:

```
Total = 99                      '把数值常量 99 赋给变量 Total ('是注释符)
ReadOut $ = "Good Morning!"     '把字符串常量赋给字符串变量
Try1 = Val(Text1.Text)          '把对象 Text1 的 Text 属性转换为数值赋给数值变量
Text1.Text = Str $ (Total)      '把数值变量 Total 转换为字符串赋给带有
                                'Text 属性的对象
Text1.Text = Text2.Text         '把带有 Text 属性的对象 Text2 赋给带有 Text 属性
                                '的对象 Text1
StartTime = Now                 '把系统的当前时间赋给变体类型变量
```

在上面的例子中,把数值常量赋给数值变量或把字符串赋给字符串变量都比较简单,也容易理解,而对象赋值可能抽象一些。所谓对象赋值,实际是对对象的属性赋值,即改变对象的属性值。例如在语句

```
Text1.Text = Str $ (Total)
```

中,把 Total 的值转换为字符串,赋给文本框对象,使该对象的 Text 属性变为 Str$(Total)。假定 Total 的值为 99,则执行上述语句后,文本框 Text1 中显示 99。而在

```
Text1.Text = Text2.Text
```

中,则是把文本框 Text2 的 Text 属性赋给文本框 Text1 的 Text 属性,执行该语句后,两个文本框中显示的内容相同。

说明:

(1) 赋值语句兼有计算与赋值双重功能,它首先计算赋值号右边"源操作符"的值,然后把结果赋给赋值号左边的"目标操作符"。例如:

```
BitCount = ByteCount * 8
Energy = Mass * LIGHTSPEED^2
```

(2) 在赋值语句中,"="是赋值号,与数学上的等号意义不一样。

(3) "目标操作符"和"源操作符"的数据类型必须一致(第 4 章将介绍 Visual Basic 的数据类型)。例如,不能把字符串常量或字符串表达式的值赋给整型变量或实型变量,也不能把数值赋给文本框的 Text 属性。如果数据类型相关但不完全相同,例如把一个整型值存放到一个双精度变量中,则 Visual Basic 将把整型值转换为双精度值。但是,不管表达式是什么类型,都可以赋给一个 Variant(变体)变量。

(4) 如前所述,Visual Basic 中的语句通常按"一行一句,一句一行"的规则书写,但也允许多个语句放在同一行中。在这种情况下,各语句之间必须用冒号隔开。例如:

```
a = 3 : b = 4 : c = 5
```

在一行中有 3 个语句。这样的语句行称为复合语句行。复合语句行中的语句可以是赋值语句,也可以是其他任何有效的 Visual Basic 语句。但是,如果含有注释语句,则它必须是复合语句行的最后一个语句。

(5) 赋值语句以关键字 Let 开头,因此也称 Let 语句。其中的关键字 Let 可以省略。

2. 注释语句

为了提高程序的可读性,通常应在程序的适当位置加上必要的注释。Visual Basic 中的注释是"Rem"或一个撇号"'",一般格式为:

Rem 注释内容
' 注释内容

例如:

```
' This is a test statement
Rem 这是一个子程序
```

说明:

(1) 注释语句是非执行语句,仅对程序的有关内容起注释作用。它不被解释和编译,但在程序清单中,注释被完整地列出。

(2) 任何字符(包括中文字符)都可以放在注释行中作为注释内容。注释语句通常放

在过程、模块的开头作为标题用,也可以放在执行语句(单行或复合语句行)的后面,在这种情况下,注释语句必须是最后一个语句。例如:

```
Text1.Text = "Good morning"     'This is a test
a = 5 : b = 6 : c = 7           '对变量a,b,c赋值
```

(3)注释语句不能放在续行符的后面。
(4)当注释语句出现在程序行的后面时,只能使用撇号"'",不能使用 Rem。例如:

```
intVal = 100    Rem 赋值
```

是错误的,必须改为:

```
intVal = 100    '赋值
```

3. 暂停语句

Visual Basic 中的暂停语句为 Stop,其格式如下:

Stop

Stop 语句用来暂停程序的执行,它的作用类似于执行"运行"菜单中的"中断"命令。当执行 Stop 语句时,将自动打开立即窗口。

在解释系统中,Stop 语句保持文件打开,并且不退出 Visual Basic。因此,常在调试程序时用 Stop 语句设置断点。如果在可执行文件(*.exe)中含有 Stop 语句,则将关闭所有文件。

Stop 语句的主要作用是把解释程序置为中断(Break)模式,以便对程序进行检查和调试。一旦 Visual Basic 应用程序通过编译并能运行,则不再需要解释程序的辅助,也不需要进入中断模式。因此,程序调试结束后,生成可执行文件之前,应删去代码中的所有 Stop 语句。

4. 结束语句

Visual Basic 中的结束语句为 End 语句,其格式如下:

End

End 语句通常用来结束一个程序的执行。可以把它放在事件过程中,例如:

```
Sub Command1_Click()
    End
End Sub
```

该过程用来结束程序,即当单击命令按钮时,结束程序的运行。

End 语句除用来结束程序外,在不同的环境下还有其他一些用途,例如:

```
End Sub          '结束一个 Sub 过程
End Function     '结束一个 Function 过程
End If           '结束一个 If 语句块
End Type         '结束记录类型的定义
End Select       '结束情况语句
```

当在程序中执行 End 语句时,将终止当前程序,重置所有变量,并关闭所有数据文件。

在大多数情况下,一个程序中有没有 End 语句,对程序的运行没有什么影响。但是,如果没有 End 语句,或者虽有但没有执行(例如不执行含有 End 语句的事件过程),则程序不能正常结束,必须执行"运行"菜单中的"结束"命令或单击工具栏中的结束按钮。为了保持程序的完整性,应当在程序中含有 End 语句,并且通过 End 语句结束程序。

3.2 编写简单的 Visual Basic 应用程序

用传统的面向过程的语言进行程序设计时,主要的工作就是编写程序代码,遵循编程—调试—改错—运行这样一种模式。在用 Visual Basic 开发应用程序时,完全打破了这种模式,使程序的开发大为简化,而且更容易掌握。

3.2.1 程序设计

一般来说,在用 Visual Basic 开发应用程序时,需要以下 3 步:
(1) 建立可视用户界面。
(2) 设置可视界面特性。
(3) 编写事件驱动代码。
通过一个例子来说明如何在 Visual Basic 环境下设计应用程序。

【例 3.1】 在窗体上画 3 个命令按钮和一个文本框,把窗体的标题设置为"Visual Basic 程序设计示例",把 3 个命令按钮的标题分别设置为"显示"、"清除"和"结束",把文本框的内容设置为空白。程序运行后,如果单击第一个命令按钮,则在文本框中显示"欢迎使用 Visual Basic 6.0",如图 3.1 所示;如果单击第二个命令按钮,则清除文本框中显示的内容;而如果单击第三个命令按钮,则结束程序。

图 3.1 例题运行情况

下面介绍如何设计这个应用程序。

1. 建立用户界面

为了建立应用程序,首先应建立一个新的工程,这可以通过"文件"菜单中的"新建工程"命令来实现。执行该命令后,将打开"新建工程"对话框,双击该对话框中的"标准 EXE"图标(或者单击该图标,然后单击"确定"按钮)即可建立一个新的工程。

用户界面由对象组成,建立用户界面实际上就是在窗体上画出代表各个对象的控件。由题意可知,需要建立的界面包括 5 个对象(窗体本身也是一个对象),即窗体和 4 个控件,其中 3 个是命令按钮,一个是文本框,可以按下面的步骤建立用户界面:

(1) 单击工具箱中的命令按钮图标,在窗体的适当位置画一个命令按钮(命令按钮 1),画完后,按钮内自动标有 Command1。

(2) 重复步骤 1,分别画出命令按钮 2 和命令按钮 3,两个按钮内分别自动标有 Command2 和 Command3。

(3) 单击工具箱中的文本框图标,然后在窗体的适当位置画出文本框控件,文本框内自动标有 Text1。

(4) 上述 4 个控件画完后,根据具体情况,对每个控件的大小和位置进行适当调整。

设计完用户界面后,窗体的结构如图 3.2 所示。

2. 设置属性

前面画出的 4 个控件构成了用户界面,这 4 个控件就是 4 个对象。实际上,除 4 个控件外,还有一个对象,这就

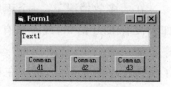

图 3.2　界面设计(1)

是窗体,其当前名称(Name 属性)和标题(Caption 属性)为 Form1。在建立用户界面后,每个对象都有一个默认标题(Caption 或 Text 属性),分别为 Command1、Command2、Command3、Text1 和 Form1。

根据题意,命令按钮 1 的标题应为"显示"。可按如下步骤修改:

(1) 单击标有 Command1 的命令按钮,将其激活,其周围出现 8 个小方块,表明该控件是活动的。

(2) 激活属性窗口,从属性列表中找到 Caption 属性,单击该属性条,其右侧显示该控件的默认设置值 Command1。

(3) 从键盘上输入汉字"显示"(引号不要输入),取代 Command1,命令按钮 1 中的内容(标题)即变为"显示"。

(4) 输入中文后,由于字体太小,可能看不清楚,可以用属性窗口中的 Font 属性将其放大。在属性列表中找到 Font 属性,单击该属性条,在右端显示 3 个小点,单击这 3 个小点,将打开 Font 对话框。在该对话框中把"字体"设置为"宋体",把"字形"设置为"粗体",把"大小"设置为"四号"。

用与修改命令按钮 1 类似的操作把 Command2 修改为"清除",把 Command3 修改为"结束",并设置与 Command1 相同的字体和大小。

文本框用来显示信息,应把它变为空白。修改步骤如下:

(1) 单击文本框,将其激活。

(2) 单击属性窗口,从属性列表中找到 Text 属性,双击(或单击)该属性条,设置框内显示"Text1"。

(3) 按 Del 键或退格键,文本框内的 Text1 即被清除。

窗体标题的默认值为 Form1,程序运行时,即为输出窗口的标题。为了把窗体标题改为"Visual Basic 程序设计示例",可按如下步骤操作:

(1) 单击窗体内没有控件的地方,使窗体成为当前的活动对象。

(2) 用前面介绍的方法找到并单击属性窗口中的 Caption 属性。

(3) 从键盘上输入"Visual Basic 程序设计示例",则窗体顶部的 Form1 被输入的文本代替。

如前所述,对象可以有多种属性。在上面的操作中,实际上只设置了两种属性,即 Caption 和 Font。设置属性后的窗体如图 3.3 所示。

说明：

(1) 除标题外，每个对象都还有其他一些属性，例如对象名称(Name 属性，在属性列表中为"(名称)")。每个对象都有 Name 属性，可以通过属性窗口为其赋予一个适当的值。如果不赋值，则使用其默认属性。在上面的例子中，

图 3.3　界面设计(2)

4 个控件的 Name 属性值分别为 Command1，Command2，Command3 和 Text1，窗体的 Name 属性值为 Form1，它们均为默认属性值，可以用其他名字作为 Name 的属性值。注意，标题(Caption)和对象名称(Name)是完全不同的两种属性。Caption 是对象的标识，而 Name 是对象的名字。在编写代码(见本节中 3 条)时，将针对对象的 Name 属性值设计操作。从前面设计界面的过程中可以看出，Caption 属性和 Name 属性使用同样的默认值，Caption 属性的默认值在对象中显示出来，而 Name 属性值从表面上看不出来。

此外还应注意，Name 属性是只读属性，即只能在设计期间设置，在运行期间不能改变。此外，在属性窗口中，Name 属性的属性条为"(名称)"，并放在属性窗口的顶部。但是，在程序代码中，仍使用 Name。

(2) 用户界面是设计应用程序时的重要一环。与传统的程序设计语言不同，在用 Visual Basic 设计应用程序时，用户界面不是程序行，而是放在窗体中的若干个控件，这些控件和窗体均被称为对象。因此，设计用户界面实际上是一个建立对象的过程。为了使界面的设计清晰而有条理，通常在设计前将界面中所需要的对象及其属性画成一个表，然后按照这个表来设计界面。上例中的界面有 4 个控件和一个窗体，可以通过两种格式画出其属性设置表，第一种格式见表 3.1，第二种格式见表 3.2。

表 3.1　对象属性设置(格式 1)

对　象	Name	Caption	Text
窗体	Form1	"Visual Basic 程序设计示例"	
左命令按钮	Command1	"显示"	无
中命令按钮	Command2	"清除"	无
右命令按钮	Command3	"结束"	无
文本框	Text1	无	空白

表 3.2　对象属性设置(格式 2)

对　象	属　性	设置值
窗体	Name	Form1
	Caption	"Visual Basic 程序设计示例"
左命令按钮	Name	Command1
	Caption	"显示"
中命令按钮	Name	Command2
	Caption	"清除"
右命令按钮	Name	Command3
	Caption	"结束"
文本框	Name	Text1
	Text	空白

每个对象都有自己特定的属性,有些属性只能用于部分对象。例如命令按钮没有Text属性,而文本框没有Caption属性。激活一个对象后,该对象所具有的全部或大多数属性值就在属性窗口的属性列表中显示出来。

(3)控件放在窗体中,窗体及其控件构成了用户界面。程序运行后,如果对界面不满意,可以结束运行,然后进行调整。从前一章中知道,窗体大小及每个控件的位置、大小均可根据需要任意调整,同时可改变标题及输出字体的属性。

3. 编写代码

Visual Basic采用事件驱动机制,其程序代码是针对某个对象事件编写的,每个事件对应一个事件过程。用鼠标单击一个对象是经常用到的事件,可以针对这样的事件编写事件过程。

(1)程序代码窗口

过程在程序代码窗口中输入和编辑。为了输入过程中的代码,必须先进入程序代码窗口。可以用四种方法打开程序代码窗口,即:双击窗体或窗体中的控件,执行"视图"菜单中的"代码窗口"命令,按F7键和单击工程资源管理器窗口中的"查看代码"按钮。例如,双击窗体,进入程序代码窗口,屏幕上出现如图3.4所示的代码窗口。

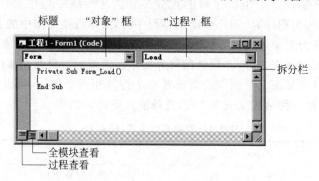

图3.4 程序代码窗口

窗口顶部的"工程1-Form1(Code)"是代码窗口的标题,在它下面的一行分为两栏,左边一栏为"对象"框,在该方框中的Form是当前对象名。右边一栏为"过程"框,在该栏中显示的是事件的名字,当前的事件名为Load(装入)。在窗口的左下角有两个按钮,如果选择(单击)"过程查看"按钮,则窗口内只显示当前过程代码;而如果选择"全模块查看"按钮,则显示当前模块中的所有过程的代码。此外,在垂直滚动条的上面,有一个"拆分栏",把鼠标光标移到该栏上,鼠标光标变为上下双向箭头,此时按住左键拖动鼠标,可以把代码窗口分为两个窗口。

事件过程的开头和结尾由系统自动给出,即:

Private Sub Form_Load()

End Sub

可在这两行之间输入程序代码。

"Private"意为"私有",用来表明事件过程的类型。过程名(这里是Form_Load())由两部分组成,前面一部分是对象名(Form),后面一部分是该对象的事件名(Load),中间用下划线相连,在过程名的后面有一对括号。事件过程名的两个部分可以根据需要任意组合。例如,单击"对象"栏右端的箭头,将列出各对象的名字,如图 3.5 所示,此时单击 Command3,则原来过程名中的 Form 即变为 Command3。接着单击"过程"栏右端的箭头,以下拉方式列出各种事件(见图 3.6),然后单击 MouseDown,则过程名中的 Load 被 MouseDown 代替。于是过程名变为:

```
Private Sub Command3_MouseDown(Button As Integer, Shift As Integer, _
        X As Single, Y As Single)

End Sub
```

其中第一行代码最后的下划线是续行符。

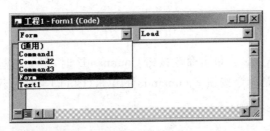

图 3.5 对象名称

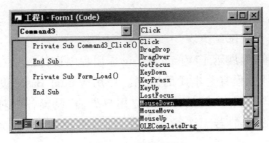

图 3.6 事件名称

不管用哪种方法进入程序代码窗口,都可以通过对象名与事件名的不同组合来改变事件过程名。

可以看出,这里的过程名与其他语言中的过程名或函数名是有区别的,它的名字不能任意指定,而只能由系统提供的对象名和事件名组成,因而称为事件过程。

(2) 编写过程代码

过程代码是针对某个对象事件编写的。为了指明某个对象的操作,必须在方法或属性前加上对象名,中间用句点(.)隔开。例如:

```
Text1.Text = "欢迎使用 Visual Basic 6.0"
```

这里的 Text1 是控件(对象)名,Text 是文本框的属性。执行上面的语句后,将在 Text1 文本框中显示"欢迎使用 Visual Basic 6.0"。

如果不指出对象名,则方法或属性是针对当前窗体的。

事件过程是对某个对象事件所执行的操作。例如,事件过程 Command1_Click 执行的是单击(Click)控件 Command1 时所执行的操作。根据题意,该过程的代码如下:

```
Private Sub Command1_Click()
    Text1.Fontsize = 12
    Text1.Text = "欢迎使用 Visual Basic 6.0 "
End sub
```

上述事件过程有两个语句,第一个语句用来设置字体大小(默认为 9),第二个语句用来显示一个字符串。由于前面有对象名 Text1,所以这两个语句都是针对 Text1 文本框执行的。程序执行后,只要单击命令按钮 Command1,就可以在文本框中显示"欢迎使用 Visual Basic 6.0",其字体大小为 12。根据题意,第二个事件过程的内容如下:

```
Private Sub Command2_Click()
    Text1.Text = ""
End Sub
```

该事件过程的功能是,当单击命令按钮 Command2 时,把文本框中的内容清为空白。
第 3 个事件过程是命令按钮 Command3 的单击(Click)事件过程,用来结束程序:

```
Private Sub Command3_Click()
    End
End Sub
```

该过程的功能是,当单击命令按钮 Command3 时,结束程序的运行。
至此,程序设计工作全部结束。

这个程序比较简单,但展示了 Visual Basic 应用程序设计的全过程。可以看出,这一过程与传统的程序设计过程有着本质的区别。在用 Visual Basic 设计应用程序时,通常不必编写含有大量代码的程序,而是首先建立用户界面,设置各个对象的属性,然后编写由用户启动的事件来激活的若干个微小程序,即事件过程,从而大大简化了程序开发过程。

Visual Basic 能自动进行语法检查。每输入完一行代码并按回车键后,Visual Basic 能自动检查该行的语法错误。如果语句正确(没有语法错误),则自动以不同的颜色显示代码的不同部分,并在运算符前后加上空格。输入完 3 个事件过程的代码后,代码窗口如图 3.7 所示。

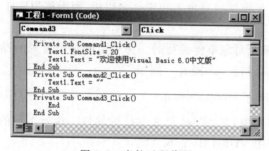

图 3.7　事件过程代码

3.2.2 代码编辑器

Visual Basic 的"代码编辑器"是一个窗口,大多数代码都在此窗口上编写。它像一个高度专门化的字处理软件,提供了许多便于编写 Visual Basic 代码的功能,这些功能通过编辑器的选项来设置,操作如下:

执行"工具"菜单中的"选项"命令,打开"选项"对话框,在该对话框中选择"编辑器"选项卡,如图 3.8 所示。

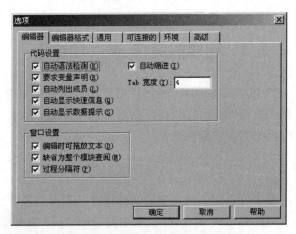

图 3.8 "选项"对话框("编辑器"选项卡)

对话框中选项的含义比较容易理解,下面对其中的两个选项进行简单说明:

(1)"自动列出成员" 选择该项后,可以自动填充语句、属性和参数,即在输入代码时,编辑器列出适当的选择、语句、函数原型或值。例如,当在代码中输入一个控件名并跟有一个句点时,将自动列出这个控件的属性表(见图 3.9),此时输入属性名的前几个字母,就可以从表中选中该属性名字,按 Tab 键即可完成输入。如果没有在"编辑器"对话框中选择"自动列出成员"选项,可以用 Ctrl+J 组合键设置。

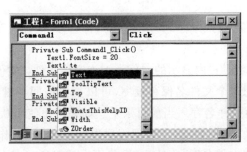

图 3.9 "自动列出成员"功能

(2)"自动快速信息" 选择该项后,将自动显示语句和函数的语法(见图 3.10)。输入合法的 Visual Basic 语句或函数名之后,将在当前行的下面显示相应的语法,并用黑体字显示它的第一个参数。在输入第一个参数值之后,显示第二个参数……。"自动快速信息"也可以用 Ctrl+I 键设置。

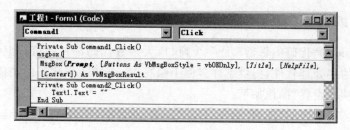

图 3.10 "自动快速信息"功能

3.3 程序的保存、装入和运行

3.2.1 节设计了一个简单的 Visual Basic 应用程序。设计结束并初步检查没有错误后,通常应先把程序存入磁盘,然后再运行程序,看是否符合设计要求。当然,也可以先对程序进行调试和运行,再把它存放到磁盘上。

3.3.1 保存程序

Visual Basic 应用程序可以用 4 种类型的文件保存。第 1 类是单独的窗体文件,扩展名为.frm;第 2 类是公用的标准模块文件,扩展名为.bas;第 3 类是类模块文件,扩展名为.cls(本书不涉及类模块文件);第 4 类是工程文件,这种文件由若干个窗体和模块组成,扩展名为.vbp。除上面 4 类文件外,还有其他一些文件类型,例如工程组文件(*.vbg)、资源文件(*.rc)等。在保存工程文件之前,应先分别保存窗体文件和标准模块文件(如果有的话)。在 3.2.1 节的例子中,需要保存两种类型的文件,即窗体文件和工程文件。

1. 保存窗体文件

3.2.1 节中建立的程序含有一个窗体,应把它作为窗体文件(*.frm)保存。操作步骤如下:

(1) 执行"文件"菜单中的"保存 Form1"命令,将打开"文件另存为"对话框,如图 3.11 所示。

(2) 对话框中"保存类型"栏内显示的文件类型为窗体文件,"文件名:"栏的"Form1.frm"是默认文件名。如果想用这个文件名保存程序,可以直接按回车键或单击"保存"按钮,程序将以 Form1.frm 作为文件名存入当前目录下。如果不想使用默认文件名,则可输入新的文件名(可以含有路径)。例如,假定想把程序以"vbtest.frm"作为文件名存入 C 盘的 Vbprog 目录下,则可在"文件名"栏内输入(取代原来的 Form1.frm):

c:\vbprog\vbtest.frm

也可以先在"保存在"栏内确定要保存的文件所在的目录,然后再在"文件名"栏内输入文件名(在这种情况下,可以不含有路径)。

(3) 按回车键,或单击对话框中的"保存"按钮,即可把窗体文件存入磁盘。

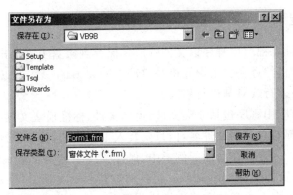

图 3.11 "文件另存为"对话框

2. 保存工程文件

保存窗体文件和标准模块文件后(前面的例子只有一个窗体文件,没有标准模块文件),接下来应保存工程文件,步骤如下:

(1) 执行"文件"菜单中的"保存工程"命令,打开"工程另存为"对话框(与"文件另存为"对话框类似)。在该对话框中,"保存类型"栏内显示的文件类型为"工程文件(＊.vbp)",默认工程文件名为"工程1"。

注意,如果尚未保存窗体文件,则执行"保存工程"命令后打开的是"文件另存为"对话框。

(2) 在"文件名"栏内输入存盘的工程文件名(可以含有路径)。例如输入 c:\vbprog\vbptest.vbp,或者先选择存盘目录,然后输入文件名。

(3) 单击"保存"按钮或按回车键。

应用程序的保存一般通过保存窗体文件和工程文件这两步(如果有多个窗体文件和标准模块或类模块文件,则需要3步、4步或更多步)来完成,即先保存窗体文件和标准模块文件(如果有的话),然后保存工程文件。但在实际操作中,为了提高效率,不必严格按上面所介绍的步骤保存文件,可以按下述步骤进行操作:

(1) 执行"文件"菜单中的"保存工程"命令(或单击工具栏上的"保存工程"按钮)。

(2) 如果是第一次保存文件,或者建立了新的窗体或标准模块文件,则显示"文件另存为"对话框,在该对话框中输入窗体文件或标准模块文件名,输入后单击"保存"按钮。如果还有其他窗体文件或标准模块文件需要保存,则重复上述过程。

(3) 保存完所有的窗体文件和标准模块文件后,显示"工程另存为"对话框,在该对话框中输入工程文件名。

(4) 单击"保存"按钮或按回车键。

在保存文件时,可以像上面那样输入文件名(含有路径),也可以只输入文件名,然后在"保存在"栏内选择所需要的目录。

保存窗体文件和工程文件后,如果对程序(包括界面和代码)进行了修改,则可通过执行"文件"菜单中的"保存工程"命令保存所作的修改,这样可以保存工程中的所有文件。

3.3.2 程序的装入

用上面的操作可以把应用程序以文件的形式保存到磁盘上。退出 Visual Basic 或关机后,磁盘上的文件仍然存在。下次开机并启动 Visual Basic 后,可以把保存在磁盘上的程序装入内存,以便运行或对其进行修改。

如前所述,一个应用程序包括 4 类文件:窗体文件、标准模块文件、类模块文件和工程文件。这 4 类文件都有自己的文件名,但只要装入工程文件,就可以自动把与该工程有关的其他 3 类文件装入内存。在前面的例子中,保存了一个名为 vbptest.vbp 的工程文件,只要装入这个文件,窗体文件 vbtest.frm 将自动被装入。实际上,只要建立了工程文件,则不管这个工程中含有多少窗体和标准模块,都可以通过装入工程文件把所有的窗体文件和标准模块文件装入内存。因此,装入应用程序,实际上就是装入工程文件。

启动 Visual Basic 后,可以通过下述操作把工程文件装入内存。

(1) 执行"文件"菜单中的"打开工程"命令,显示"打开工程"对话框,单击该对话框中的"最新"选项卡,则显示最近建立的文件,如图 3.12 所示。

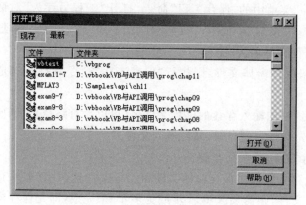

图 3.12 "打开工程"对话框("最新"选项卡)

(2) 在"文件"栏中选择前面存盘的文件名 vbtest。

(3) 按回车键或单击"打开"按钮。

也可以直接双击 vbtest,打开该工程。

如果用"打开工程"对话框中的"现存"选项卡打开上述文件,则可按如下步骤操作:

(1) 执行"文件"菜单中的"打开工程"命令,显示"打开工程"对话框,单击该对话框中的"现存"选项卡,其对话框如图 3.13 所示。

(2) 在"文件名"栏内输入 c:\vbprog\vbptest.vbp,或单击 c:\vbprog 目录下的 vbptest。

(3) 按回车键或单击对话框中的"打开"按钮,Visual Basic 就把文件装入内存,此时工程资源管理器窗口中显示出当前程序的工程名和窗体名,如图 3.14 所示。

(4) 在工程管理器窗口中选择窗体的名字,单击窗口中的"查看对象"按钮,将显示窗体窗口;如果单击"查看代码"按钮,则显示程序代码窗口。

应用程序装入内存后,可以对其进行修改。如果需要保存修改后的程序,可执行"文

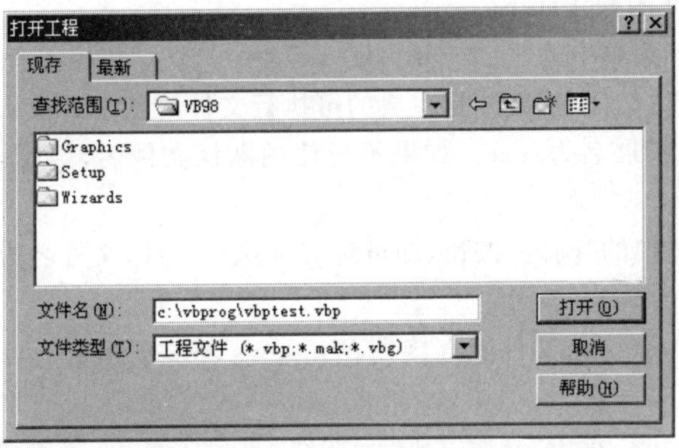

图 3.13 "打开工程"对话框("现存"选项卡)

件"菜单中的"保存工程"命令(或单击工具栏上的"保存工程"按钮),程序(包括工程和窗体)将以原来的文件名保存到磁盘上。

"文件"菜单中的"保存窗体"、"保存工程"和"窗体另存为"、"工程另存为"命令都可以用来保存窗体文件和工程文件。只是前者直接以当前文件名存盘,而后者将显示对话框,允许用户以新文件名存盘。

图 3.14 装入文件后的
工程管理器窗口

3.3.3 程序的运行

设计完程序并存入磁盘后,就可以运行程序。

运行程序有两个目的,一是输出结果,二是发现错误。在 Visual Basic 环境中,程序可以用解释方式执行,也可以生成可执行文件(*.exe)。

1. 解释运行

解释运行通过"运行"菜单中的"启动"命令(工具栏上的"启动"按钮或热键 F5)来实现。在前面的例子中,只要执行"运行"菜单中的"启动"命令或直接按 F5 键(或单击工具栏上的"启动"按钮),就能执行程序,显示如图 3.15 所示的画面。

图 3.15 执行程序

程序执行后,单击标有"显示"的控件,就可以在文本框中显示"欢迎使用 Visual Basic 6.0",如前面的图 3.1 所示。此时如果单击"清除"按钮,则将清除文本框中的内容;而如果再次单击"显示",则重新显示"欢迎使用 Visual Basic 6.0"。

如果想退出程序,可单击"结束"按钮。

上述程序专门为结束运行设计了一个事件过程。如果没有这个过程,则可通过"运行"菜单中的"结束"命令或单击工具条中的结束按钮结束程序的运行。

2. 生成可执行文件

解释执行与旧版本 BASIC 程序的执行方式相同。为了使程序能在 Windows 环境下运行,即作为 Windows 的应用程序,必须建立可执行文件,即.exe 文件。

生成可执行文件的操作如下：

（1）执行"文件"菜单中的"生成 vbtest.exe"命令，显示"生成工程"对话框。

（2）对话框中的"文件名"部分是生成的可执行文件的名字。默认的可执行文件名与工程文件名相同，其扩展名为.exe。如果不想使用默认文件名，则应输入新文件名（扩展名必须为.exe）。

（3）单击对话框中的"确定"按钮，即可生成可执行文件，文件名为对话框中"文件名"部分的名字（假定为 vbtest.exe）。

上面生成的 vbtest.exe 文件能直接在 Windows 环境下运行。可以通过下面两种方法试验：

（1）启动 Windows，单击"开始"（Start）按钮，显示主菜单，接着单击"运行"（Run）命令，在打开的对话框中输入：

c:\vbprog\vbtest.exe

然后单击"确定"按钮或按回车键。

（2）在"资源管理器"中找到 vbprog 目录中的 vbtest.exe 文件，然后双击该文件名。

3.4 Visual Basic 应用程序的结构与工作方式

应用程序是一个指令集，用来指挥计算机完成指定的操作。应用程序结构指的是组织指令的方法，即指令存放的位置和指令的执行顺序。对于只有一行代码的程序来说，程序的组织结构并不重要。应用程序越复杂，对组织或结构的要求也越高。除了控制应用程序的执行外，对于在应用程序中查找特定的指令，结构也有着重要的作用。

Visual Basic 应用程序通常由 3 类模块组成：窗体模块、标准模块和类模块。

1. 窗体模块

Visual Basic 应用程序是基于对象的，应用程序的代码结构就是该程序在屏幕上物理表示的模型。根据定义，对象由数据和代码组成。在屏幕上看到的窗体是由其属性规定的，这些属性定义了窗体的外观和内在特性。在 Visual Basic 中，一个应用程序包含一个或多个窗体模块（其文件扩展名为.frm），每个窗体模块分为两部分，一部分是作为用户界面的窗体，另一部分是执行具体操作的代码，如图 3.16 所示。

图 3.16　窗体模块

每个窗体模块都包含事件过程,即代码部分,这些代码是为响应特定事件而执行的指令。在窗体上可以含有控件,窗体上的每个控件都有一个相对应的事件过程集。除事件过程外,窗体模块中还可以含有通用过程(见第9章),它可以被窗体模块中的任何事件过程调用。

在前面的例子中,建立了一个窗体模块,其存盘文件名为 vbtest.frm。

2. 标准模块

标准模块(文件扩展名为.bas)完全由代码组成,这些代码不与具体的窗体或控件相关联。在标准模块中,可以声明全局变量,也可以定义函数过程或子程序过程。标准模块中的全局变量可以被工程中的任何模块引用,而公用过程可以被窗体模块中的任何事件调用。

3. 类模块

可以把类模块(文件扩展名为.cls)看做是没有物理表示的控件。标准模块只包含代码,而类模块既包含代码又包含数据。每个类模块定义了一个类,可以在窗体模块中定义类的对象,调用类模块中的过程。

第1章曾介绍过,Visual Basic 通过事件驱动的方式来实现对象的操作,其程序不是按照预定的"路径"执行,而是在响应不同的事件时,驱动不同的事件代码,以此来控制对象的行为。事件驱动应用程序的典型操作序列为:

(1) 启动应用程序,加载和显示窗体。

(2) 窗体或窗体上的控件接收事件。事件可以由用户引发(例如键盘操作),可以由系统引发(例如计时器事件),也可以由代码间接引发(例如,当代码加载窗体时的 Load 事件时)。

(3) 如果相应的事件过程中存在代码,则执行该代码。

(4) 应用程序等待下一次事件。

注意,有些事件可能伴随其他事件发生。例如,在发生 DblClick(双击)事件时,将伴随发生 MouseDown,MouseUp 和 Click 事件。

习 题

3.1 在用 Visual Basic 开发应用程序时,一般分为几步进行?每一步需要完成什么操作?

3.2 Visual Basic 应用程序有几种运行模式?如何执行?

3.3 在窗体上画一个文本框和两个命令按钮,然后执行如下操作:

(1) 当单击第一个命令按钮时,文本框消失;而当单击第二个命令按钮时,文本框重新出现,并在文本框中显示"VB 程序设计",字体大小为16。

(2) 以解释方式运行程序。

(3) 把程序保存到磁盘上,其工程文件名为 myprog.vbp,窗体文件名为 myprog.frm。

(4) 退出 Visual Basic。

(5) 重新启动 Visual Basic,装入上面建立的程序,并在窗体上增加一个命令按钮,当单击该按钮时,结束程序运行。保存所作的修改。

(6) 把当前程序编译为可执行文件,其文件名为 myprog.exe。

(7) 退出 Visual Basic,在 Windows 环境下运行 myprog.exe。

3.4 Visual Basic 应用程序通常由几类模块组成?在存盘时各使用什么扩展名?

3.5 假定窗体的名称为 Form1,为了把窗体的标题设置为"VB Test",应使用什么语句?

3.6 可以通过哪几种方法打开代码窗口?

3.7 在窗体上画两个文本框和一个命令按钮,然后在代码窗口中编写如下事件过程:

```
Private Sub Command1_Click()
    Text1.Text = "VB Programming"
    Text2.Text = Text1.Text
    Text1.Text = "ABCD"
End Sub
```

程序运行后,单击命令按钮,在两个文本框中各显示什么内容?

3.8 在窗体上画一个文本框和两个命令按钮,并把两个命令按钮的标题分别设置为"显示"和"清除"。程序运行后,在文本框中输入一行文字(例如"程序设计"),如果单击第一个命令按钮,则把文本框的内容显示为窗体标题;如果单击第二个命令按钮,则清除文本框中的内容。

第4章 数据类型、运算符与表达式

Visual Basic 应用程序包括两部分内容,即界面和程序代码。其中程序代码的基本组成单位是语句(指令),而语句是由不同的"基本元素"构成的,包括数据类型、常量、变量、内部函数、运算符和表达式等。在这一章中,将介绍构成 Visual Basic 应用程序的这些基本元素。

4.1 基本数据类型

数据是程序的必要组成部分,也是程序处理的对象。为了对数据进行快速处理和有效地利用存储空间,Visual Basic 把数据分为各种不同的类型,数据类型体现了数据结构的特点。Visual Basic 提供了系统定义的数据类型,并允许用户根据需要定义自己的数据类型。这一章介绍基本数据类型,将在第 8 章介绍用户定义的数据类型。

基本数据类型也称简单数据类型或标准数据类型,是由语言系统定义的。Visual Basic 6.0 提供的基本数据类型主要有字符串型数据和数值型数据,此外还提供了字节、货币、对象、日期、布尔和变体数据类型。

1. 字符串

字符串(String)是一个字符序列,由 ASCII 字符组成,包括标准的 ASCII 字符和扩展 ASCII 字符。在 Visual Basic 中,字符串是放在双引号内的若干个字符,其中长度为 0(即不含任何字符)的字符串称为空字符串。

字符串通常放在双引号中,例如:

```
"Hello"
"We are students"
"Visual Basic 6.0 程序设计"
""         '空字符串
```

Visual Basic 中的字符串分为两种,即变长字符串和定长字符串。其中变长字符串的长度是不确定的,在 $0\sim2^{31}$(2 的 31 次幂,约 21 亿)个字符之间。而定长字符串含有确定个数的字符,最大长度不超过 2^{16}(2 的 16 次幂,65535)个字符。

在程序执行过程中,定长字符串的长度是固定不变的。在定义变量时,定长字符串的长度用类型名称加上一个星号和常数指明,一般格式为:

String * 常数

例如:

```
Dim studName As String * 10
```

把变量 studName 定义为长度为 10 个字符的定长字符串。这样定义后,如果赋予该变量的字符串少于 10 个字符,则不足部分用空格填充;如果超过 10 个字符,则超出部分被截掉。

2. 数值

Visual Basic 的数值型数据分为整型数和浮点数两类。其中整型数又分为整数和长整数,浮点数分为单精度浮点数和双精度浮点数。

(1) 整型数　整型数是不带小数点和指数符号的数,在机器内部以二进制补码形式表示。

① 整数(Integer)　整数以两个字节(16 位)的二进制码表示和参加运算,其取值范围为 -32768 到 32767。

② 长整数(Long)　长整数以带符号的 4 字节(32 位)二进制数存储,其取值范围为 $-2147483648 \sim +2147483647$。

(2) 浮点数　浮点数也称实型数或实数,是带有小数部分的数值。它由 3 部分组成:符号、指数及尾数。单精度浮点数和双精度浮点数的指数分别用 E(或 e)和 D(或 d)来表示。例如:

123.45E3 或 123.45e+3　　　　　(单精度数,相当于 123.45 乘以 10 的 3 次幂)
123.45678D3 或 123.45678d+3　　(双精度数,相当于 123.45678 乘以 10 的 3 次幂)

在上面的例子中,123.45 或 123.45678 是尾数部分,e+3(也可以写作 E3 或 e3)和 d+3(也可以写作 D3 或 d3)是指数部分。

① 单精度数(Single)　以 4 个字节(32 位)存储,其中符号占 1 位,指数占 8 位,其余 23 位表示尾数,此外还有一个附加的隐含位。单精度数可以精确到 7 位十进制数,其负数的取值范围为 $-3.402823E+38 \sim -1.40129E-45$,正数的取值范围为 $1.40129E-45 \sim 3.402823E+38$。

② 双精度浮点数(Double)　用 8 个字节(64 位)存储,其中符号占 1 位,指数占 11 位,其余 52 位用来表示尾数,此外还有一个附加的隐含位。双精度数可以精确到 15 或 16 位十进制数。其负数的范围为 $-1.797693134862316D+308 \sim -4.94065D-324$,正数的范围为 $4.94065D-324 \sim 1.797693134862316D+308$。

3. 货币

货币(Currency)数据类型是为表示钱款而设置的。该类型数据以 8 个字节(64 位)存储,精确到小数点后 4 位(小数点前有 15 位),在小数点后 4 位以后的数字将被舍去。其取值范围为: $-922337203685477.5808 \sim 922337203685477.5807$。

浮点数中的小数点是"浮动"的,即小数点可以出现在数的任何位置,而货币类型数据的小数点是固定的,因此称为定点数据类型。

4. 变体

变体(Variant)数据类型是一种可变的数据类型,可以表示任何值,包括数值、字符串、日期/时间等。

5. 其他数据类型

(1) 字节(Byte)　实际上是一种数值类型,以 1 个字节的无符号二进制数存储,其取值范围为 0~255。

(2) 布尔(Boolean)　布尔型数据是一个逻辑值,用两个字节存储,它只取两种值,即 True(真)或 False(假)。

(3) 日期(Date)　日期存储为 IEEE 64 位(8 个字节)浮点数值形式,其可以表示的日期范围从公元 100 年 1 月 1 日到 9999 年 12 月 31 日,而时间可以从 0:00:00 到 23:59:59。任何可辨认的文本日期都可以赋值给日期变量。日期文字须以数字符号(♯)括起来,例如,♯January 1, 2009♯。

日期型数据用来表示日期信息,其格式为 mm/dd/yyyy 或 mm-dd-yyyy,取值范围为 1/1/100 到 12/31/9999。

(4) 对象(Object)　对象型数据用来表示图形或 OLE 对象或其他对象,用 4 个字节存储。

以上介绍了 Visual Basic 中的基本数据类型。表 4.1 列出了这些数据类型的名称、取值范围和存储要求。

表 4.1　Visual Basic 基本数据类型

数 据 类 型	存 储 空 间	取 值 范 围
Byte(字节)	1 个字节	0~255
Boolean(布尔)	2 个字节	True 或 False
Integer(整型)	2 个字节	-32768~32767
Long(长整型)	4 个字节	-2147483648~2147483647
Single(单精度型)	4 个字节	负数时为 -3.402823E38~-1.401298E-45 正数时为 1.401298E-45~3.402823E38
Double(双精度型)	8 个字节	负数时为 -1.79769313486232E308~-4.94065645841247E-324 正数时为 4.94065645841247E-324~1.79769313486232E308
Currency(货币类型)	8 个字节	-922337203685477.5808~922337203685477.5807
Date(日期)	8 个字节	100 年 1 月 1 日 — 9999 年 12 月 31 日
Object(对象)	4 个字节	任何 Object 引用
String(变长)	10 字节加字符串长度	0~大约 20 亿
String(定长)	字符串长度	1~大约 65535
Variant(数字)	16 个字节	任何数字值,最大可达 Double 的范围
Variant(字符)	22 个字节加字符串长度	与变长 String 有相同的范围

4.2 常量和变量

4.1节介绍了 Visual Basic 中使用的基本数据类型。在程序中,不同类型的数据既可以以常量的形式出现,也可以以变量的形式出现。常量在程序执行期间其值是不发生变化的,而变量的值是可变的,它代表内存中指定的存储单元。

4.2.1 常量

Visual Basic 中的常量分为 3 种:文字常量、符号常量和系统常量。

1. 文字常量

文字常量也称直接常量或字面量(Literal)。Visual Basic 有 4 种文字常量:字符串常量、数值常量、布尔常量和日期常量。

(1) 字符串常量 字符串常量由字符组成,可以是除双引号和回车符之外的任何 ASCII 字符,其长度不能超过 65535 个字符(定长字符串)或 2^{31}(约21亿)个字符(变长字符串)。例如:"$25,000.00"、"Number of Employees"。

(2) 数值常量 数值常量共有 4 种表示方式:整型数、长整型数、货币型数和浮点数。

① 整型数 有三种形式:十进制、十六进制和八进制。

- 十进制整型数 由一个或几个十进制数字(0~9)组成,可以带有正号或负号,其取值范围为 $-32768 \sim 32767$,例如 624,-4536,+265 等。
- 十六进制整型数 由一个或几个十六进制数字(0~9 及 A~F 或 a~f)组成,前面冠以 &H(或 &h),其取值(绝对值)范围为 &H0~&HFFFF,例如 &H76,&H32F 等。
- 八进制整型数 由一个或几个八进制数字(0~7)组成,前面冠以 &(或 &O),其取值范围为 &O0~&O177777,例如 &O347,&O1277 等。

② 长整型数 也有 3 种形式。

- 十进制长整数 其组成与十进制整型数相同,取值范围为 $-2147483648 \sim 2147483647$,例如 7841277,6769546 等。
- 十六进制长整数 由十六进制数字组成,以 &H(或 &h)开头,以 & 结尾。取值范围为 &H0&~&HFFFFFFFF&,例如 &H567&,&H1AAAB& 等。
- 八进制长整数 由八进制数字组成。以 & 或 &O 开头,以 & 结尾,取值范围为 &O0&~&O37777777777&,例如 &O347&,&O5557733& 等。

③ 货币型常数 也称定点数,取值范围见 4.1 节。

④ 浮点数 也称实数,分为单精度浮点数和双精度浮点数。浮点数由尾数、指数符号和指数三部分组成,其中尾数本身也是一个浮点数。指数符号为 E(单精度)或 D(双精度);指数是整数。其取值范围见 4.1 节。指数符号 E 或 D 的含义为"乘以 10 的幂次"。例如在 235.988E−7 和 2359D6 中,235.988 和 2359 是尾数,指数符号 E 和 D 表示 235.988 乘以 10 的 −7 次幂和 2359 乘以 10 的 6 次幂,其实际值分别为 0.0000235988 和 2359000000。

Visual Basic 在判断常量类型时有时存在多义性。例如,值 3.01 可能是单精度类型,也可能是双精度类型或货币类型。在默认情况下,Visual Basic 将选择需要内存容量最小的表示方法,值 3.01 通常被作为单精度数处理。为了显式地指明常数的类型,可以在常数后面加上类型说明符,这些说明符分别为:

- %　　整型;
- &　　长整型;
- !　　单精度浮点数;
- ♯　　双精度浮点数;
- @　　货币型;
- $　　字符串型。

字节、布尔、日期、对象及变体类型没有类型说明符。

(3) 布尔常量　也称逻辑常量,它只有 True(真)和 False(假)两个值。

(4) 日期常量　任何在字面上可以被认作日期和时间的字符串,只要用两个"♯"括起来,都可以作为日期型常量。例如♯05/16/2009♯、♯September 15,2009♯、♯9/19/2009 3:30:00 PM♯、♯6:30:00 AM♯。

2. 符号常量

在 Visual Basic 中,可以定义符号常量,用来代替数值或字符串。一般格式为:

[Public | Private] Const 常量名 [As 类型] = 表达式[,常量名 [As 类型]=表达式]…

其中"常量名"是一个名字,按变量的构成规则命名(见 4.2.2 节),可加类型说明符;"As 类型"用来指定常量的数据类型,如果省略,则其类型由"表达式"决定;"表达式"由文字常量、算术运算符(指数运算符^除外)、逻辑运算符组成,也可以使用诸如"Error on input"之类的字符串,但不能使用字符串连接运算符、变量及用户定义的函数或内部函数。在一行中可以定义多个符号常量,各常量之间用逗号隔开,例如:

```
Const Maxchars As Integer = 254, Maxbue = Maxchars + 1
Private Const DateToday As Date =  ♯10/8/2009♯
Const PI♯ = 3.1415926535
Const PI As Double = 3.1415926535
```

最后两个符号常量的定义等价。

注意:如果符号常量只在过程或某个窗体模块中使用,则在定义时应加上关键字 Private(可以省略)。如果符号常量在多个模块中使用,则必须在标准模块中定义,并在开头加上关键字 Public。在窗体模块、类模块或过程中不能定义 Public 常量。

3. 系统常量

Visual Basic 提供了大量预定义的常量,可以在程序中直接使用,这些常量均以小写字母 vb 开头。例如 vbCrLf 就是一个系统常量,它是回车-换行符,相当于执行回车-换行操作。在程序代码中,可以直接使用系统常量。

通过"对象浏览器"可以查看系统常量。执行"视图"菜单中的"对象浏览器"命令(或按 F2 键),打开"对象浏览器"对话框,如图 4.1 所示。在第一个下拉列表中选择"VBA",

然后在"类"列表中选择"全局",即可在右侧的"成员"列表中显示预定义的常量,对话框底部的文本区将显示该常量的功能。以后的章节会陆续介绍一些系统常量。系统常量也是符号常量,但它是由系统定义的,可以在程序中引用,不能修改。

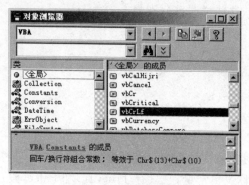

图4.1 对象浏览器

4.2.2 变量

数值存入内存后,必须用某种方式访问它,才能执行指定的操作。在 Visual Basic 中,可以用名字表示内存位置,这样就能访问内存中的数据。一个有名称的内存位置称为变量(Variable)。和其他语言一样,Visual Basic 也用变量来储存数据值。每个变量都有一个名字和相应的数据类型,通过名字来引用一个变量,而数据类型则决定了该变量的储存方式。

1. 命名规则

变量是一个名字,给变量命名时应遵循以下规则:

(1) 名字只能由字母、数字和下划线组成。

(2) 名字的第一个字符必须是英文字母,最后一个字符可以是类型说明符。

(3) 名字的有效字符为 255 个。

(4) 不能用 Visual Basic 的保留字作变量名,但可以把保留字嵌入变量名中;同时,变量名也不能是末尾带有类型说明符的保留字。例如,变量 Print 和 Print $ 是非法的,而变量 Print_Number 是合法的。

在 Visual Basic 中,变量名以及过程名、符号常量名、记录类型名、元素名等都称为名字,它们的命名都必须遵循上述规则。

Visual Basic 不区分变量名和其他名字中字母的大小写,Hello,HELLO,hello 指的是同一个名字。也就是说,在定义一个变量后,只要字符相同,则不管其大小写是否相同,指的都是这个变量。为了便于阅读,每个单词开头的字母一般用大写,即大小写混合使用组成变量名(或其他名字),例如 PrintText。此外,习惯上,符号常量一般用大写字母定义。

2. 变量的类型和定义

任何变量都属于一定的数据类型,包括基本数据类型和用户定义的数据类型。在 Visual Basic 中,可以用下面两种方式来规定一个变量的类型:

(1) 用类型说明符来标识 把类型说明符放在变量名的尾部,可以标识不同的变量类型。其中%表示整型，& 表示长整型，! 表示单精度型，# 表示双精度型，@ 表示货币型，$ 表示字符串型。例如：Total%，Amount#，Lname$。在引用时，尾部的类型说明符可以省略。

(2) 在定义变量时指定其类型　可以用下面的格式定义变量：

  Declare 变量名 **As** 类型

这里的"Declare"可以是 Dim，Static，Redim，Public。"As"是关键字，"类型"可以是基本数据类型或用户定义的类型。

① Dim　用于在标准模块(Module)、窗体模块(Form)或过程(Procedure)中定义变量或数组。例如：

```
Dim Var1 As Integer            ' 把 Var1 定义为整型变量
Dim Total As Double            ' 把 Total 定义为双精度变量
```

用 As String 可以定义变长字符串变量，也可以定义定长字符串变量。变长字符串变量的长度取决于赋给它的字符串常量的长度，定长字符串变量的长度通过加上"*数值"来确定。例如：

```
Dim Namevar As String          ' 把 Namevar 定义为变长字符串变量
Dim MyName As String * 10      ' 把 MyName 定义为定长字符串变量,长度为 10 个字节
```

用一个 Dim 可以定义多个变量，例如：

```
Dim Var1 As String, Var2 As Double
```

把 Var1 和 Var2 分别定义为字符串和双精度变量。

注意，当在一个 Dim 语句中定义多个变量时，每个变量都要用 As 子句声明其类型，否则该变量被看做是变体类型。因此，上面的例子如果改为：

```
Dim Var1, Var2 As Double
```

则 Var1 将被定义为变体类型，Var2 被定义为双精度类型。有的读者可能会认为该语句把变量 Var1 和 Var2 都定义成为双精度变量，这是不对的。当用 Static、Redim 或 Public 定义变量时，情况完全一样。

② Static　用于在过程中定义静态变量及数组变量。与 Dim 不同，如果用 Static 定义了一个变量，则每次引用该变量时，其值会继续保留。而当引用 Dim 定义的变量时，变量值会被重新设置(数值变量重新设置为 0，字符串变量被设置为空)。通常把由 Dim 定义的变量称为自动变量，而把由 Static 定义的变量称为静态变量。例如：

```
Static Number As Integer
Static Var1 As String
```

设有如下过程：

```
Sub Test()
    Static Var1 As Integer
    Var1 = Var1 + 1
```

```
    ⋮
End Sub
```

则每调用一次 Test 过程,静态变量 Var1 累加 1。而如果改为:

```
Sub Test()
    Dim Var1 As Integer
    Var1 = Var1 + 1
    ⋮
End Sub
```

则每次调用 Test 过程时,自动变量就被置为 0。

③ Public　用来在标准模块中定义全局变量或数组。例如:

```
Public Total As Integer
```

Redim 主要用于定义数组,将在第 8 章介绍。

在定义变量时,应注意以下几点:

(1) 如果一个变量未被显式定义,末尾也没有类型说明符,则被隐含地定义为变体类型(Variant)变量。

(2) 在实际应用中,应根据需要设置变量的类型。能用整型变量时就不要使用浮点型或货币型变量;如果所要求的精度不高,则应使用单精度变量。这样不仅节省内存空间,而且可以提高处理速度。

(3) 用类型说明符定义的变量,在使用时可以省略类型说明符。例如,用

```
Dim aStr $
```

定义了一个字符串变量 aStr $,则既可以用 aStr $,也可以用 aStr 来引用这个变量。下面两个语句都是正确的:

```
aStr = "This is a string"
aStr $ = "This is a string"
```

这种规定也适用于内部函数(见 4.4 节)。

部分类型变量的类型说明符、As 子句中的类型名及存储要求见表 4.2。

表 4.2　部分变量存储要求

变 量 类 型	类型说明符	As 类型名	数据长度(字节)
字节		Byte	1
布尔		Boolean	2
整型	%	Integer	2
长整型	&	Long	4
单精度(浮点)	!	Single	4
双精度(浮点)	#	Double	8
货币型(定点)	@	Currency	8
变长字符串	$	String	1 字节/字符
定长字符串	$	String * Num	Num

4.3 变量的作用域

变量的作用域指的是变量的有效范围,即变量的"可见性"。定义了一个变量后,为了能正确地使用变量的值,应当明确可以在程序的什么地方访问该变量。

4.3.1 局部变量与全局变量

如前所述,Visual Basic 应用程序由三种模块组成,即窗体模块(Form)、标准模块(Module)和类模块(Class)。本书不介绍类模块,因此应用程序通常由窗体模块和标准模块组成。窗体模块包括事件过程(Event Procedure)、通用过程(General Procedure)和声明部分(Declaration);而标准模块由通用过程和声明部分组成,如图 4.2 所示。

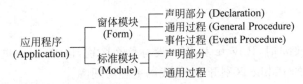

图 4.2 Visual Basic 应用程序构成

根据定义位置和所使用的变量定义语句的不同,Visual Basic 中的变量可以分为 3 类,即局部(Local)变量、模块(Module)变量及全局(Public)变量,其中模块变量包括窗体模块变量和标准模块变量。各种变量位于不同的层次。

1. 局部变量

在过程(事件过程或通用过程)内定义的变量叫做局部变量,其作用域是它所在的过程。局部变量通常用来存放中间结果或用作临时变量。某一过程的执行只对该过程内的变量产生作用,对其他过程中相同名字的局部变量没有任何影响。因此,在不同的过程中可以定义相同名字的局部变量,它们之间没有任何关系。

局部变量在过程内用 Dim、Static 定义,例如:

```
Sub Command1_Click()
    Dim Tempnum As Integer
    Static Total As Double
    ⋮
End Sub
```

在上面的过程中,定义了两个局部变量,即整型变量 Tempnum 和双精度静态变量 Total。

2. 模块变量(窗体变量和标准模块变量)

窗体变量可用于该窗体内的所有过程。从第 3 章的例子中可以看出,一个窗体可以含有若干个过程(事件过程或通用过程),这些过程连同窗体一起存入窗体文件(.frm)中。当同一窗体内的不同过程使用相同的变量时,必须定义窗体层变量。

在使用窗体层变量前,必须先声明,也就是说,窗体层变量不能默认声明。其方法是:

在程序代码窗口的"对象"框中选择"通用",并在"过程"框中选择"声明",然后就可以在程序代码窗口中声明窗体层变量。

标准模块中模块层变量的声明和使用与窗体模块中窗体层变量类似。

标准模块是只含有程序代码的应用程序文件,其扩展名为.bas。为了建立一个新的标准模块,应执行"工程"菜单中的"添加模块"命令,在"添加模块"对话框中选择"新建"选项卡,单击"模块"图标,然后单击"打开"按钮,即可打开标准模块代码窗口,可以在这个窗口中输入标准模块代码。

在默认情况下,模块级变量对该模块中的所有过程都是可见的,但对其他模块中的代码不可见。模块级变量在模块的声明部分用 Private 或 Dim 声明。例如:

```
Private intTemp As Integer
```

或

```
Dim intTemp As Integer
```

在声明模块级变量时,Private 和 Dim 没有什么区别,但 Private 更好些,因为可以把它和声明全局变量的 Public 区别开来,使代码更容易理解。

3. 全局变量

全局变量也称全程变量,其作用域最大,可以在工程的每个模块、每个过程中使用。和模块级变量类似,全局变量也在标准模块的声明部分中声明。所不同的是,全局变量必须用 Public 或 Global 语句声明,不能用 Dim 语句声明,更不能用 Private 语句声明;同时,全局变量只能在标准模块中声明,不能在过程或窗体模块中声明。

3 种变量的作用域见表 4.3。

表 4.3 变量的作用域

名称	作用域	声明位置	使用语句
局部变量	过程	过程中	Dim 或 Static
模块变量	窗体模块或标准模块	模块的声明部分	Dim 或 Private
全局变量	整个应用程序	标准模块的声明部分	Public 或 Global

4.3.2 默认声明

用 Dim 和 Public(或 Global)语句可以定义局部变量、模块级变量和全局变量。对于局部变量来说,也可以不用 Dim(或 Static)定义,而在需要时直接给出变量名。变量的类型可以用类型说明符(%,&,!,#,$,@)来标识。如果没有类型说明符,Visual Basic 把该变量指定为变体数据类型。例如,假定在窗体上建立了一个命令按钮,定义单击(Click)的事件过程如下:

```
Sub Command1_Click()
    Answer = InputBox$ ("Are you student?")
    If Answer = "Yes" then
        MsgBox "He is a student"
```

```
    Else
        MsgBox "He is not student"
End Sub
```

这里的 InputBox $ 和 MsgBox 是 Visual Basic 中的函数和语句,第 5 章将介绍它们的用法。

在上面的事件过程中,变量 Answer 没有用 Dim 语句定义,而是默认定义为局部变量。

默认定义的变量不需要使用 Dim 语句,因而比较方便,并能节省代码,但有可能带来麻烦,使程序出现无法预料的结果,而且较难查出错误。在上面的例子中,如果声明了一个名为 Answer 的模块级变量,并把它用于修改后的程序。则当运行该过程时,Visual Basic 将认为事件过程中的 Answer 指的是模块级变量,因为没有显式的局部变量声明。其结果是,执行该过程后,模块级变量 Answer 中的数据将被覆盖。如果用 Dim 或 Static 语句显式声明局部变量,则可避免出现上述情况。为了安全起见,最好能显式地声明程序中使用的所有变量。

默认声明一般只适用于局部变量,模块级变量和全局变量必须在代码窗口中用 Dim 或 Public 语句显式声明。

Visual Basic 不是强类型语言,但提供了强制用户对变量进行显式声明的措施,这可以通过"选项"对话框来实现。其操作是:执行"工具"菜单中的"选项"命令,打开"选项"对话框,选择该对话框中的"编辑器"选项卡,在该对话框中选择"要求变量声明"项,如图 4.3 所示,然后单击"确定"按钮。

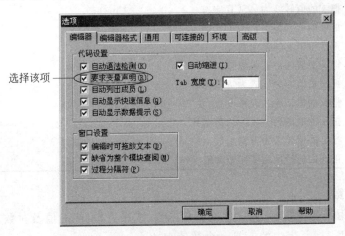

图 4.3 强制变量声明

这样设置之后,每次建立新文件时,Visual Basic 将把语句 Option Explicit(选择显式)自动加到全局变量或模块级变量的声明部分(也可以在声明部分直接输入这条语句)。在这种情况下,如果运行含有默认声明变量的程序,Visual Basic 将显示一个信息框,提示"变量未定义"。

4.4 常用内部函数

内部函数是程序设计语言预定义的函数,可以在应用程序中直接调用。Visual Basic 提供了数以百计的内部函数,可以实现多种所需要的操作。本节将介绍部分常用的内部函数。

4.4.1 转换、数学及日期和时间函数

1. 转换函数

转换函数用于数据类型或形式的转换,包括整型、实型、字符串之间以及数值与 ASCII 字符之间的转换。常用的转换函数见表 4.4。表中的 x 是数值表达式,x$ 是字符串表达式。

表 4.4 转换函数

函 数	功 能	例	结 果
Int(x)	求不大于 x 的最大整数	Int(4.8)	4
		Int(−4.3)	−5
Fix(x)	截尾取整	Fix(−4.8)	−4
Hex$(x)	把十进制数转换为十六进制数	Hex(100)	"64"
Oct$(x)	把十进制数转换为八进制数	Oct(100)	"144"
Asc(x$)	返回 x$ 中第一个字符的 ASCII 码	Asc("ABC")	65
Chr$(x)	把 x 的值转换为 ASCII 字符	Chr(65)	"A"
Str$(x)	把 x 的值转换为字符串	Str(12.34)	"12.34"
Val(x)	把字符串 x 转换为数值	Val("12.34")	12.34
CInt(x)	把 x 的值四舍五入取整	Cint(12.53)	13
CCur(x)	把 x 的值四舍五入为货币类型	CCur(12.53)	12.53
CDbl(x)	把 x 的值转换为双精度数	CDbl(12.53)	12.53
CLng(x)	把 x 的值四舍五入为长整型数	CLng(12.53)	13
CSng(x)	把 x 的值转换为单精度数	CSng(12.53)	12.53
CVar(x)	把 x 的值转换为变体类型值	CVar(12.53)	12.53

2. 数学函数

数学函数用于各种数学运算,包括三角函数、求平方根、绝对值及对数、指数等。常用的数学函数见表 4.5。表中的 x 是一个数值表达式。

表 4.5 数学函数

函 数	功 能	例	结 果
Sin(x)	返回 x 的正弦值	Sin(0)	0
Cos(x)	返回 x 的余弦值	Cos(0)	1
Tan(x)	返回 x 的正切值	Tan(0)	0

续表

函 数	功 能	例	结 果
Atn(x)	返回量 x 的反正切值	Atn(0)	0
Abs(x)	返回 x 的绝对值	Abs(−2.8)	2.8
Sgn(x)	返回 x 的符号,即:		
	当 x 为负数时,返回 −1	Sgn(−2)	−1
	当 x 为 0 时,返回 0	Sgn(0)	0
	当 x 为正数时,返回 1	Sgn(2)	1
Sqr(x)	返回 x 的平方根	Sqr(25)	5
Exp(x)	求 e 的 x 次方,即 e^x	Exp(2)	7.389
Rnd[(x)]	产生随机数	Rnd	0~1 之间的数

说明:

(1) 三角函数的自变量 x 是一个数值表达式。其中 Sin、Cos 和 Tan 的自变量是以弧度为单位的角度,而 Atn 函数的自变量是正切值,它返回正切值为 x 的角度,以弧度为单位。在一般情况下,自变量以角度给出,可以用下面的公式转换为弧度:

$$1(度) = \pi/180 = 3.14159/180(弧度)$$

(2) 平方根函数 Sqr 的自变量 x 必须大于或等于 0。

(3) 用 Rnd 函数可以返回随机数,当一个应用程序不断地重复使用随机数时,同一序列的随机数会反复出现,用 Randomize 语句可以消除这种情况,其格式为:

`Randomize[(x)]`

这里 x 是一个整型数,它是随机数发生器的"种子数",可以省略。

3. 日期和时间函数

日期和时间函数用来返回系统当前的日期和时间。常用的日期和时间函数见表 4.6。

表 4.6 日期和时间函数

函 数	功 能	例	结 果
Now	返回系统日期/时间	Now	2009-4-22 8:29:33
Day(d)	返回当前的日期	Day(Now)	22
WeekDay(d)	返回当前的星期	WeekDay(Now)	4
Month(d)	返回当前的月份	Month(Now)	4
Year(d)	返回当前的年份	Year(Now)	2009
Hour(t)	返回当前小时	Hour(Now)	8
Minute(t)	返回当前分钟	Minute(Now)	31
Second(t)	返回当前秒	Second(Now)	12
Timer	返回从午夜开始已过的秒数	Timer	30706.1
Time	返回当前时间	Time	8:32:15

表中函数的自变量 d 为日期常量或变量，t 为日期/时间常量或变量。

Now 是内部变量，是一个双精度浮点数，其中小数点左边的部分表示从 1899 年 12 月 31 日起到现在所经过的天数，小数点右边的部分表示从当天 0 时起到现在所经过的毫秒数。如果直接打印该变量的值（例如用 Print Now），则可输出系统当前的日期和时间。

以上介绍了 Visual Basic 中部分常用内部函数。为了检验每个函数的操作，可以编写事件过程，如 Command1_Click 或 Form_Click。但是这样做比较繁琐，因为必须执行事件过程才能看到结果。为此，Visual Basic 提供了命令行解释程序（Command Line Interpreter，CLI），可以通过命令行直接显示函数的执行结果，这种方式称为直接方式。

直接方式在立即窗口中执行。因此，为了在命令行中输出函数的执行结果，必须先打开立即窗口，这可以通过"视图"菜单中的"立即窗口"命令（或按 Ctrl＋G）来实现。执行该命令后，将打开"立即"窗口，如图 4.4 所示。

在"立即"窗口中可以输入命令，命令行解释程序对输入的命令进行解释，并立即响应，与 DOS 下命令行的执行情况类似。例如：

```
X = 2500      <CR>
Print X       <CR>
2500
```

其中＜CR＞为回车键，后同。此程序的第一行把数值 2500 赋给变量 X，第二行打印出该变量的值。Print 是 Visual Basic 中的方法，用来输出数据，将在第 5 章介绍。Print 也可以用？代替，它与 Print 等价。例如：

```
? x + 200     <CR>
2700
```

部分函数的执行情况如图 4.5 所示。

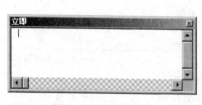
图 4.4 "立即"窗口

图 4.5 在立即窗口中检验函数的执行情况

4.4.2 字符串函数

字符串函数用于字符串处理。这类函数大都以类型说明符 $ 结尾，表明函数的返回值为字符串。但是，在 Visual Basic 6.0 中，函数尾部的 $ 可以有，也可以省略，其功能相同。

下列各函数的例子均可在立即窗口中试验，＜CR＞为回车键。

1. 删除空白字符函数

共有 3 个删除空白字符的函数：

(1) LTrim$(字符串)

去掉"字符串"左边的空白字符。

(2) RTrim$(字符串)

去掉"字符串"右边的空白字符。

(3) Trim$(字符串)

去掉"字符串"两边的空白字符。
空白字符包括空格、Tab 键等。例如：

a$ = " Good Morning   " <CR>
b$ = LTrim$(a$) <CR>
c$ = RTrim$(b$) <CR>
Print B$;c$;"ABC" <CR>
Good Morning   Good MorningABC

2. 字符串截取函数

用来截取字符串的一部分，可以从字符串的左部、右部或中部截取。

(1) 左部截取　格式如下：

Left$(字符串,n)

返回"字符串"的前 n 个字符。这里的"字符串"可以是字符串常量、字符串变量、字符串函数或字符串连接表达式。例如：

a$ = "ABCDEF" <CR>
print Left$(a$,4) <CR>
ABCD

(2) 中部截取　格式如下：

Mid$(字符串,p,n)

从第 p 个字符开始，向后截取 n 个字符。"字符串"的含义同前，p 和 n 都是算术表达式。例如：

a$ = "ABCDEFGHIJK" <CR>
Print Mid$(a$,3,4) <CR>
CDEF

Mid$ 函数的第三个自变量可以省略。在这种情况下，将从第二个自变量指定的位置向后截取到字符串的末尾。

(3) 右部截取　格式如下：

Right$(字符串,n)

返回"字符串"的最后 n 个字符。"字符串"和 n 的含义同前。例如：

a$ = "ABCDEFGHIJK" <CR>
Print Right$(a$,4) <CR>
HIJK

3．字符串长度测试函数
该函数格式如下：

Len(字符串)
Len(变量名)

用 Len 函数可以测试字符串的长度，也可以测试变量的存储空间，它的自变量可以是字符串，也可以是变量名。例如：

a$ = "ABCDEFGHIJK" <CR>
? len(a$) <CR>
　11
a = len(testvar#) <CR>
b = len(testvar!) <CR>
c = len(testvar%) <CR>
print a,b,c <CR>
8　　　　4　　　　2

4．String$ 函数
该函数格式如下：

String$(n,ASCII 码)
String$(n,字符串)

返回由 n 个指定字符组成的字符串。第二个自变量可以是 ASCII 码，也可以是字符串。当为 ASCII 码时，返回由该 ASCII 码对应的 n 个字符；当为字符串时，返回由该字符串第一个字符组成的 n 个字符的字符串。例如：

a$ = string$(5,65) <CR>
b$ = string$(5,"-") <CR>
c$ = string$(5,"abcde") <CR>
print a$;b$;c$ <CR>
AAAAA-----aaaaa

5．空格函数
该函数格式如下：

Space$(n)

返回 n 个空格。例如：

a$ = "a" + Space(4) + "b"　　<CR>
print a$　　<CR>
a　　　b

6. 字符串匹配函数

在编写程序时,有时候需要知道是否在文本框中输入了某个字符串,这可以通过 InStr 函数来判断。字符串匹配函数的格式如下:

InStr([首字符位置,]字符串 1,字符串 2[,n])

该函数在"字符串 1"中查找"字符串 2",如果找到了,则返回"字符串 2"的第一个字符在"字符串 1"中的位置。"字符串 1"第一个字符的位置为 1。例如:

```
a$ = "Microsoft Visual Basic"<CR>
x = InStr(a$,"Visual")<CR>
print x<CR>
   11
```

其中 x 的值为 11。因为"字符串 2"的第一个字符"V"位于"字符串 1"的第 11 个字符处。

说明:

(1)"字符串 2"的长度必须小于 65535 个字符。

(2)InStr 的返回值是一个长整型数。在不同的条件下,函数的返回值也不一样,见表 4.7。

表 4.7　InStr 函数的返回值

条　　件	InStr 返回
字符串 1 为零长度	0
字符串 1 为 Null	Null
字符串 2 为零长度	首字符位置
字符串 2 为 Null	Null
字符串 2 未找到	0
在字符串 1 中找到字符串 2	找到的位置
首字符位置>字符串 2	0

(3)"首字符位置"是可选的。如果含有"首字符位置",则从该位置开始查找,否则从"字符串 1"的起始位置开始查找。"首字符位置"是一个长整数。

(4)函数的最后一个自变量 n 是可选的,它是一个整型数,用来指定字符串比较方式。该自变量的取值可以是 0、1 或 2。如为 0 则进行二进制比较,区分字母的大小写,如为 1 则在比较时忽略大小写,如为 2 则基于数据库中包含的信息进行比较(仅用于 Microsoft Access),默认为 0,即区分大小写。也可以通过 Option Compare 语句限定,该语句的格式如下:

```
Option Compare Binary
Option Compare Text
Option Compare Database
```

第一种格式按二进制比较匹配字符,因而区分大小写;第二种格式只比较字符的文本内容,因而不区分大小写;第三种格式对数据库中的信息进行比较。当 Option Compare 语句和自变量 n 均省略时,用区分大小写方式比较。

7. 字母大小写转换

该函数的格式如下：

Ucase$（字符串）
Lcase$（字符串）

这两个函数用来对大小写字母进行转换。其中 Ucase$ 把"字符串"中的小写字母转换为大写字母，而 Lcase$ 函数把"字符串"中的大写字母转换为小写字母。例如：

```
a$ = "Microsoft Visual Basic" <CR>
b$ = Ucase$(a$) <CR>
c$ = Lcase$(a$) <CR>
print b$,c$ <CR>
MICROSOFT VISUAL BASIC    microsoft visual basic
```

8. 插入字符串语句 Mid$

该语句的格式如下：

Mid$（字符串,位置[,L]）= 子字符串

该语句把从"字符串"的"位置"开始的字符用"子字符串"代替。如果含有 L 自变量，则替换的内容是"子字符串"左部的 L 个字符。"位置"和 L 均为长整型数。

以上介绍了 Visual Basic 中的字符串函数，表 4.8 列出了这些函数的功能概要。函数中的自变量 S,S1,S2 为字符串表达式，p,n 为数值表达式。

表 4.8 字符串函数

函数	功能	例	结果
LTrim$(S)	去掉 S 左边的空格	LTrim(" ABC")	"ABC"
RTrim$(S)	去掉 S 右边的空格	RTrim("ABC ")	"ABC"
Trim$(S)	去掉 S 两边的空格	Trim(" ABC ")	"ABC"
Left$(S,n)	取 S 左部的 n 个字符	Left("ABCDEF",3)	"ABC"
Right$(S,n)	取 S 右部的 n 个字符	Right("ABCDEF",3)	"DEF"
Mid$(S,p,n)	从 p 开始取 S 的 n 个字符	Mid("ABCDEF",3,2)	"CD"
Len(S)	测试字符串的长度（字符）	Len("VB 程序设计")	6
LenB(S)	测试字符串的长度（字节）	LenB("VB 程序设计")	12
String$(n,S)	返回由 n 个 S 首字符组成的字符串	String(3,"ABC")	"AAA"
Space$(n)	返回 n 个空格	Space(3)	" "
InStr(n,S1,S2,m)	在 S1 中查找 S2	InStr(3, "ABCDEF", "EF")	5
UCase$(S)	把 S 转换为大写字母	UCase("abc")	"ABC"
LCase$(S)	把 S 转换为小写字母	LCase("ABC")	"abc"

4.4.3 Shell 函数

Visual Basic 提供了一个名为 Shell 的内部函数，可用来调用各种应用程序。也就是说,凡是能在 Windows 下运行的应用程序,基本上都可以在 Visual Basic 中调用。这一功能通过 Shell 函数来实现。Shell 函数的格式如下:

Shell(命令字符串[,窗口类型])

其中"命令字符串"是要执行的应用程序的文件名(包括路径)。它必须是可执行文件,其扩展名为.com、.exe、.bat 或.pif,其他文件不能用 Shell 函数执行。

"窗口类型"是执行应用程序时的窗口的大小,有 6 种选择,见表 4.9。

表 4.9 "窗口类型"取值

常 量	值	窗 口 类 型
vbHide	0	窗口被隐藏,焦点移到隐式窗口
vbNormalFocus	1	窗口具有焦点,并还原到原来的大小和位置
vbMinimizedFocus	2	窗口会以一个具有焦点的图标来显示
vbMaximizedFocus	3	窗口是一个具有焦点的最大化窗口
vbNormalNoFocus	4	窗口被还原到最近使用的大小和位置,而当前活动的窗口仍然保持活动
vbMinimizedNoFocus	6	窗口以一个图标来显示。而当前活动的窗口仍然保持活动

Shell 函数调用某个应用程序并成功地执行后,返回一个任务标识(Task ID),它是执行程序的唯一标识。例如:

proID = Shell("C:\Program Files\ACD Systems\ACDSee\acdsee.exe", 3)

该语句调用看图软件 ACDSee,并把 ID 返回给 proID。注意,在具体输入程序时,ID 不能省略。上面的语句如果写成

Shell("C:\Program Files\ACD Systems\ACDSee\acdsee.exe", 3)

则是非法的,必须在前面加上"proID ="(可以用其他变量名)。此外,"窗口类型"也可以使用系统常量,上面的例子可以改为:

proID = Shell("C:\Program Files\ACD Systems\ACDSee\acdsee.exe", vbMaximizedFocus)

注意,Shell 函数是以异步方式来执行其他程序的。也就是说,用 Shell 启动的程序可能还没有执行完,就已经执行 Shell 函数之后的语句。

4.5 运算符与表达式

运算(即操作)是对数据的加工。最基本的运算形式常常可以用一些简洁的符号来描述,这些符号称为运算符或操作符。被运算的对象,即数据,称为运算量或操作数。由运算符和运算量组成的表达式描述了对哪些数据、以何种顺序进行什么样的操作。运算量可以是常量,也可以是变量,还可以是函数。例如:$A+3$, $T+Sin(a)$, $X=A+B$, $PI*r*r$ 等都是表达式,单个变量或常量也可以看成是表达式。

Visual Basic 提供了丰富的运算符,可以构成多种表达式。

4.5.1 算术运算符

算术运算符是常用的运算符,用来执行简单的算术运算。Visual Basic 提供了 9 个算术运算符,表 4.10 按优先级列出了这些算术运算符。

表 4.10 Visual Basic 算术运算符

运算	运算符	表达式例子
指数	^	X ^ Y
取负	−	−X
乘法	*	X * Y
浮点除法	/	X / Y
整数除法	\	X \ Y
取模	Mod	X Mod Y
加法	+	X + Y
减法	−	X − Y
连接	&	x$ & y$

在 9 个算术运算符中,除取负(−)是单目运算符外,其他均为双目运算符(需要两个运算量)。加(+)、减(−)、乘(*)、取负(−)等几个运算符的含义与数学中基本相同,下面介绍其他几个运算符的操作。

1. 指数运算

指数运算用来计算乘方和方根,其运算符为^,2^8 表示 2 的 8 次方,而 2^(1/2)或 2^0.5 是计算 2 的平方根。下面是指数运算的几个例子:

- 10^2   10 的平方,即 10 * 10,结果为 100。
- 10^3   10 的立方,即 10 * 10 * 10,结果为 1000。
- 10^−2   10 的平方的倒数,即 1/100,结果为 0.01。
- 25^0.5   25 的平方根,结果为 5。
- 8^(1/3)   8 的立方根,结果为 2。

注意,当指数是一个表达式时,必须加上括号。例如,X 的 Y+Z 次方,必须写作 X^(Y+Z),不能写成 X^Y+Z,因为"^"的优先级比"+"高。

2. 浮点数除法与整数除法

浮点数除法运算符(/)执行标准除法操作,其结果为浮点数。例如,表达式 3/2 的结果为 1.5,与数学中的除法一样。整数除法运算符(\)执行整除运算,结果为整型值,因此,表达式 3\2 的值为 1。

整除的操作数一般为整型值。当操作数带有小数时,首先被四舍五入为整型数或长整型数,然后进行整除运算。操作数必须在 −2147483648.5~2147483647.5 范围内,其运算结果被截断为整型数(Integer)或长整数(Long),不进行舍入处理。例如:

```
a = 10 \ 4
b = 25.63 \ 6.78
```

运算结果为 a=2,b=3。

3. 取模运算

取模运算符 Mod 用来求余数,其结果为第一个操作数整除第二个操作数所得的余数。例如,如果用 7 整除 4,则余数为 3,因此 7 Mod 4 的结果为 3。同理,表达式 21 Mod 4 结果为 1。再如表达式 25.68 Mod 6.99,首先通过四舍五入把 25.68 和 6.99 分别变为 26 和 7,26 被 7 整除,商为 3,余数为 5,因此上面表达式的值为 5。

4. 算术运算符的优先级

表 4.10 按优先顺序列出了算术运算符。在 9 个算术运算符中,指数运算符(^)优先级最高,其次是取负(-)、乘(*)、浮点除(/)、整除(\)、取模(Mod)、加(+)、减(-)、字符串连接(&)。其中乘和浮点除是同级运算符,加和减是同级运算符。当一个表达式中含有多种算术运算符时,必须严格按上述顺序求值。此外,如果表达式中含有括号,则先计算括号内表达式的值;有多层括号时,先算内层括号。表 4.11 列出了一些表达式的求值结果。

表 4.11 表达式求值结果

表 达 式	结 果	说 明
3+2*7	17	乘法优先级高
(3+2)*7	35	先计算括号内的表达式
1+((2+3)*2)*2	21	先计算内层括号中的表达式
14/5*2	5.6	优先级相同,从左到右计算
15\5*2	1	乘法优先级高,截断为整数
27^1/3	9	指数优先级高
27^(1/3)	3	先计算括号内的表达式

5. 字符串连接

算术运算符"+"也可以用作字符串连接符,它可以把两个字符串连在一起,生成一个较长的字符串。例如:设 A$="Mouse",B$="Trap",执行语句

C$=A$+B$

后,C$ 的值为"MouseTrap"。

在 Visual Basic 中,除了可以用"+"来连接字符串外,还可以用"&"作为字符串连接符。其作用与"+"相同。"+"既可用作加法运算符,也可用作字符串连接运算符,而"&"专门用作字符串连接运算符。在有些情况下,用"&"比用"+"可能更安全。

4.5.2 关系运算符与逻辑运算符

1. 关系运算符

关系运算符也称比较运算符,用来对两个表达式的值进行比较,比较的结果是一个逻辑值,即真(True)或假(False)。Visual Basic 提供了 8 种关系运算符,见表 4.12。

表 4.12 关系运算符

运 算 符	测 试 关 系	表达式例子
=	相等	X=Y
<> 或 ><	不相等	X<>Y 或 X><Y
<	小于	X<Y
>	大于	X>Y
<=	小于或等于	X<=Y
>=	大于或等于	X>=Y
Like	比较样式	
Is	比较对象变量	

用关系运算符连接两个算术表达式所组成的式子叫做关系表达式。关系表达式的结果是一个 Boolean 类型的值,即 True 和 False。Visual Basic 把任何非 0 值都认为是"真",但一般以 -1 表示真,以 0 表示假。

用关系运算符既可以进行数值的比较,也可以进行字符串的比较。数值比较通常是对两个算术表达式的比较。例如在

```
X + Y < (T - 1) / 2
```

中,如果 X+Y 的值小于 $(T-1)/2$ 的值,则上述表达式的值为 True,否则为 False。

在应用程序中,关系运算的结果通常作为判断用,例如:

```
X = 100
If X <> 200 Then Print "Not equal" Else Print "equal"
```

由于 X 不等于 200,关系运算结果为真,执行 Then 后面的操作,输出"Not equal"。

说明:

(1) 当对单精度数或双精度数使用比较运算符时,必须特别小心,运算可能会给出非常接近但不相等的结果。例如:

```
1.0/3.0 * 3.0 = 1.0
```

在数学上显然是一个恒等式,但在计算机上执行时可能会给出假值(0)。因此应避免对两个浮点数作"相等"或"不相等"的判别。上式可改写为:

```
Abs(1.0/3.0 * 3.0 - 1.0) < 1E-5        ' Abs 是求绝对值函数
```

只要它们的差小于一个很小的数(这里是 10 的 -5 次方),就认为 $1.0/3.0*3.0$ 与 1.0 相等。

(2) 数学中判断 X 是否在区间 $[a,b]$ 时,习惯上写成 $a \leqslant x \leqslant b$,但在 Visual Basic 中不能写成

```
a<= x<= b
```

应写成

a<＝x And x<＝b

"And"是下面将要介绍的逻辑运算符"与"。上述表达式的含义是：如果 a<＝x 的值为真，且 x<＝b 值亦为真，则整个表达式的值为真，否则为假。

(3) 同一个程序在.exe 文件中运行和在 Visual Basic 环境下解释执行可能会得到不同的结果。在.exe 文件中可以产生更有效的代码，这些代码可能会改变单精度数和双精度数的比较方式。

(4) 字符串数据按其 ASCII 码值进行比较。在比较两个字符串时，首先比较两个字符串的第一个字符，其中 ASCII 码值较大的字符所在的字符串大。如果第一个字符相同，则比较第二个，以此类推。

(5) Like 运算符用来比较字符串表达式和 SQL 表达式中的样式，主要用于数据库查询。Is 运算符用来比较两个对象的引用变量，主要用于对象操作。此外，Is 运算符还在 Select Case 语句中使用(见第 7 章)。

2．逻辑运算符

逻辑运算也称布尔运算。用逻辑运算符连接两个或多个关系式，组成一个布尔表达式。Visual Basic 的逻辑运算符有以下 6 种：

(1) Not(非)

由真变假或由假变真，进行"取反"运算。例如：

3＞8

其值为 False，而

Not (3＞8)

的值为 True。

(2) And(与)

对两个关系表达式的值进行比较，如果两个表达式的值均为 True，结果才为 True，否则为 False。例如：

(3＞8) And (5＜6)

结果为 False。

(3) Or(或)

对两个表达式进行比较，如果其中某一个表达式的值为 True，结果就为 True，只有两个表达式的值均为 False 时，结果才为 False。例如：

(3＞8) Or (5＜6)

结果为 True。

(4) Xor(异或)

如果两个表达式同时为 True 或同时为 False，则结果为 False，否则为 True。例如：

(8＞3) Xor (5＜6)

结果为 False。

(5) Eqv(等价)

如果两个表达式同时为 True 或同时为 False,则结果为 True。例如:

(3>8) Eqv (10>20)

结果为 True。

(6) Imp(蕴含)

当第一个表达式为 True,且第二个表达式为 False 时,结果为 False。

表 4.13 列出了 6 种逻辑运算的"真值"。

表 4.13 逻辑运算真值表

X	Y	Not X	X And Y	X Or Y	X Xor Y	X Eqv Y	X Imp Y
−1	−1	0	−1	−1	0	−1	−1
−1	0	0	0	−1	−1	0	0
0	−1	−1	0	−1	−1	0	−1
0	0	−1	0	0	0	−1	−1

和关系运算一样,逻辑运算通常也用来判断程序流程。例如:

If Num>= 60 And Num<= 100 Then …

当对数值进行逻辑运算时,操作数必须在 −2147483648~+2147483647 范围内。如果操作数不在这个范围内,则产生溢出错误;如果操作数是负数,则把它变成相应的补码形式。操作数都要转换成 16 位(整数)或 32 位(长整数)二进制数参加运算。

4.5.3 字符串表达式与日期表达式

1. 字符串表达式

字符串表达式由字符串常量、字符串变量、字符串函数和字符串运算符(&)组成,最简单的字符串表达式可以是一个字符串常量。字符串运算符为 &,用来连接两个或多个字符串,组成字符串表达式,一般格式为:

字符串 1 & 字符串 2 [& 字符串 3 …]

用 & 可以把两个或多个字符串连在一起,生成一个较长的字符串。例如:设 A$ = "Mouse",B$ = "Trap",则执行

C$ = A$ & B$

后,C$ 的值为"MouseTrap"。

算术运算符"+"也可以用作字符串连接符,其作用与"&"相同。但"+"既可用作加法运算符,也可用作字符串连接运算符,而"&"专门用作字符串连接运算符。当要连接的是非字符串类型的数据时,"&"会自动将其转换为字符串,"+"不能自动转换。例如:

"abc" & 123

结果为"abc123",而如果使用"+",则会出错。

2. 日期表达式

日期表达式由算术运算符"＋"、"－"、算术表达式、日期型常量、日期型变量和函数组成。对于日期型数据只能进行"＋"、"－"运算，包括：

(1) 两个日期相减，结果为数值型数据，它是两个日期之间的天数。例如：

```
Print #12/15/2009# - #10/12/2009#
```

结果为 64。

(2) 表示天数的数值型数据与日期型数据相加，其结果仍为日期型数据，它是向后顺延的日期。例如：

```
Print #10/12/2009# + 64
```

结果为 2009-12-15。

(3) 表示天数的数值型数据与日期型数据相减，其结果仍为日期型数据，它是向前推算的日期。例如：

```
Print #12/15/2009# - 64
```

结果为 2009-10-12。

4.5.4 表达式的执行顺序

一个表达式可能含有多种运算，计算机按一定的顺序对表达式求值。一般顺序如下：

(1) 首先进行函数运算。

(2) 接着进行算术运算，其次序为：

① 指数(^)；② 取负(－)；③ 乘(＊)、浮点除(/)；④ 整除(\)；⑤ 取模(Mod)；⑥ 加(＋)、减(－)；⑦ 连接(&)。

(3) 然后进行关系运算(＝,＞,＜,＜＞,＜＝,＞＝)。

(4) 最后进行逻辑运算，顺序为：

① Not；② And；③ Or；④ Xor；⑤ Eqv；⑥ Imp。

各种运算符的运算执行顺序见表 4.14。

表 4.14　运算符执行顺序

算　术	比　较	逻　辑
指数运算(^)	相等(＝)	Not
负数(－)	不等(＜＞)	And
乘法和除法(＊,/)	小于(＜)	Or
整数除法(\)	大于(＞)	Xor
求模运算(Mod)	小于或等于(＜＝)	Eqv
加法和减法(＋,－)	大于或等于(＞＝)	Imp
字符串连接(&)	Like	
	Is	

说明:

(1) 当乘法和除法同时出现在表达式中时,将按照它们从左到右出现的顺序进行计算。可以用括号改变优先顺序,强令表达式的某些部分优先运行。括号内的运算总是优先于括号外的运算。

(2) 字符串连接运算符(&)不是算术运算符,就其优先顺序而言,它在所有算术运算符之后,而在所有比较运算符之前。

(3) Like 的优先顺序与所有比较运算符都相同,实际上是模式匹配运算符。Is 运算符是对象引用的比较运算符。它并不将对象或对象的值进行比较,而只确定两个对象引用是否参照了相同的对象(注意,本书不涉及数据库和对象操作,因而不介绍 Like 和用于对象的 Is 运算符)。

(4) 上述操作顺序有一个例外,就是当指数和负号相邻时,负号优先。例如

$$4^{\wedge}-2$$

的结果是 0.0625(4 的负 2 次方),而不是 -16(-4 的平方)。

在书写表达式时,应注意以下几点:

(1) 乘号(*)不能省略,也不能用(·)代替。

(2) 在一般情况下,不允许两个运算符相连,应当用括号隔开。

(3) 括号可以改变运算顺序。在表达式中只能使用圆括号,不能使用方括号或花括号。

(4) 指数运算符(^)表示自乘,如 A^B 表示 A 的 B 次方,即 B 个 A 连乘。当 A 和(或) B 不是单个常量或变量时,要用括号括起来。例如 $(A+B)^{\wedge}(C+2)$。

习 题

4.1 下列哪些可作为 Visual Basic 的变量名,哪些不行?

(1) 4 * Delta (2) Alpha (3) 4ABC (4) $AB\pi$ (5) ReadData
(6) Filename (7) A(A+B) (8) C254D (9) Read

4.2 Visual Basic 中是否允许出现下列形式的数?

(1) ±25.74 (2) 3.457E−10 (3) .368 (4) 1.87E+50
(5) 10^(1.256) (6) D32 (7) 2.5E (8) 12E3
(9) 8.75D+6 (10) 0.258

4.3 把下面的数写成普通的十进制数:

(1) 2.65358979335278D−006 (2) 1.21576654590569D+019
(3) 8.6787E+8 (4) 2.567E−12

4.4 符号常量和变量有什么区别?什么情况下宜用符号常量?什么情况下宜用变量?

4.5 指出下列 Visual Basic 表达式中的错误,并写出正确的形式:

(1) CONTT.DE+COS(28°) (2) −3/8+8.INT24.8

(3) $(8+6)^\wedge(4\div-2)+SIN(2*\pi)$ (4) $[(x+y)+z]\times80-5(C+D)$

4.6 将下列数学式子写成 Visual Basic 表达式：

(1) $\cos^2(c+d)$ (2) $5+(a+b)^2$

(3) $\cos x(\sin x+1)$ (4) e^2+2

(5) $2a(7+b)$ (6) $8e^3\times\ln2$

4.7 设 $a=2, b=3, c=4, d=5$，求下列表达式的值：

(1) a>b And c<=d Or 2*a>c

(2) 3>2*b Or a=c And b<>c Or c>d

(3) Not a<=c Or 4*c=b^2 And b<>a+c

4.8 在立即窗口中试验下列函数的操作：

(1) print chr＄(65) <CR>   (<CR>为回车，下同)
    print chr＄(&hcea2) <CR>   (用汉字内码显示汉字)

(2) print sgn(2) <CR>
    print sqr(2) <CR>

(3) a＄="Good " <CR>
    b＄="Morning" <CR>
    print a＄+b＄ <CR>
    print a＄ & b＄ <CR>

(4) s＄="ABCDEFGHIJK" <CR>
    print left＄(s＄) <CR>
    print right＄(s＄) <CR>
    print mid＄(s＄,3,4) <CR>
    print len(s＄) <CR>
    print instr(s＄,"efg") <CR>
    print lcase＄(s＄) <CR>

(5) print now <CR>
    print day(now) <CR>
    print month(now) <CR>
    print year(now) <CR>
    print weekday(now) <CR>

(6) print rnd <CR>
    for I=1 to 5:print rnd:next <CR>

第5章 数据输入输出

计算机通过输入操作接收数据,然后对数据进行处理,并将处理完的数据以完整有效的方式提供给用户,即输出。Visual Basic 的输入输出有着十分丰富的内容和形式,它提供了多种手段,并可通过各种控件实现输入输出操作,使输入输出灵活、多样、方便、形象直观。本章将主要介绍窗体的输入输出操作。

5.1 数据输出——Print 方法

在 Visual Basic 中,可以用 Print 方法在窗体、图片框、立即窗口中及打印机上输出文本数据或表达式的值。

5.1.1 Print 方法

Print 方法的一般格式为:

[对象名称.]Print[表达式表][,|;]

说明:

(1)"对象名称"可以是窗体(Form)、图片框(PictureBox)或打印机(Printer),也可以是立即窗口(Debug)。如果省略"对象名称",则在当前窗体上输出。例如:

Picture1.Print "Microsoft Visual Basic"

把字符串"Microsoft Visual Basic"在图片框 Picture1 上显示出来。再如:

Print "Microsoft Visual Basic"

省略对象名称,直接把字符串"Microsoft Visual Basic"输出到当前窗体。在

Printer.Print "Microsoft Visual Basic"

中,对象名称为 Printer(打印机),将把字符串"Microsoft Visual Basic"输出到打印机上。而

Debug.Print "Microsoft Visual Basic"

则在立即窗口中输出字符串"Microsoft Visual Basic"。

(2)"表达式表"是一个或多个表达式,可以是数值表达式或字符串表达式。对于数值表达式,打印出表达式的值;而字符串则照原样输出。如果省略"表达式表",则输出一个空行。例如:

a = 100:b = 200

```
Print a                '打印变量 a 的值
Print                  '输出一个空行
Print "ABCDEFG"        '字符串必须放在双引号内
```

输出结果为:

```
100

ABCDEFG
```

(3) 当输出多个表达式或字符串时,各表达式用分隔符(逗号、分号或空格)隔开。如果输出的各表达式之间用逗号分隔,则按标准输出格式(分区输出格式)显示数据项。在这种情况下,以 14 个字符位置为单位把一个输出行分为若干个区段,逗号后面的表达式在下一个区段输出。如果各输出项之间用分号或空格作分隔符,则按紧凑输出格式输出数据。例如:

```
x = 5: y = 10: z = 15
Print x, y, z, "ABCDEF"
Print
Print x, y, z; "ABCDEF"; "GHIJK"
```

输出结果为:

```
5      10      15      ABCDEF

5      10      15 ABCDEFGHIJK
```

当输出数值数据时,数值的前面有一个符号位,后面有一个空格,而字符串前后都没有空格。

(4) Print 方法具有计算和输出双重功能,对于表达式,它先计算后输出。例如:

```
x = 5 : y = 10
Print (x + y) / 3
```

该例中的 Print 方法先计算表达式 (x + y) / 3 的值,然后输出。但是应注意,Print 没有赋值功能,例如:

```
Print z = ( x + y ) / 3
```

不能输出 z = 5。实际上,由于 z = (x + y) / 3 是一个关系式,上面的语句将输出一个逻辑值。

(5) 在一般情况下,每执行一次 Print 方法要自动换行,也就是说,后面执行 Print 时将在新的一行上显示信息。为了仍在同一行上显示,可以在末尾加上一个分号或逗号。当使用分号时,下一个 Print 输出的内容将紧跟在当前 Print 所输出的信息的后面;如果使用逗号,则在同一行上跳到下一个显示区段显示下一个 Print 所输出的信息。例如:

```
Print "30 + 50 = ",
Print 30 + 50
```

```
Print "80 + 100 = ";
Print 80 + 100
```

输出结果为:

```
30 + 50 =    80
80 + 100 = 180
```

5.1.2 与 Print 方法有关的函数和方法

为了使信息按指定的格式输出,Visual Basic 提供了几个与 Print 配合使用的函数,包括 Tab、Spc、Space $ 和 Format $,这些函数可以与 Print 方法配合使用。

1. Tab 函数

该函数格式如下:

`Tab[(n)]`

Tab 函数把光标移到由参数 n 指定的位置,从这个位置开始输出信息。要输出的内容放在 Tab 函数的后面,并用分号隔开。例如:

`Print Tab(25);800`

将在第 25 个位置输出数值 800。

说明:

(1) 参数 n 为数值表达式,其值为一整数,它是下一个输出位置的列号,表示在输出前把光标(或打印头)移到该列。通常最左边的列号为 1,如果当前的显示位置已经超过 n,则自动下移一行。

(2) 在 Visual Basic 中,对参数 n 的取值范围没有具体限制。当 n 比行宽大时,显示位置为 n Mod 行宽;如果 n<1,则把输出位置移到第一列。

(3) 当在一个 Print 方法中有多个 Tab 函数时,每个 Tab 函数对应一个输出项,各输出项之间用分号隔开。

(4) Tab 函数中的参数可以省略,在这种情况下,Tab 与逗号的作用相同。例如:

`Print 100; Tab; 200; Tab; 300`

它与下列语句的输出结果相同:

`Print 100, 200, 300`

【例 5.1】 设有如表 5.1 所示的人员名册。

表 5.1　人员名册

姓名	年龄	职务	单位	籍贯
张得功	25	科长	劳动科	北京
李得胜	32	处长	科研处	上海

编程序显示上面的表格(不显示横线)。

编写如下的事件过程：

```
Private Sub Form_Click()
    Print: Print
    FontName = "魏碑"        '字体类型为"魏碑"
    FontSize = 16            '字体大小为 16
    Print " 姓名";Tab(8);"年龄";Tab(16);"职务";
    Print Tab(24);"单位";Tab(32);"籍贯"
    Print
    Print "张得功";Tab(8);25;Tab(16);"科长";Tab(24);"劳动科";Tab(32);"北京"
    Print "李得胜";Tab(8);32;Tab(16);"处长";Tab(24);"科研处";Tab(32);"上海"
End Sub
```

程序运行后,单击窗体内的任一位置,输出结果如图 5.1 所示。

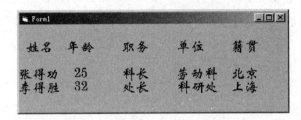

图 5.1 Tab 函数输出

在上面的例子中,使用的是窗体的单击事件过程,即 Form_Click。为了编写该事件过程,可启动 Visual Basic,进入代码窗口,在"对象"框中选择"Form",在"过程"框中选择"Click",将出现如下的代码：

```
Private Sub Form_Click()


End Sub
```

此时即可在上面两行之间输入程序。在以后的例子中,一般都用类似的操作输入程序代码。

2. Spc 函数

该函数格式如下：

Spc(n)

在 Print 的输出中,用 Spc 函数可以跳过 n 个空格。

说明：

(1) 参数 n 是一个数值表达式,其取值范围为 0～32767 的整数。Spc 函数与输出项之间用分号隔开。例如：

Print "ABC";Spc(8);"DEF"

将首先输出"ABC",然后跳过 8 个空格,显示"DEF"。

(2) 如果 n 大于输出行的宽度,则 Spc 用下列公式计算下一个打印位置：

$$当前打印位置 + (n \bmod 宽度)$$

例如,如果当前输出位置为 24,而输出行的宽度为 80,则 Spc(90)的下一个打印位置将从 34 开始(当前打印位置 + 90 Mod 80)。如果当前打印位置和输出行宽度之间的差小于 n(或 n Mod 宽度),则 Spc 函数会跳到下一行的开头,并产生 n−(宽度−当前打印位置)个空格。

(3) Spc 函数和 Tab 函数作用类似,而且可以互相代替。但应注意,Tab 函数需要从对象的左端开始计数,而 Spc 函数只表示两个输出项之间的间隔。

3. Space $ 函数

该函数格式如下:

Space $ (n)

Space $ 函数返回 n 个空格。例如(在"立即"窗口中试验):

a $ = "a" + Space(4) + "b" <CR>
print a $ <CR>
a   b

4. Cls 方法

该方法格式如下:

[对象.]Cls

Cls 清除由 Print 方法显示的文本或在图片框中显示的图形,并把光标移到对象的左上角(0,0)。这里的"对象"可以是窗体或图片框,如果省略"对象"则清除当前窗体内的显示内容。例如:

Picture1.Cls   '清除图片框 Picture1 内的图形或文本
Cls   '清除当前窗体内显示的内容

注意,当窗体或图片框的背景是用 Picture 属性装入的图形时,不能用 Cls 方法清除,只能通过 LoadPicture 方法清除(见第 6 章)。

5. Move 方法

Move 方法与 Print 方法没有直接关系,通常用来移动窗体或控件,并可改变其大小。该方法格式如下:

[对象.]Move 左边距离[,上边距离[,宽度[,高度]]]

Move 方法用来移动窗体和控件,并可改变其大小。其中"对象"可以是窗体及除计时器(Timer)、菜单(Menu)之外的所有控件,如果省略"对象",则表示要移动的是窗体。"左边距离"、"上边距离"及"宽度"、"高度"均以 twip 为单位。如果"对象"是窗体,则"左边距离"和"上边距离"均以屏幕左边界和上边界为准;如果"对象"是控件,则以窗体的左边界和上边界为准,如图 5.2 所示。

【例 5.2】 在窗体的任意位置画一个文本框和一个图片框(大小任意)。编写程序移动它们的位置并改变其大小。

设计完成后的窗体如图 5.3 所示。

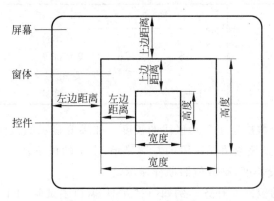

图 5.2 Move 方法参数设置

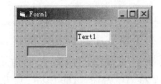

图 5.3 移动控件(初始界面)

编写如下事件过程：

```
Private Sub Form_Click()
    Move 800, 800, 3990, 2600
    Text1.Move 200, 200, 1500, 1000
    Picture1.Move 1800, 200, 1500, 1000
    Picture1.Print "Picture1"
End Sub
```

上述事件过程重新设置窗体、文本框和图片框的位置及大小。首先把窗体移到屏幕的(800,800)处,并把其大小设置为 3990(宽度)和 2600(高度),接着把文本框和图片框分别移到窗体的(200, 200)和(1800,200),把大小均设置为宽 1500、高 1000,最后在图片框中打印"Picture1"。程序运行后,单击窗体,结果如图 5.4 所示。

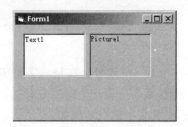

图 5.4 移动控件(运行情况)

5.1.3 格式输出

用格式输出函数 Format $ 可以使数值或日期按指定的格式输出。一般格式为：

Format $(数值表达式,格式字符串)

该函数的功能是:按"格式字符串"指定的格式输出"数值表达式"的值。如果省略"格式字符串",则 Format $ 函数的功能与 Str $ 函数基本相同,唯一的差别是,当把正数转换成字符串时,Str $ 函数在字符串前面留有一个空格,而 Format $ 函数则不留空格。

用 Format $ 函数可以使数值按"格式字符串"指定的格式输出,包括在输出字符串前加 $、字符串前或后补充 0 及加千位分隔逗点等。"格式字符串"是一个字符串常量或变量,它由专门的格式说明字符(见表 5.2)组成,由这些字符决定数据项的显示格式,并指定显示区段的长度。当格式字符串为常量时,必须放在双引号中。

表 5.2 格式说明字符

字符	作用	字符	作用
♯	数字;不在前面或后面补 0	％	百分比符号
0	数字;在前面或后面补 0	$	美元符号
.	小数点	－＋	负、正号
,	千位分隔逗点	E+ E−	指数符号

(1) ♯ 表示一个数字位。♯的个数决定了显示区段的长度。如果要显示的数值的位数小于格式字符串指定的区段长度,则该数值靠区段的左端显示,多余的位不补 0。如果要显示的数值的位数大于指定的区段长度,则数值照原样显示。

(2) 0 与 ♯ 功能相同,只是多余的位以 0 补齐。例如(在"立即"窗口中试验,下同):

Print format $ (25634,"00000000") <CR>
　00025634
Print format $ (25634,"♯♯♯♯♯♯♯♯") <CR>
　25634
Print format $ (25634,"♯♯♯") <CR>
　25634

(3) . 显示小数点。小数点与 ♯ 或 0 结合使用,可以放在显示区段的任何位置。根据格式字符串的位置,小数部分多余的数字按四舍五入处理。例如:

Print format $ (850.72,"♯♯♯.♯♯") <CR>
　850.72
Print Format $ (7.876,"000.00") <CR>
　007.88

(4) , 逗号。在格式字符串中插入逗号,起到"分位"的作用,即从小数点左边一位开始,每 3 位用一个逗号分开。逗号可以放在小数点左边的任何位置(不要放在头部,也不要紧靠小数点),例如:

Print Format $ (12345.67,"♯♯♯♯,♯.♯♯") <CR>　　　'正确
　12,345.67
Print Format $ (12345.67,"♯,♯♯♯♯.♯♯") <CR>　　　'正确
　12,345.67
Print Format $ (12345.67,",♯♯♯♯♯.♯♯") <CR>　　　'错误
　,12345.67
Print Format $ (12345.67,"♯♯♯♯♯,.♯♯") <CR>　　　'错误
　12.35

从上面的例子可以看出,逗号可以放在格式字符中小数点左边除头部和尾部的任何位置。如果放在头部或尾部,则不能得到正确的结果。

(5) ％ 百分号。通常放在格式字符串的尾部,用来输出百分号。例如:

Print Format $ (.257,"00.0％") <CR>

25.7%

(6) $ 美元符号。通常作为格式字符串的起始字符,在所显示的数值前加上一个"$"。例如:

Print Format$(348.2,"$###0.00")<CR>
 $348.20

(7) ＋   正号。使显示的正数带上符号,"＋"通常放在格式字符串的头部。

(8) －   负号。用来显示负数。例如:

Print Format$(348.52,"-###0.00")<CR>
-348.52
Print Format$(348.52,"+###0.00")<CR>
+348.52
Print Format$(-348.52,"-###0.00")<CR>
--348.52
Print Format$(-348.52,"+###0.00")<CR>
-+348.52

从上面的例子可以看出,"＋"和"－"在所要显示的数值前面强加上一个正号或负号。

(9) E＋(E－)   用指数形式显示数值。两者作用基本相同。例如:

Print Format$(3485.52,"0.00E+00")<CR>
3.49E+03
Print Format$(3485.52,"0.00E-00")<CR>
3.49E03
Print Format$(0.0348552,"0.00E+00")<CR>
3.49E-02
Print Format$(0.0348552,"0.00E-00")<CR>
3.49E-02

【例5.3】 编写程序,试验数值的格式化输出。

Sub Form_Click()
    Print Format$(12345.6, "000,000.00")
    Print Format$(12345.678, "###,###.##")
    Print Format$(12345.6, "###,##0.00")
    Print Format$(12345.6, "$###,#0.00")
    Print Format$(12345.6, "-###,##0.00")
    Print Format$(.123, "0.00%")
    Print Format$(12345.6, "0.00E+00")
    Print Format$(.1234567, "0.00E-00")
End Sub

上述过程运行后,单击窗体,输出结果如图5.5所示。

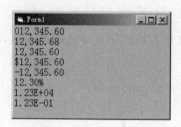

图 5.5　数值格式化输出

5.2　数据输入——InputBox 函数

在 Windows 环境下,简单信息的输入输出通过对话框来实现。Visual Basic 提供了两种预定义的对话框,即输入对话框和信息对话框,分别通过 InputBox 函数和 MsgBox 函数来实现。本节将介绍 InputBox 函数,5.3.1 节将介绍 MsgBox 函数。

InputBox 函数可以产生一个对话框,称为输入对话框,这个对话框作为输入数据的界面,等待用户输入数据,并返回所输入的内容。其格式为:

InputBox(prompt[,title][,default][,xpos,ypos])

该函数有 5 个参数,其含义如下:

(1) prompt　字符串,其长度不得超过 1024 个字符,它是在对话框内显示的信息,用来提示用户输入。在对话框内显示 prompt 时,可以自动换行。如果想按自己的要求换行,则须插入回车换行操作,即:

　　Chr $ (13) + Chr $ (10)

或

　　vbCrLf

例如:

```
c1 $ = chr $ (13) + Chr $ (10)
msg1 $ = "Enter your Name:"
msg2 $ = "Press Enter or Click Ok"
msg3 $ = "after key - in"
msg $ = msg1 $ + c1 $ + msg2 $ + c1 $ + msg3 $
```

如果用上面的 msg $ 作为提示信息的字符串,则运行后对话框内显示:

Enter your Name:
Press Enter or Click Ok
after key - in

(2) title　字符串,它是对话框的标题,显示在对话框顶部的标题区。

(3) default　字符串,用来显示输入缓冲区的默认信息。也就是说,在执行 InputBox

函数后,如果用户没有输入任何信息,则可用此默认字符串作为输入值。如果用户不想用这个默认字符串作为输入值,则可在输入区直接输入数据,以取代默认值。如果省略该参数,则对话框的输入区为空白,等待用户输入信息。

(4) xpos, ypos 整数值,分别用来确定对话框与屏幕左边界的距离(xpos)和上边界的距离(ypos),其单位为 twip。这两个参数必须全部给出,或者全部省略。如果省略这一对位置参数,则对话框显示在屏幕中心线向下约三分之一处。

在由 InputBox 函数所显示的对话框中,各参数的作用如图 5.6 所示。

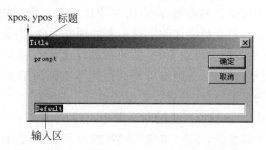

图 5.6 InputBox 函数对话框

【例 5.4】 编写程序,试验 InputBox 函数的功能。

```
Private Sub Form_Click()
    c1 $ = Chr $ (13) + Chr $ (10)
    msg1 $ = "输入顾客名字:"
    msg2 $ = "输入后按回车键"
    msg3 $ = "或单击"确定"按钮"
    msg $ = msg1 $ + c1 $ + msg2 $ + c1 $ + msg3 $
    custname $ = InputBox(msg $ , "InputBox Function demo", "王大力")
    Print custname $
End Sub
```

上述过程用来建立一个输入对话框,并把 InputBox 函数返回的字符串赋给变量 custname $,然后在窗体上显示该字符串。程序运行后,单击窗体,所显示的对话框如图 5.7 所示。

图 5.7 例题所显示的输入对话框

在上面的过程中,InputBox 函数使用了 3 个参数。第一个参数 msg $ 用来显示 3 行信息,通过 c1 $ 变量换行。第二个参数"InputBox Function demo"用来显示对话框的标题。第三个参数"王大力"是默认输入值,在输入区显示出来。在函数中省略了确定对话框位置的参数 xpos、ypos。

在使用 InputBox 函数时,应注意以下几点:

(1) 执行 InputBox 函数后,产生一个对话框,提示用户输入数据,光标位于对话框底部的输入区中。如果第三个参数(default)不省略,则在输入区中显示该参数的值,此时如果按回车键或单击对话框中的"确定"按钮,则输入该默认值,并可把它赋给一个变量;如果不想输入默认值,则可直接输入所需要的数据,然后按回车键或单击"确定"按钮输入。

(2) 在默认情况下,InputBox 的返回值是一个字符串(不是变体类型)。也就是说,如果没有事先声明返回值变量的类型(或声明为变体类型),则当把该函数的返回值赋给这个变量时,Visual Basic 总是把它作为字符串来处理。因此,当需要用 InputBox 函数输入数值,并且需要输入的数值参加运算时,必须在进行运算前用 Val 函数(或其他转换函数)把它转换为相应类型的数值,否则有可能会得到不正确的结果。为了保证结果正确,最好显式定义返回值的变量类型,并进行类型转换。

(3) 在执行 InputBox 函数所产生的对话框中,有两个按钮,一个是"确定",另一个是"取消"。在输入区输入数据后,单击"确定"按钮(或按回车键)表示确认,并返回在输入区中输入的数据;而如果单击"取消"按钮(或按 Esc 键),则使当前的输入作废,在这种情况下,将返回一个空字符串。根据这一特性,可以判断是否输入了数据。

(4) 每执行一次 InputBox 函数只能输入一个值,如果需要输入多个值,则必须多次调用 InputBox 函数。输入数据并按回车键或单击"确定"后,对话框消失,输入的数据必须作为函数的返回值赋给一个变量,否则输入的数据不能保留。在实际应用中,函数 InputBox 通常与循环语句、数组结合使用,这样可以连续输入多个值,并把输入的数据赋给数组中各元素。

(5) 和其他返回字符串的函数一样,InputBox 函数也可以写成 InputBox $ 的形式,这两种形式完全等价。

【例 5.5】 编写程序,用 InputBox 函数输入数据。

```
Private Sub Form_Click()
    msg1 $ = "请输入姓名:"
    msgtitle $ = "学生情况登记"
    msg2 $ = "请输入年龄:"
    msg3 $ = "请输入性别:"
    msg4 $ = "请输入籍贯"
    studname $ = InputBox(msg1 $, msgtitle $)
    studage = InputBox(msg2 $, msgtitle $)
    studsex $ = InputBox(msg3 $, msgtitle $)
    studhome $ = InputBox(msg4 $, msgtitle $)
    Cls
    Print studname $; ","; studsex $; ", 现年";
    Print studage; "岁"; ", "; studhome $; "人"
End Sub
```

程序运行后,单击窗体,首先显示如图 5.8 所示的对话框,在输入区输入"辛向荣",按回车键或单击"确定"按钮后,显示输入年龄的对话框,输入 28;用同样的方法在另外两个对话框中分别输入性别和籍贯。假定输入的是"男"和"北京市",则在窗体上输出:

辛向荣,男,现年 28 岁,北京市人

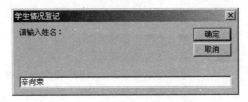

图 5.8 输入对话框

5.3 MsgBox 函数和 MsgBox 语句

在使用 Windows 时,如果操作有误,屏幕上会显示一个对话框,让用户进行选择,然后根据选择确定其后的操作。MsgBox 函数的功能与此类似,它可以向用户传送信息,并可通过用户在对话框上的选择接收用户所做的响应,作为程序继续执行的依据。

5.3.1 MsgBox 函数

MsgBox 函数的格式如下:

`MsgBox(msg[,type][,title])`

该函数有 3 个参数,除第一个参数外,其余参数都是可选的。各参数的含义如下:

(1) msg 字符串,其长度不能超过 1024 个字符,如果超过,则多余的字符被截掉。该字符串的内容将在由 MsgBox 函数产生的对话框内显示。当字符串在一行内显示不完时,将自动换行,当然也可以用 Chr＄(13)＋Chr＄(10)或系统常量 vbCrLf 强制换行。

(2) type 整数值或系统常量,用来控制在对话框内显示的按钮、图标的种类及数量。该参数的值由四类数值相加产生,这四类数值或符号常量分别表示按钮的类型、显示图标的种类、活动按钮的位置及强制返回,见表 5.3。

表 5.3 type 参数的取值(1)

常量	值	作用
vbOKOnly	0	只显示"确定"按钮
vbOKCancel	1	显示"确定"及"取消"按钮
vbAbortRetryIgnore	2	显示"终止"、"重试"及"忽略"按钮
vbYesNoCancel	3	显示"是"、"否"及"取消"按钮
vbYesNo	4	显示"是"及"否"按钮
vbRetryCancel	5	显示"重试"及"取消"按钮
vbCritical	16	显示 Critical Message 图标
vbQuestion	32	显示 Warning Query 图标
vbExclamation	48	显示 Warning Message 图标

续表

常量	值	作用
vbInformation	64	显示 Information Message 图标
vbDefaultButton1	0	第一个按钮是默认值
vbDefaultButton2	256	第二个按钮是默认值
vbDefaultButton3	512	第三个按钮是默认值
vbDefaultButton4	768	第四个按钮是默认值
vbApplicationModal	0	应用程序强制返回,应用程序一直被挂起,直到用户对消息框作出响应才继续工作
vbSystemModal	4096	系统强制返回,全部应用程序都被挂起,直到用户对消息框作出响应才继续工作

上述表中的数值分为 4 类,其作用分别为:

① 数值 0~5　对话框内按钮的类型和数量。按钮共有 7 种:确认、取消、终止、重试、忽略、是、否。每个数值表示一种组合方式。

② 数值 16~64　指定对话框所显示的图标。共有 4 种,其中 16 指定暂停,32 表示疑问(?),48 通常用于警告(!),64 用于忽略(i)。

③ 数值 0,256,512,768　指定默认活动按钮。活动按钮中文字的周围有虚线,按回车键可执行该按钮的操作。

④ 数值 0,4096　分别用于应用程序和系统强制返回。

type 参数由上面 4 类数值组成,其组成原则是,从每一类中选择一个值,把这几个值加在一起就是 type 参数的值(在大多数应用程序中,通常只使用前 3 类数值)。不同的组合会得到不同的结果。例如:

- 16=0+16+0　显示"确定"按钮、"暂停"图标,默认按钮为"确定"。
- 35=3+32+0　显示"是"、"否"、"取消"3 个按钮(3),"?"图标(32),默认活动按钮为"是"(0)。
- 50=2+48+0　显示"终止"、"重试"、"忽略"3 个按钮(2),"!"图标(48),默认活动按钮为"终止"(0)。

每种数值都有相应的系统常量,其作用与数值相同,用系统常量可以提高程序的可读性。如果使用系统常量,则须用 Or 连接各个常量。

上面 4 类数值是 type 参数较为常用的数值。除这 4 类数值外,type 参数还可以取其他几种值,这些数值是不常用的,其常量和值见表 5.4。

表 5.4　type 参数的取值(2)

常量	值	作用
vbMsgBoxHelpButton	16384	将 Help 按钮添加到消息框
vbMsgBoxSetForeground	65536	指定消息框窗口作为前景窗口
vbMsgBoxRight	524288	文本为右对齐
vbMsgBoxRtlReading	1048576	指定文本应为在希伯来和阿拉伯语系统中的从右到左显示

(3) title　是一个字符串,用来显示对话框的标题。

MsgBox 函数的 3 个参数中,只有第一个参数 msg 是必需的,其他参数均可省略。如果省略第二个参数 type(默认值为 0),则对话框内只显示一个"确定"按钮,并把该按钮设置为活动按钮,不显示任何图标。如果省略第三个参数 title,则对话框的标题为当前工程的名称。如果希望标题栏中没有任何内容,则应把 title 参数置为空字符串。

MsgBox 函数的返回值是一个整数,这个整数与所选择的按钮有关。如前所述,MsgBox 函数所显示的对话框有 7 种按钮,返回值与这 7 种按钮相对应,分别为 1 到 7 的整数,见表 5.5。

表 5.5 MsgBox 函数的返回值

返回值	操作	符号常量
1	选"确定"按钮	vbOk
2	选"取消"按钮	vbCancel
3	选"终止"按钮	vbAbort
4	选"重试"按钮	vbRetry
5	选"忽略"按钮	vbIgnore
6	选"是"按钮	vbYes
7	选"否"按钮	vbNo

【例 5.6】 编写程序,试验 MsgBox 函数的功能。

```
Private Sub Form_Click()
    msg1 $ = "要继续吗?"
    msg2 $ = "Operation Dialog Box"
    r = MsgBox(msg1 $ , 34, msg2 $ )
    Print r
End Sub
```

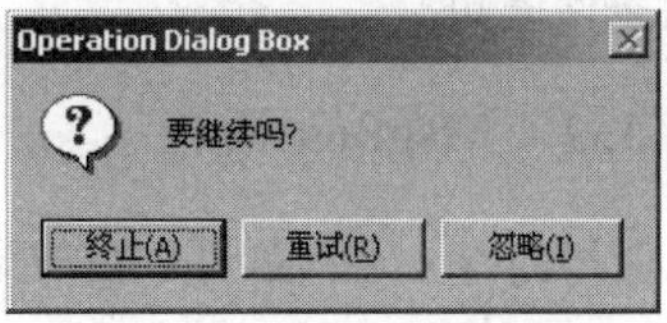

程序运行后,单击窗体,结果如图 5.9 所示。

图 5.9 MsgBox 函数对话框(1)

在上面的程序中,MsgBox 函数的第一个参数是显示在对话框内的信息,第三个参数是对话框的标题。第二个参数为 34,是由 2+32+0=34 得来的,它决定了对话框内显示终止(Abort)、重试(Retry)、忽略(Ignore)3 个按钮(第一类中的 2),显示"?"图标(第二类中的 32),并把第一个按钮作为默认活动按钮(第三类中的 0)。

执行 MsgBox 函数后的返回值赋给变量 r,最后一个语句打印出这个返回值(在窗体上显示出来)。如果按回车键或单击终止(Abort)按钮,则打印出的返回值为 3;如果单击重试(Retry)或忽略(Ignore)按钮,则返回值分别为 4 或 5。

说明:

(1) MsgBox 函数第二个参数的第三类数值用来确定默认活动按钮。当某个按钮为活动按钮时,其内部的文字周围有一个虚线框(见图 5.9)。如果按回车键,则选择的是活动按钮,与单击该按钮作用相同。用 Tab 键可以把其他按钮变为活动按钮,每按一次 Tab 键,变换一个活动按钮。此外,不管是否活动按钮,用鼠标(单击)都可以选择该按钮。

(2) 用 MsgBox 函数显示的提示信息最多不超过 1024 个字符,所显示的信息自动换行,并能自动调整信息框的大小。如果由于格式要求需要换行,则必须增加回车换行代码。

(3) 在应用程序中,MsgBox 的返回值通常用来作为继续执行程序的依据,根据该返回值决定其后的操作。请看下面的例子。

【例 5.7】 编写程序,用 MsgBox 函数判断是否继续执行。

```
Private Sub Form_Click()
    msg$ = "请确认此数据是否正确"
    title$ = "数据检查对话框"
    x = MsgBox(msg$, 19, title$)
    If x = 6 Then
        Print x * x
    ElseIf x = 7 Then
        Print "请重新输入"
    End If
End Sub
```

上述事件过程首先产生一个对话框,如图 5.10 所示。对话框中有 3 个按钮,即"是"(Yes)、"否"(No)和"取消"(Cancel)。如果选择"是",则返回值为 6,在窗体上打印出 6 的平方;如果选择"否",则返回值为 7,在窗体上打印"请重新输入"。

程序在判断返回值时使用了条件语句,第 7 章将介绍条件语句。

图 5.10 MsgBox 函数对话框(2)

5.3.2 MsgBox 语句

MsgBox 函数也可以写成语句形式,即:

MsgBox Msg$[,type%][,title$]

各参数的含义及作用与 MsgBox 函数相同,由于 MsgBox 语句没有返回值,因而常用于较简单的信息显示。例如:

MsgBox "工程保存成功"

图 5.11 简单信息框

执行上面的语句,显示的信息框如图 5.11 所示。

由 MsgBox 函数或 MsgBox 语句所显示的信息框有一个共同的特点,就是在出现信息框后,必须作出选择,即单击框中的某个按钮或按回车键,否则不能执行其他任何操作。在 Visual Basic 中,把这样的窗口(对话框)称为"模态窗口"(Modal Window),这种窗口在 Windows 中普遍使用。

在程序运行时,模态窗口挂起应用程序中其他窗口的操作。一般来说,当屏幕上出现一个窗口(或对话框)时,如果需要在响应该窗口中的提示后才能进行其后的操作,则应使用模态窗口。

与模态窗口相反,非模态窗口(Modaless Window)允许对屏幕上的其他窗口进行操作,也就是说,可以激活其他窗口,并把光标移到该窗口。MsgBox 函数和 MsgBox 语句强制所显示的信息框为模态窗口。在多窗体程序中,可以把某个窗体设置为模态窗口。

5.4 字　　形

Visual Basic 可以输出各种英文字体和汉字字体,并可通过设置字形的属性改变字体的大小、笔划的粗细和显示方向,以及加删除线、下划线、重叠等。下面就来介绍这些属性。

5.4.1 字体类型和大小

1. 字体类型

字体类型通过 FontName 属性设置,一般格式为:

[窗体.][控件.]｜**Printer.FontName**[= "字体类型"]

FontName 可作为窗体、控件或打印机的属性,用来设置在这些对象上输出的字体类型。这里的"字体类型"指的是可以在 Visual Basic 中使用的英文字体或中文字体。对于中文来说,可以使用的字体数量取决于 Windows 的汉字环境。

例如:

FontName = "System"
FontName = "Times New Roman"
FontName = "长城粗隶书"

用"FontName＝"字体类型""可以设置英文或中文的字体类型,如果省略"＝"字体类型"",即只给出 Fontname,则返回当前正在使用的字体类型。

2. 字体大小

字体大小通过 Fontsize 属性设置,前面的例子曾使用过这种属性,其一般格式为:

Fontsize[= 点数]

这里的"点数"用来设定字体的大小。在默认情况下,系统使用最小的字体,"点数"为 9。如果省略"＝ 点数",则返回当前字体的大小。

【例 5.8】 编写程序,在窗体上输出多种字体。

程序如下:

```
Private Sub Form_Click()
    sample1 $ = "Microsoft Visual Basic 6.0"
    sample2 $ = "程序设计技巧"
    FontSize = 20
    FontName = "system"
    Print "system - - - >"; sample1 $
    FontName = "modern"
    Print "modern - - - >"; sample1 $
```

```
            FontSize = 24
            FontName = "宋体"
            FontBold = True
            Print "宋体--->"; sample2 $
            FontName = "隶书"
            FontItalic = True
            Print "隶书--->"; sample2 $
            FontName = "黑体"
            FontUnderline = True
            Print "黑体--->"; sample2 $
        End Sub
```

上述程序在窗体上输出英文和中文字体,在每种字体的前面都有该字体类型的名称。英文字体大小设置为 20,中文字体大小设置为 24。程序运行后,单击窗体,输出结果如图 5.12 所示。

图 5.12 各种字体输出

上述程序输出了 3 种中文字体。这要求系统必须预先安装这 3 种字体,否则得不到上面的输出结果。

5.4.2 其他属性

除字体类型和大小外,Visual Basic 还提供了其他一些属性,使文字的输出丰富多彩。

1. 粗体字

粗体字由 FontBold 属性设置,一般格式为:

`FontBold[ = Boolean]`

该属性可以取两个值,即 True 和 False。当 FontBold 属性为 True 时,文本以粗体字输出,否则按正常字输出。默认为 False。

2. 斜体字

斜体字通过 FontItalic 属性设置,其格式为:

`FontItalic[ = Boolean]`

当 FontItalic 属性被设置为 True 时,文本以斜体字输出。该属性的默认值为 False。

3. 加删除线

用 Fontstrikethru 属性可以给输出的文本加上删除线,其格式为:

`Fontstrikethru[ = Boolean]`

如果把 Fontstrikethru 属性设置为 True,则在输出的文本中部画一条直线,直线的长度与文本的长度相同。该属性的默认值为 False。

4. 加下划线

下划线即底线,用 Fontunderline 属性可以给输出的文本加上底线。其格式为:

`Fontunderline[ = Boolean]`

如果 Fontunderline 属性被设置为 True,则可使输出的文本加下划线。该属性的默认值为 False。

在上面的各种属性中,可以省略方括号中的内容。在这种情况下,将输出属性的当前值或默认值。

5. 重叠显示

当以图形或文本作为背景显示新的信息时,有时候需要保留原来的背景,使新显示的信息与背景重叠,这可以通过 FontTransParent 属性来实现,格式如下:

`FontTransParent[ = Boolean]`

如果该属性被设置为 True,则前景的图形或文本可以与背景重叠显示;如果被设置为 False,则背景将被前景的图形或文本覆盖。

在使用以上介绍的字形属性时,应注意以下两点:

(1) 除重叠(FontTransParent)属性只适用于窗体和图片框控件外,其他属性都适用于窗体和多种控件及打印机。如果省略对象名,则指的是当前窗体,否则应加上对象名,例如:

```
Text1.Fontsize = 20          '设置文本框中的字体大小
Printer.FontBold = True      '在打印机上以粗体字输出
```

(2) 设置一种属性后,该属性即开始起作用,并且不会自动撤销。只有在显式地重新设置后,才能改变该属性的值。

在 Visual Basic 6.0 中,除通过上面所讲的属性设置窗体或控件的字形外,还可以在设计阶段通过字体对话框设置字形。其方法是:选择需要设置字体的窗体或控件,然后激活属性窗口,单击其中的 Font,再单击右端的"..."将打开"字体"对话框,如图 5.13 所示。

可以在"字体"对话框中对所选择对象的字形进行如下设置:

(1) 字体　相当于 FontName 属性,可在该栏中选择所需要的字体。

(2) 字形　即显示粗体或斜体。如果选择"斜体",则相当于 FontItalic 属性,如果选择"粗体",则相当于 FontBold 属性,如果选择"粗斜体",则相当于 FontItalic 和 FontBold 属性。

(3) 大小　相当于 FontSize 属性。

(4) 删除线　加删除线,相当于 FontStrikethru 属性。

(5) 下划线　加下划线,相当于 FontUnderline 属性。

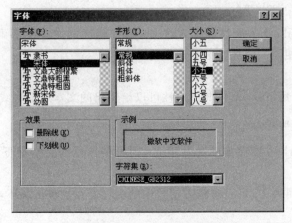

图 5.13 "字体"对话框

习 题

5.1 改正下列语句中的错误:

(1) A $ = abc (2) Print a = 34 + 23

(3) x = 5, y = 6 (4) Print "c = ":5 + 6

(5) Text1.Print "########"

5.2 写出下列语句的输出结果,并上机验证:

(1) Print "25 + 32 = "; 25 + 32

(2) x = 12.5
   Print "x = ";x

(3) s $ = "China"
   s $ = "Beijing"
   Print s $

(4) a % = 3.14156
   Print a %

(5) Print "China";"Beijing","Tianjin";"Shanghai","Wuhan",
   Print "Nanjing";
   Print "Shenyang","Chongqing";"Wulumuqi"
   Print , ,"Guangzhou",,"Chengdu"

(6) Print Tab(5);100;Space $ (5);200,Tab(35);300
   Print Tab(10);400;Tab(23);500; Space $ (5);600

(7) a = Sqr(3)
   Print Format $ (a,"000.00")
   Print Format $ (a,"###.#00")
   Print Format $ (a,"00.00E + 00")
   Print Format $ (a,"- #.####")

5.3 写出下列程序的输出结果:

```
Sub Form_Click()
    a = 10:b = 15:c = 20:d = 25
    Print a;Spc(5);b;Spc(7);c
    Print a;Space $ (8);b;Space $ (5);c
    Print c;Spc(3);" + ";Spc(3);d;
    Print Spc(3);" = ";Spc(3);c + d
End Sub
```

5.4 从键盘上输入4个数,编写程序,计算并输出这4个数的和及平均值。通过 InputBox 函数输入数据,在窗体上显示和及平均值。

5.5 编写程序,要求用户输入下列信息:姓名、年龄、通信地址、邮政编码、电话,然后将输入的数据用适当的格式在窗体上显示出来。

5.6 编写程序,求解鸡兔同笼问题。一个笼子中有鸡 x 只,兔 y 只,每只鸡有2只脚,每个兔有4只脚。今知鸡和兔的总头数为 h,总脚数为 f。问笼中鸡和兔各若干?

提示:根据数学知识,可以写出如下的联立方程式。

$$\begin{cases} x+y=h & (1) \\ 2x+4y=f & (2) \end{cases}$$

式(2)−2×式(1): $2y=f-2h$, 故

$$y=(f-2\times h)/2$$

4×(1)−式(2): $2x=4h-f$, 故

$$x=(4\times h-f)/2$$

可按上式编写程序。用 InputBox 函数输入 h 和 f 的值,设 $h=71, f=158$,请编写程序并上机运行。

5.7 设 $a=5, b=2.5, c=7.8$,编程序计算:

$$y=\frac{ab\pi}{a+bc}$$

5.8 输入以秒为单位表示的时间,编写程序,将其换算成以日、时、分、秒表示的形式。

5.9 自由落体位移公式为:

$$s=\frac{1}{2}gt^2+v_0t$$

其中,v_0 为初始速度,g 为重力加速度,t 为经历的时间。编写程序,求位移量 s。设 $v_0=4.8\text{m/s}, t=0.5\text{s}, g=9.81\text{m/s}^2$,在程序中把 g 定义为符号常量,用 InputBox 函数输入 v_0 和 t 两个变量的值。

5.10 在窗体上画一个命令按钮,然后编写如下事件过程:

```
Private Sub Command1_Click()
    a = InputBox("Enter the First integer")
    b = InputBox("Enter the Second integer")
    Print b + a
End Sub
```

程序运行后,单击命令按钮,先后在两个输入对话框中分别输入 456 和 123,则输出结果是什么?

第6章 常用标准控件

Visual Basic 中的控件分为两类,一类是标准控件(或称内部控件),另一类是 ActiveX 控件。启动 Visual Basic 后,工具箱中只有标准控件,共有 20 个。本章将介绍部分标准控件的用法,包括:标签、文本框、图片框、图像框、直线和形状、命令按钮、复选框、单选按钮、列表框、组合框、水平滚动条、垂直滚动条、计时器、框架。

6.1 文本控件

与文本有关的标准控件有两个,即标签和文本框。在标签中只能显示文本,不能进行编辑,而在文本框中既可显示文本,又可输入文本。

在 Visual Basic 工具箱中,标签和文本框的图标如图 6.1 所示。其默认名称分别为 Label$x$ 和 Text$x$(x 为 1,2, 3,…)。

图 6.1 标签和文本框图标

6.1.1 标签

标签主要用来显示文本信息,它所显示的信息只能通过 Caption 属性来设置或修改,不能直接编辑。有时候,标签常用来为其他控件加标注。例如,可以用标签为文本框、列表框、组合框等控件附加描述性信息。

下面介绍标签的属性、事件和方法。

标签的部分属性与窗体及其他控件相同,其中包括:FontBold,FontItalic,FontName,Fontsize,Fontunderline,Height,Left,Name,Top,Visible,Width。其他属性说明如下:

(1) Alignment 该属性用来确定标签中标题的放置方式,可以设置为 0,1 或 2,其作用如下:

- 0 从标签的左边开始显示标题(默认)。
- 1 标题靠右显示。
- 2 标题居中显示。

(2) Autosize 如果把该属性设置为 True,则可根据 Caption 属性指定的标题自动调整标签的大小;如果把 Autosize 属性设置为 False,则标签将保持设计时定义的大小,在这种情况下,如果标题太长,则只能显示其中的一部分。

(3) BorderStyle 该属性用来设置标签的边框,可以取两种值,即 0 和 1。在默认情况下,该属性值为 0,标签无边框;如果需要为标签加上边框,则应改变该属性的设置(改为 1-Fixed Single)。

(4) Caption 该属性用来在标签中显示文本。标签中的文本只能用 Caption 属性显示。

(5) Enabled 该属性返回或设置一个值,用来确定一个窗体或控件是否能够对用户产生的事件作出反应。可以通过属性窗口或程序代码设置,格式如下:

对象.Enabled[= Boolean]

这里的"对象"可以是窗体或控件。Enabled 属性的值为 Boolean 类型,当该值为 True 时,允许对象对事件作出反应;如果为 False,则禁止对事件作出反应,在这种情况下,对象变为灰色。

(6) Backstyle 该属性可以取两个值,即 0 和 1。当值为 1 时,标签将覆盖背景;如果为 0,则标签为"透明"的。默认值为 1。该属性可以在属性窗口中设置,也可以通过程序代码设置,其格式为:

对象.Backstyle[= 0 或 1]

这里的"对象"可以是标签、OLE 控件和形状控件。

(7) WordWrap 该属性用来决定标签标题(Caption)的显示方式。该属性取两种值,即 True 和 False,默认为 False。如果设置为 True,则标签将在垂直方向变化大小以与标题文本相适应,水平方向的大小与原来所画的标签相同;如果设置为 False,则标签将在水平方向上扩展到标题中最长的一行,在垂直方向上显示标题的所有各行。为了使 WordWrap 起作用,应把 Autosize 属性设置为 True。

标签可触发 Click 和 DblClick 事件。此外,标签主要用来显示一小段文本,通过 Caption 属性定义,不需要使用其他方法。

6.1.2 文本框

文本框是一个文本编辑区域,类似于一个简单的文本编辑器,可以在这个区域中输入、编辑、修改和显示文本。

1. 文本框属性

前面介绍的一些属性也可以用于文本框,这些属性包括:BorderStyle,Enabled,FontBold,FontItalic,FontName,Fontsize,Fontunderline,Height,Left,Name,Top,Visible,Width。除此之外,文本框还具有如下属性:

(1) MaxLength 该属性用来设置允许在文本框中输入的最大字符数。如果该属性被设置为 0,则在文本框中输入的字符数不能超过 32K(多行文本)。在一般情况下,该属性使用默认值"0"。

(2) Multiline 如果把该属性设置为 False,则在文本框中只能输入单行文本;当属性 Multiline 被设置为 True 时,可以使用多行文本,即在文本框中输入或输出文本时可以换行,并在下一行接着输入或输出。按 Ctrl+Enter 键可以插入一个空行。

(3) PassWordChar 在默认状态下,该属性被设置为空字符串(不是空格),用户从键盘上输入时,每个字符都可以在文本框中显示出来。如果把 PassWordChar 属性设置为一个字符,例如星号(*),则在文本框中输入字符时,显示的不是输入的字符,而是被设置的字符(如星号)。不过文本框中的实际内容仍是输入的文本,只是显示结果被改变了。利用这一特性,可以设置口令。

(4) ScrollBars 该属性用来确定文本框中有没有滚动条,可以取 0,1,2,3,其含义分别为:
- 0 文本框中没有滚动条。
- 1 只有水平滚动条。
- 2 只有垂直滚动条。
- 3 同时具有水平和垂直滚动条。

注意,只有当 MultiLine 属性被设置为 True 时,才能用 ScrollBars 属性在文本框中设置滚动条。此外,当在文本框中加入水平滚动条(或同时加入水平和垂直滚动条)后,文本框中文本的自动换行功能将不起作用,只能通过回车键或 Ctrl+Enter 键换行。

(5) SelLength 该属性定义当前选中的字符数。当在文本框中选择文本时,该属性值会随着选择字符的多少而改变。也可以在程序代码中把该属性设置为一个整数值,由程序来改变选择。如果 SelLength 属性值为 0,则表示未选中任何字符。该属性及下面的 SetStart,SelText 属性,只有在运行期间才能设置。

(6) SelStart 该属性定义当前选择的文本的起始位置。0 表示选择的开始位置在第一个字符之前,1 表示从第二个字符之前开始选择,以此类推。

(7) SelText 该属性含有当前所选择的文本字符串,如果没有选择文本,则该属性含有一个空字符串。如果在程序中设置 SelText 属性,则用该值代替文本框中选中的文本。例如,假定文本框 Text1 中有下列一行文本:

Microsoft Visual Basic Programming

并选择了"Basic",则执行语句

Text1.SelText = "C++"

后,上述文本将变成:

Microsoft Visual C++ Programming

在这种情况下,属性 SelLength 的值将随之改变,而 SelStart 不会受影响。

(8) Text 该属性用来设置文本框中显示的内容。例如:

Text1.Text = "Visual Basic"

将在文本框 Text1 中显示"Visual Basic"。

(9) Locked 该属性用来指定文本框是否可被编辑。当设置值为 False(默认值)时,可以编辑文本框中的文本;当设置值为 True 时,可以滚动和选择文本框中的文本,但不能编辑。

2. 文本框事件和方法

文本框支持 Click，DblClick 等鼠标事件，同时支持 Change，GotFocus，LostFocus 事件。

（1）Change   当用户向文本框中输入新信息，或当程序把 Text 属性设置为新值从而改变文本框的 Text 属性时，将触发 Change 事件。程序运行后，在文本框中每输入一个字符，就会引发一次 Change 事件。

（2）GotFocus   当文本框具有输入焦点（即处于活动状态）时，键盘上输入的每个字符都将在该文本框中显示出来。只有当一个文本框被激活并且可见性为 True 时，才能接收到焦点（6.9 节将介绍焦点）。

（3）LostFocus   当按下 Tab 键使光标离开当前文本框或者用鼠标选择窗体中的其他对象，即焦点离开文本框时触发该事件。用 Change 事件过程和 LostFocus 事件过程都可以检查文本框的 Text 属性值，但后者更有效。

（4）SetFocus   它是文本框中较常用的方法，格式如下：

[对象.]SetFocus

该方法可以把焦点移到指定的文本框中。当在窗体上建立了多个文本框后，可以用该方法把光标置于所需要的文本框。

3. 文本框的应用

在程序设计中，文本框有着重要的作用，下面通过例子来说明它的用途。

【例 6.1】 用 Change 事件改变文本框的 Text 属性。

在窗体上建立 3 个文本框和 1 个命令按钮，其 Name 属性分别为 Text1，Text2，Text3 和 Command1，然后编写如下的事件过程：

```
Private Sub Command1_Click()
    Text1.Text = "Microsoft Visual Basic 6.0"
End Sub

Private Sub Text1_Change()
    Text2.Text = LCase(Text1.Text)
    Text3.Text = UCase(Text1.Text)
End Sub
```

程序运行后，单击命令按钮，在第一个文本框中显示的是由 Command1_Click 事件过程设定的内容，执行该事件过程后，将引发第一个文本框的 Change 事件，执行 Text1_Change 事件过程，从而在第二、第三个文本框中分别用小写字母和大写字母显示文本框 Text1 中的内容。

【例 6.2】 数据过滤。

有时候，需要对输入的数据进行"过滤"，即接收符合要求的数据，"滤掉"无效数据。这可以通过 LostFocus 事件来实现。从字面意义来看，LostFocus 是"失去焦点"（即光标离开），也就是说，当光标离开时，就执行该事件的请求，而所谓的"焦点离开"，实际上是光标离开文本框，即"失去输入控制权"。

在窗体上建立一个文本框,将其 Name 属性设置为 Score,然后双击该文本框,进入程序代码窗口,在"过程"框内找到 LostFocus,单击该事件条,然后输入如下代码:

```
Sub Score_LostFocus()
    x = Val(Score.Text)
    If x < 0 Or x > 100 Then
        Beep
        Score.Text = ""
        Score.SetFocus
        Print "请重新输入"
    Else
        total = x
    End If
End Sub
```

在窗体层声明如下的变量:

```
Dim total
```

然后在窗体上建立一个命令按钮,并编写如下代码:

```
Sub Command1_Click()
    Print total
End Sub
```

该例用来检查在文本框中输入的考试分数(x=Val(Score.Text))是否介于 0～100 之间,如果是,就继续往下执行,否则响铃(Beep),清除文本框中的内容,并使控制重新回到文本框(Score.SetFocus)。Score_LostFocus 是当输入控制权离开文本框 Score 时所产生的操作。如果输入的数据不符合要求,则不离开该文本框,即用 SetFocus 使焦点回到 Score 文本框。程序运行后,在文本框内输入数据,然后单击命令按钮,如果输入的数据符合要求(0～100),则当单击命令按钮时会在窗体上显示所输入的数据;如果不符合要求,则清除文本框中的内容,并要求重新输入。

【例 6.3】 设置密码。

在默认情况下,PasswordChar 属性值为空字符串,键盘上输入的字符与文本框中显示出来的字符是一致的。如果把该属性设置为某个字符,例如"*",则无论从键盘上输入什么字符,文本框中显示的总是"*",这样可以使人看不到输入的密码,便于保密。

在窗体上画两个文本框和两个命令按钮,然后设置其属性,见表 6.1。

表 6.1 属性设置值

对象	属性	设置值
窗体	Caption	设置密码
	Name	Form1
文本框 1	Name	Text1
	Text	空白
	PasswordChar	*

续表

对　象	属　性	设　置　值
文本框 2	Name	Text2
	Text	空白
命令按钮 1	Name	Command1
	Caption	校验密码
命令按钮 2	Name	Command2
	Caption	重新输入

设计完成后的窗体如图 6.2 所示。

编写命令按钮的事件过程：

```
Private Sub Command1_Click()
    If Text1.Text = "123456" Then
        Text2.Text = "密码正确,继续"
    Else
        Text2.Text = "密码错误,重新输入"
    End If
End Sub

Private Sub Command2_Click()
    Text1.Text = ""
    Text2.Text = ""
    Text1.SetFocus
End Sub
```

第一个命令按钮事件过程用来检查输入的密码是否正确,并显示相应的信息。程序运行后,在第一个文本框中输入密码(均显示为"＊"),然后单击"校验密码"命令按钮,如果密码正确(事先设定的密码是 123456),则在第二个文本框中显示"密码正确,继续";否则显示"密码错误,重新输入"。程序的运行情况如图 6.3 所示。

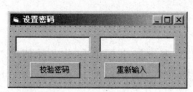

图 6.2　设置密码(窗体设计)

图 6.3　设置密码(运行情况)

如果单击"重新输入"命令按钮,则清除两个文本框中的信息,并把焦点移到第一个文本框中,然后再一次输入密码。

6.2　图形控件

Visual Basic 中与图形有关的标准控件有 4 种,即图片框、图像框、直线和形状。本节将介绍这些控件的用法。

6.2.1 图片框和图像框

图片框和图像框是 Visual Basic 中用来显示图形的两种基本控件,用于在窗体的指定位置显示图形信息。图片框比图像框更灵活,且适用于动态环境,而图像框适用于静态情况,即不需要再修改的位图、图标、Windows 元文件及其他格式的图形文件。在 Visual Basic 的工具箱中,图片框和图像框控件的图标如图 6.4 所示。其默认名称分别为 Picture$x$ 和 Image$x$(x 为 1,2,3,…)。

(a) 图片框　　(b) 图像框

图 6.4　图片框和图像框图标

图片框和图像框以基本相同的方式出现在窗体上,都可以装入多种格式的图形文件。其主要区别是:图像框不能作为父控件,而且不能通过 Print 方法接收文本。

前面介绍的窗体的属性、事件和方法,有一部分也适用于图片框或图像框,但在使用上有所不同。此外,Visual Basic 还为图片框和图像框提供了其他一些属性和函数。

1. 与窗体属性相同的属性

前面介绍的部分窗体属性,包括 Enabled,Name,Visible,FontBold,FontItalic,FontName,Fontsize,FontUnderline 等,完全适用于图片框或图像框,其用法也相同。但在使用时应注意,对象名不能省略,必须是具体的图片框或图像框名。

窗体属性 AutoRedraw,Height,Left,Top,Width 等也可用于图片框和图像框,但窗体位于屏幕上,而图片框和图像框位于窗体上,其坐标的参考点是不一样的。窗体位置使用的是绝对坐标,以屏幕为参考点;而图片框和图像框的位置使用的是相对坐标,以窗体为参考点。此外,在使用上述属性时,不能省略图片框或图像框的名称。

下面介绍用于图片框和图像框的其他属性。

2. CurrentX 和 CurrentY 属性

用来设置下一个输出的水平(CurrentX)或垂直(CurrentY)坐标。这两个属性只能在运行期间使用,格式如下:

[对象.]CurrentX[= X]
[对象.]CurrentY[= Y]

其中"对象"可以是窗体、图片框和打印机,X 和 Y 表示横坐标值和纵坐标值,默认情况下以 twip 为单位。如果省略"=X"或"=Y",则显示当前的坐标值。如果省略"对象",则指的是当前窗体。

【例 6.4】　在窗体上建立一个图片框,然后分别在窗体和图片框中显示一些信息。

在窗体上画一个图片框,然后编写如下代码:

```
Private Sub Form_Click()
    Form1.cls: Picture1.cls
    Picture1.Print Tab(10); "Picture1 Tab 10 test"
    Print Tab(15); "Form Tab 15 test"
    Picture1.CurrentX = 500
    Picture1.CurrentY = 300
```

```
        CurrentX = 500
        CurrentY = 300
        Print "Form CurrentX, CurrentY Test"
        Picture1.Print "Picture1 CurrentX, CurrentY test"
        Print Tab(15); CurrentX, CurrentY
        Picture1.Print Tab(15); CurrentX, CurrentY
    End Sub
```

运行程序,单击窗体,结果如图 6.5 所示。

本例同时对两个对象(Form 和 Picture1)进行显示操作。开始两行语句分别在图片框和窗体的指定位置输出两个字符串,接着分别重新设置图片框 Picture1 和窗体中光标的位置,其后的输出即从新位置开始。最后两行语句试图输出窗体和图片框的当前光标位

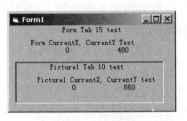

图 6.5　图片框举例

置,从结果来看,与前面设置的值不一样。这是因为,如果设置完坐标后再用 Print 方法输出信息,则 CurrentX 和 CurrentY 的值也随之改变。在上面的例子中,执行完 Print 方法后换行,因而使 CurrentX 的值为 0。如果执行 Cls 方法,则窗体或图片框中的信息将被清除,光标移到对象的左上角(0,0),CurrentX 和 CurrentY 的值均为 0。

3. Picture 属性

Picture 属性用于窗体、图片框和图像框,通过属性窗口设置,用来把图形放入这些对象中。在窗体、图片框和图像框中显示的图形以文件形式存放在磁盘上,Visual Basic 6.0 支持以下格式的图形文件:

(1) Bitmap(位图)　也称"绘图类型"(paint-type)图形,将图形定义为由点(像素)组成的图案,其文件扩展名为.bmp 或.dib。

(2) Icon(图标)　是一种特殊类型的位图,其最大尺寸为 32×32 像素,也可以为 16×16 像素,其文件扩展名为.ico 或.cur。

(3) Metafile(图元文件)　也称为"绘图类型"图形,它将图形定义为编码的线段和图形。普通图元文件的扩展名为.wmf,增强型图元文件的扩展名为.emf。注意,在窗体、图片框或图像框中只能装入与 Microsoft Windows 兼容的图元文件。

(4) JPEG(Joint Photographic Experts Group)　是一种支持 8 位和 24 位颜色的压缩位图格式,也是 Internet 上流行的文件格式,其文件扩展名为.jpg。

(5) GIF(Graphics Interchange Format)　是最初由 CompuServe 开发的一种压缩位图格式,支持 256 种颜色,是 Internet 上流行的文件格式,其扩展名为.gif。

利用属性窗口中的 Picture 属性可以把上述图形文件加入窗体、图片框或图像框中,具体方法将在下一小节介绍。

4. Stretch 属性

该属性用于图像框,用来自动调整图像框中图形内容的大小,既可通过属性窗口设置,也可通过程序代码设置。该属性的取值为 True 或 False。当其属性值为 True 时,表示图形要调整大小以与图像框相适应;而当其值为 False(默认值)时,表示图像框要调整

大小以与图形相适应。

和窗体一样,图片框和图像框可以接收 Click(单击)、DblClick(双击)事件,可以在图片框中使用 Cls(清屏)和 Print 方法。

6.2.2 图形文件的装入

所谓图形文件的装入,就是把 Visual Basic 6.0 所能接收的图形文件装入窗体、图片框或图像框中。

1. 图片框与图像框的区别

前面讲过,图片框与图像框的用法基本相同,但有以下区别:

(1) 图片框是"容器"控件,可以作为父控件,而图像框不能作为父控件。也就是说,在图片框中可以包含其他控件,而其他控件不能"属于"一个图像框。

不难看出,窗体的显示可以分为 3 层:第一层是直接显示到窗体上的信息(例如用图形或显示文本的方法所显示的信息),构成了底层;由图片框构成了中间层,图片框上的其他控件显示在顶层。

(2) 图片框可以通过 Print 方法接收文本,并可接收由像素组成的图形,而图像框不能接收用 Print 方法输出的信息,也不能用绘图方法在图像框上绘制图形。每个图片框都有一个内部光标(不显示),用来指示下一个将被绘制的点的位置,这个位置就是当前光标的坐标,通过 CurrentX 和 CurrentY 属性来记录和设置。

(3) 图像框比图片框占用的内存少,显示速度快。在用图片框和图像框都能满足需要的情况下,应优先考虑使用图像框。

图片框是一个"容器",可以把其他控件放在该控件上,作为它的"子控件"。当图片框中含有其他控件时,如果移动图片框,则框中的控件也随着一起移动,并且与图片框的相对位置保持不变;图片框内的控件不能移到图片框外。

2. 在设计阶段装入图形文件

图形文件可以在设计阶段装入,也可以在运行期间装入。在设计阶段,可以用以下两种方法装入图形文件。

(1) 用属性窗口中的 Picture 属性装入

可以通过 Picture 属性把图形文件装入窗体、图片框或图像框中。以图片框为例,操作步骤如下:

① 在窗体上画一个图片框。

② 保持图片框为活动控件,在属性窗口中找到 Picture 属性,单击该属性条,其右端出现 3 个点(...)。

③ 单击右端的"...",显示"加载图片"对话框,单击"文件类型"栏右端的箭头,将下拉显示可以装入的图形文件类型,如图 6.6 所示。可从中选择所需要的文件类型。

④ 在中间的目录及文件列表框中选择含有图形文件的目录,可以根据需要选择某个目录,然后在该目录中选择所要装入的文件。

⑤ 单击"打开"按钮。

以上是把图形文件装入图片框中的操作。如果要把图形装入图像框或窗体,则操作

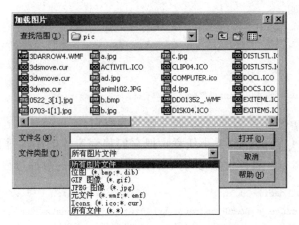

图 6.6　用"加载图片"对话框装入图形

步骤相同,但应先在窗体上建立图像框并保持活动状态。如果没有建立图片框或图像框,或者窗体上没有活动控件,则按上述步骤装入的图形文件将位于窗体上。

(2)利用剪贴板把图形粘贴到窗体、图片框或图像框中。以粘贴到图片框为例,操作步骤如下:

① 用 Windows 下的绘图软件(如 Photostyler,CorelDRAW,Paintbrush,Photoshop 等)画出所需要的图形,并把该图形复制到剪贴板中。

② 启动 Visual Basic,在窗体上建立一个图片框,并保持活动状态。

③ 执行"编辑"菜单中的"粘贴"命令,剪贴板中的图形即出现在图片框中。

在建立图片框时,应适当调整其大小,以便能装入完整的图形。

3. 在运行期间装入图形文件

在运行期间,可以用 LoadPicture 函数把图形文件装入窗体、图片框或图像框中。LoadPicture 函数的功能与 Picture 属性基本相同,即用来把图形文件装入窗体、图片或图像框,其一般格式为:

[对象.]Picture = LoadPicture("文件名")

这里的"文件名"指的是前面提到的图形文件。LoadPicture 函数与 Picture 属性功能相同,但使用的时机不一样,前者在运行期间装入图形文件,而后者在设计时装入。

例如,假定在窗体上建立了一个名为 Picture1 的图片框,则用下面的语句:

Picture1.picture = loadpicture("c:\vb98\Graphics\metafile\3dxcirar.wmf")

可以把一个图元文件装入该图片框中。如果图片框中已有图形,则被新装入的图形覆盖。

装入图片框中的图形可被复制到另一个图片框中。假定在窗体上再建立一个图片框 Picture2,则用

Picture2.Picture = Picture1.Picture

可以把图片框 Picture1 中的图形复制到图片框 Picture2 中。

图片框中的图形也可以用 LoadPicture 函数删除,只要用一个"空"图形覆盖原来的

图形就能实现。例如：

    Picture1.Picture = LoadPicture()

或

    Picture1.Picture = LoadPicture("")

将删除图片框 Picture1 中的图形，使该图片框变为空白。

在窗体上建立 4 个图片框（大小任意），把它们移到窗体的中部排列好。选择 4 个图片框，把它们的 Autosize 属性设置为 True。然后编写如下的事件过程：

```
Private Sub Form_Load()
    Picture1.Picture = LoadPicture("c:\vb98\Graphics\Icons\arrows\arw04up.ico")
    Picture2.Picture = LoadPicture("c:\vb98\Graphics\Icons\arrows\arw04dn.ico")
    Picture3.Picture = LoadPicture("c:\vb98\Graphics\Icons\arrows\arw04lt.ico")
    Picture4.Picture = LoadPicture("c:\vb98\Graphics\Icons\arrows\arw04rt.ico")
End Sub
```

本例中使用了 Autosize 属性，当该属性被设置为 True 时，图片框会根据装入的图形的大小调整其大小。但是，如果图形的大小超过图片框所在的窗体，则只能显示部分图形，因为窗体本身无法自动调整大小。程序的执行结果如图 6.7 所示。

综上所述，在设计阶段和运行期间都可以装入图形文件。如果在设计阶段装入图形，这个图形将会与窗体一起存到文件中。当生成可执行文件（*.exe）时，不必提供需要装入的图形文件，因为图形文件已包含在可执行文件中了。如果在运行期间用 LoadPicture 函数装入图形，则必须确保能找到相应

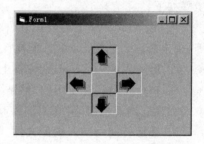

图 6.7 用 LoadPicture 函数装入图形

的图形文件，否则会出错。相对来说，在设计阶段装入图形文件更安全一些，但窗体文件（*.frm）较大。

【例 6.5】 编写程序，交换两个图片框中的图形。

在传统的程序设计中，交换两个变量的值是十分普通的操作，通常要引入第 3 个变量进行交换。交换两个图片框中图形的操作与此类似。

首先在窗体上画两个图片框，其名称分别为 Picture1，Picture2，然后编写如下事件过程：

```
Private Sub Form_Load()
    Picture1.Picture = LoadPicture ("d:\temp\pica.jpg")
    Picture2.Picture = LoadPicture ("d:\temp\picb.jpg")
End Sub

Private Sub Form_Click()
    Form1.Picture = Picture1.Picture
```

```
    Picture1.Picture = Picture2.Picture
    Picture2.Picture = Form1.Picture
    Form1.Picture = LoadPicture()
End Sub
```

上述程序用 Form_Load 事件过程把两个图标文件分别装入两个图片框中,然后在事件过程 Form_Click 中通过窗体交换两个图片框中的图形。程序运行后,单击窗体,可以看到两个图片框中图形的交换过程。

本例通过窗体实现两个图片框中图形的交换。也可以通过第三个图片框来实现相同的操作,请读者自己完成。

6.2.3 直线和形状

直线和形状也是图形控件。利用直线和形状控件,可以使窗体上显示的内容丰富,效果更好,例如在窗体上增加简单的线条和实心图形等。在工具箱中,直线和形状的图标如图 6.8 所示。其默认名称分别为 Line$x$ 和 Shape$x$(x 为 1,2,3,…)。

(a) 直线　(b) 形状

图 6.8　直线和形状图标

直线、形状及前面介绍过的图像框通常为窗体提供可见的背景。用直线控件可以建立简单的直线,通过属性的变化可以改变直线的粗细、颜色及线型。用形状控件可以在窗体上画矩形,通过设置该控件的 Shape 属性可以画出圆、椭圆和圆角矩形,同时可设置形状的颜色和填充图案。

直线和形状具有 Name 和 Visible 属性。形状还具有 Height,Left,Top,Width 等标准属性,直线具有位置属性 X1,Y1 和 X2,Y2,分别表示直线两个端点的坐标,即(X1,Y1) 和(X2,Y2)。此外,直线和形状还具有以下属性:

(1) BorderColor　该属性用来设置形状边界和直线的颜色。BorderColor 用 6 位十六进制数表示。当通过属性窗口设置 BorderColor 属性时,会显示调色板,可以从中选择所需要的颜色,不必考虑十六进制数值。

(2) BorderStyle　该属性用来确定直线或形状的边界线的线型,可以取以下 7 种值:

- 0 - TransParent　　　　　　　　　(透明);
- 1 - Solid　　　　　──────　(实线);
- 2 - Dash　　　　　------　　　 (虚线);
- 3 - Dot　　　　　　·····　　　　(点线);
- 4 - Dash-Dot　　　-·-·-·-　　　(点画线);
- 5 - Dash-Dot-Dot　-··-··　　　　(双点画线);
- 6 - Inside Solid　 ──────　(内实线)。

当属性 BorderStyle 的值为 0 时,控件实际上是不可见的,Visual Basic 认为它可见;尽管这个控件没有明显的内容,但它仍在窗体上。如果执行了相应的操作(例如把 BorderStyle 的属性设置为 1),则可以显示出来。

(3) BorderWidth　该属性用来指定直线的宽度或形状边界线的宽度,默认时以像素为单位。Visual Basic 认为直线或形状就像是用铅笔画出来的,"笔尖"的宽度由

BorderWidth属性所指定的像素宽度决定。对于形状控件,Visual Basic认为是用笔尖的内侧画出来,从而使总的BorderWidth向外扩展,控件变大。如果把属性BorderStyle的值设置为6,则可使画线向内扩展。BorderWidth属性不能设置为0。

(4) BackStyle 该属性用于形状控件,其设置值为0或1,用来决定形状是否被指定的颜色填充。当该属性值为0(默认)时,形状边界内的区域是透明的,而当值为1时,该区域由BackColor属性所指定的颜色来填充(默认时,BackColor为白色)。

(5) FillColor 该属性用来定义形状的内部颜色,其设置方法与BorderColor属性相同。

(6) FillStyle 该属性的设置值决定了形状控件内部的填充图案,可以取以下8种值:

- 0 - Solid   (实心);
- 1 - TransParent   (透明);
- 2 - Horizontal Line (水平线);
- 3 - Vertical Line   (垂直线);
- 4 - Upward Diagonal (向上对角线);
- 5 - Downward Diagonal (向下对角线);
- 6 - Cross   (交叉线);
- 7 - Diagonal Cross   (对角交叉线)。

(7) Shape 该属性用来确定所画形状的几何特性。它可以被设置为6种值(见表6.2),分别画出不同的几何形状。

表6.2 Shape属性的设置值

值	常 量	形 状
0	vbShapeRectangle	矩形(默认)
1	vbShapeSquare	正方形
2	vbShapeOval	椭圆形
3	vbShapeCircle	圆形
4	vbShapeRoundedRectangle	四角圆化的矩形
5	vbShapeRoundedSquare	四角圆化的正方形

【例6.6】 在窗体上显示6种可以使用的形状。

首先在窗体上画一个形状控件,然后建立该控件的数组,画出6个形状,如图6.9所示。

编写如下事件过程:

```
Private Sub Form_Click()
    FontSize = 12
    CurrentX = 350
    Print "0";
    For i = 1 To 5
```

```
            Shape1(i).Left = Shape1(i-1).Left + 1050
            Shape1(i).Shape = i
            Shape1(i).Visible = True
            CurrentX = CurrentX + 750
            Print i;
        Next i
    End Sub
```

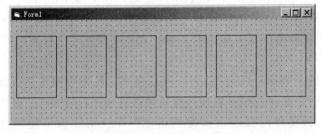

图 6.9　显示形状(1)

程序运行后,单击窗体,将显示 6 种形状,如图 6.10 所示。

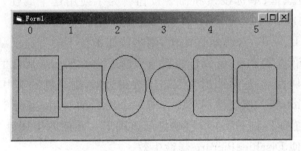

图 6.10　显示形状(2)

6.3　按 钮 控 件

Visual Basic 中的按钮控件是命令按钮,它可能是 Visual Basic 应用程序中最常用的控件,它提供了用户与应用程序交互最简便的方法。在工具箱中,命令按钮的图标如图 6.11 所示。其默认名称为 Command$x$(x 为 1,2,3,…)。

图 6.11　命令按钮控件

6.3.1　属性和事件

在应用程序中,命令按钮通常用来在单击时执行指定的操作。以前介绍的大多数属性都可用于命令按钮,包括:Caption,Enabled,FontBold,FontItalic,FontName,Fontsize,Fontunderline,Height,Left,Name,Top,Visible,Width。此外,它还有以下属性:

(1) Cancel　当一个命令按钮的 Cancel 属性被设置为 True 时,按 Esc 键与单击该命令按钮的作用相同。在一个窗体中,只允许有一个命令按钮的 Cancel 属性被设置为 True。

（2）Default　当一个命令按钮的 Default 属性被设置为 True 时,按回车键和单击该命令按钮的效果相同。在一个窗体中,只能有一个命令按钮的 Default 属性被设置为 True。

（3）Style　该属性设置或返回一个值,这个值用来指定控件的显示类型和操作。该属性在运行期间是只读的。Style 属性可用于多种控件,包括复选框、组合框、列表框、单选按钮和命令按钮等。当用于命令按钮(以及复选框和单选按钮)时,可以取以下两种值:

- 0(系统常量 vbButtonStandard)　标准格式。控件按 Visual Basic 老版本中的格式显示,即在命令按钮中只显示文本(Caption 属性),没有相关的图形。此为默认设置。
- 1(系统常量 vbButtonGraphical)　图形格式。控件用图形格式显示,在命令按钮中不仅显示文本(Caption 属性),而且可以显示图形(Picture 属性)。

（4）Picture　该属性可以给命令按钮指定一个图形。为了使用这个属性,必须把 Style 属性设置为 1(图形格式),否则 Picture 属性无效。

（5）DownPicture　该属性用来设置当控件被单击并处于"按下"状态时在控件中显示的图形,可用于复选框、单选按钮和命令按钮。为了使用这个属性,必须把 Style 属性设置为 1(图形格式),否则 DownPicture 属性将被忽略。

如果没有设置 DownPicture 属性的值,则当按钮被按下时将显示赋值给 Picture 属性的图形。如果既没有设置 Picture 属性也没有设置 DownPicture 属性的值,则在按钮中只显示标题(Caption 属性)。如果图形太大超出按钮边框,则只显示其中的一部分。

（6）DisabledPicture　该属性用来设置对一个图形的引用,当命令按钮禁止使用(即 Enabled 属性被设置为 False)时在按钮中显示该图形。和前两个属性一样,必须把 Style 属性设置为 1 才能使 DisabledPicture 属性生效。

和图片框 Picture 属性的设置方法一样,可以在设计阶段从属性窗口中设置命令按钮的 Picture、DownPicture 或 DisabledPicture 的属性,也可以通过 LoadPicture 函数装入图形。

命令按钮最常用的事件是 Click 事件,当单击一个命令按钮时,触发 Click 事件。注意,命令按钮不支持 DblClick 事件。

6.3.2　应用举例

在应用程序中,命令按钮的应用十分广泛,前面已多次见过这方面的例子。

有时候,为了防止误操作,可以让命令按钮暂时失去作用或消失。例如,想要复制数据或文件,但在某个时刻数据或文件不存在,此时就需要使复制命令按钮暂时失去作用或消失。这种功能可以用 Enabled 和 Visible 属性来实现。例如:

```
Command1.Enabled = True      '使命令按钮生效
Command1.Enabled = False     '使命令按钮失去作用
Command1.Visible = False     '使命令按钮消失
Command1.Visible = True      '使命令按钮重新出现
```

用 Enabled 属性可以检查一个命令按钮是否有效,例如:

```
Sub Form_Click()
    If Command1.Enabled Then
        Text1.Text = "Command1 Button is enabled"
    Else
        Text1.Text = "Command1 Button is disabled"
    End If
End Sub
```

上述过程测试命令按钮 Command1 是否可用。如果可用,则其 Enabled 属性为 True,即 Command1.Enabled = True,过程中条件语句的"条件"为真,否则为假。

【例 6.7】 编写程序,模拟交通信号灯的切换。

信号灯有 3 种,分别为红、黄、绿,在某个时刻只能亮一个,程序将模拟这种操作。在窗体上画 3 个图像框和两个命令按钮,其属性设置见表 6.3。

表 6.3 控件属性设置

控件	属性	设置值
图像框	Picture	Traffic10a.ico
	Name	Image1
图像框	Picture	Traffic10b.ico
	Name	Image2
图像框	Picture	Traffic10c.ico
	Name	Image3
命令按钮	Caption	"切换信号灯"
	Name	Command1
命令按钮	Caption	"结束程序"
	Name	Command2

在每个图像框中需要装入一个图标文件(*.ico),这 3 个文件的路径为:\vb98\graphics\icons\traffic,可以在属性窗口中装入。

设计完成后的窗体如图 6.12 所示。

把 3 个图像框放在同一个位置上,使它们完全重合。这 3 个图像框中的信号灯大小完全相同,但有 3 种不同的状态,即所"亮"灯的颜色不一样,分别为绿、黄、红。因此,为了使某一种信号灯"亮",只要使另外两个图像框隐藏即可实现。我们知道,确定一个控件可见性的属性是 Visible。

图 6.12 信号灯模拟(窗体设计)

编写如下的事件过程:

```
Private Sub Form_Load()
    Image2.Visible = False
    Image3.Visible = False
End Sub
```

```
Private Sub Command1_Click()
    If Image1.Visible = True Then
        Image1.Visible = False
        Image2.Visible = True
    ElseIf Image2.Visible = True Then
        Image2.Visible = False
        Image3.Visible = True
    Else
        Image3.Visible = False
        Image1.Visible = True
    End If
End Sub

Private Sub Command2_Click()
    End
End Sub
```

上述程序包括3个事件过程。其中 Form_Load 过程用来对控件进行初始化处理,使得在程序刚开始运行时隐藏图像框 Image2 和 Image3,只有 Image1(绿色信号灯)可见。在第一个命令按钮的单击事件过程中,判断当前哪一个图像框可见,然后隐藏这个图像框,并依次使下一个图像框可见。这样,当每次单击该命令按钮时,只有一个图像框是可见的,从而产生只有一种信号灯在"亮"着的效果。第二个命令按钮的单击事件过程用 End 语句结束程序的运行。

图 6.13　信号灯模拟(执行情况)

程序运行后,每单击一次第一个命令按钮,将切换一次信号灯显示,如果单击第二个命令按钮,则结束程序。执行情况如图 6.13 所示。

6.4　选择控件——复选框和单选按钮

在实际应用中,有时候需要用户作出选择,这些选择有的很简单,有的则比较复杂。为此,Visual Basic 提供了几个用于选择的标准控件,包括复选框、单选按钮、列表框和组合框。本节介绍复选框和单选按钮,6.5 节介绍列表框和组合框。

在工具箱中,复选框和单选按钮的图标如图 6.14 所示。其默认名称分别为 Check$x$ 和 Option$x$(其中 x 为 1,2,3,…)。

　　(a) 复选框　(b) 单选按钮

图 6.14　复选框和单选按钮

在应用程序中,复选框和单选按钮用来表示状态,可以在运行期间改变其状态。复选框用"√"表示被选中,可以同时选择多个复选框。与此相反,在一组单选按钮中,只能选择其中的一个,当打开某个单选按钮时,其他单选按钮都处于关闭状态,这与收(录)音机上按钮的作用类似,因此也称收(录)音机按钮。

6.4.1 复选框和单选按钮的属性和事件

以前介绍的大多数属性都可用于复选框和单选按钮,包括:Caption,Enabled,FontBold,FontItalic,FontName,Fontsize,Fontunderline,Height,Left,Name,Top,Visible,Width。和命令按钮一样,对复选框和单选按钮可以使用 Picture,DownPicture 和 DisabledPicture 属性。此外,还可以使用下列属性。

(1) Value 该属性用来表示复选框或单选按钮的状态。对于单选按钮来说,Value 属性可设置为 True 或 False,当设置为 True 时,该单选按钮是"打开"的,按钮的中心有一个圆点;如果设置为 False,则该单选按钮是"关闭"的,按钮是一个圆圈。

对于复选框来说,Value 属性可以设置为 0,1 或 2。其中:
- 0 表示没有选择该复选框。
- 1 表示选中该复选框。
- 2 表示该复选框被禁止(灰色)。

(2) Alignment 该属性用来设置复选框或单选按钮控件标题的对齐方式,可以在设计时设置,也可以在运行期间设置,格式如下:

对象.Alignment[= 值]

这里的"对象"可以是复选框、单选按钮,也可以是标签和文本框,"值"可以是数值 0 或 1,也可以是系统常量,当对象为复选框或单选按钮时,其含义见表 6.4。

表 6.4 Alignment 属性取值

常 量	值	功 能
vbLeftJustify	0	(默认)控件居左,标题在控件右侧显示
vbRightJustify	1	控件居右,标题在控件左侧显示

(3) Style 该属性用来指定复选框或单选按钮的显示方式,以改善视觉效果,其取值见表 6.5。

表 6.5 Style 属性取值

常 量	值	功 能
vbButtonStandard	0	(默认)标准方式。控件显示与 Visual Basic 老版本中相同,即同时显示控件和标题
vbButtonGraphical	1	图形方式,控件用图形的样式显示。即,复选框控件或单选按钮控件的外观与命令按钮类似

在使用 Style 属性时,应注意以下几点:

① Style 是只读属性,只能在设计时使用。

② 当 Style 属性被设置为 1 时,可以用 Picture,DownPicture 和 DisabledPicture 属性分别设置不同的图标或位图(参见命令按钮),以表示未选定、选定和禁用。

③ Style 属性被设置为不同的值(0 或 1)时,其外观也不一样,如图 6.15 所示。当该

属性为 1 时,控件的外观类似于命令按钮,但其作用与命令按钮是不一样的。

复选框和单选按钮都可以接收 Click 事件,但通常不对复选框和单选按钮的 Click 事件进行处理。当单击复选框或单选按钮时,将自动变换其状态,一般不需要编写 Click 事件过程。

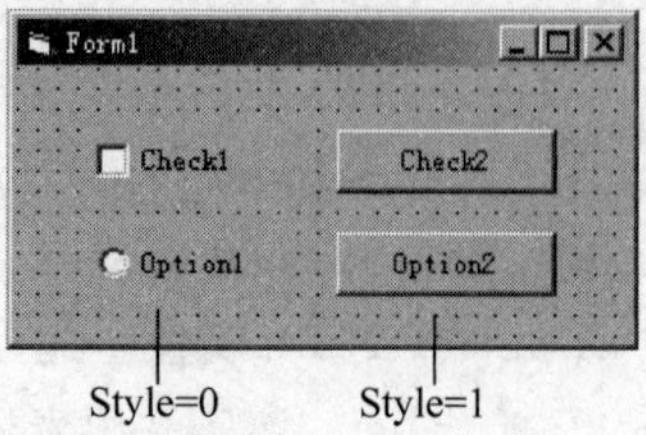

图 6.15 Style 属性与控件外观

6.4.2 应用举例

复选框也称检查框。在执行应用程序时单击复选框可以使"选"和"不选"交替起作用。也就是说,单击一次为"选"(复选框中出现"√"记号),再单击一次变成"不选"(复选框上的"√"消失)。每单击一次复选框都产生一个 Click 事件,以"选"和"不选"响应。

【例 6.8】 用复选框控制文本输入是否加"下划线"和"斜体显示"。

本例共建立 3 个控件:一个文本框,两个复选框。在文本框中显示文本,由两个复选框决定显示的文本是否加下划线或用斜体显示。

3 个控件的属性设置见表 6.6。

表 6.6 控件属性设置

控 件	Name	Caption	Text
文本框	Display	无	Microsoft Visual Basic
复选框 1	UnderOn	"加下划线"	无
复选框 2	ItalicOn	"斜体显示"	无

编写如下的事件过程:

```
Private Sub Form_Load()
    Display.FontSize = 20
End Sub


Private Sub Display_Change()
    If UnderOn.Value = 1 Then
        Display.FontUnderline = True
    Else
        Display.FontStrikethru = True
    End If
End Sub


Private Sub ItalicOn_Click()
    If ItalicOn.Value = 1 Then
        Display.FontItalic = True
    Else
        Display.FontItalic = False
    End If
```

```
End Sub

Private Sub UnderOn_Click()
    If UnderOn.Value = 1 Then
        Display.FontUnderline = True
    Else
        Display.FontUnderline = False
    End If
End Sub
```

程序的执行结果如图 6.16 所示。

对几个事件过程作如下简单说明:

图 6.16 复选框举例

(1) Display_Change 过程是当用户在文本框中输入数据(发生 Change 事件)时所作出的反应。它根据复选框的 Value 属性值决定文本的输出方式。如果复选框 UnderOn 的 Value 属性值为 1(复选框上有"√"),则把文本框的 Fontunderline 属性设置为 True(即加下划线);如果复选框 ItalicOn 的 Value 属性值为 1,则把文本框的 FontItalic 属性设置为 True(即用斜体显示)。

(2) UnderOn_Click 事件过程用来测试复选框 UnderOn 的 Value 属性值是否为 1,如果为 1,则把文本框的 Fontunderline 属性设置为 True(加下划线),否则设置为 False(不加下划线)。

(3) ItalicOn_Click 事件过程测试复选框 ThrueOn 的 Value 属性值是否为 1。如果为 1,则把文本框的 FontItalic 属性设置为 True(斜体显示),否则为 False(正常字体)。

单选按钮的作用与菜单类似。当菜单项不多时,用单选按钮选择更直观、方便。

【例 6.9】 用单选按钮在文本框中显示不同的字体。

为了简单起见,只显示 3 种字体。这需要在窗体上建立一个文本框和 3 个单选按钮,其属性设置见表 6.7。

表 6.7 控件属性设置

控 件	Name	Caption	Text
文本框	Display	无	Microsoft Visual Basic
单选按钮 1	Roman	FontName:Roman	无
单选按钮 2	Modern	FontName:Modern	无
单选按钮 3	Courier	FontName:Courier	无

为 3 个单选按钮编写事件过程如下:

```
Private Sub Roman_Click()
    Display.FontSize = 24
    Display.FontName = "times new roman"
End Sub
```

```
Private Sub Modern_Click()
    Display.FontSize = 20
    Display.FontName = "modern"
End Sub

Private Sub Courier_Click()
    Display.FontSize = 18
    Display.FontName = "courier"
End Sub
```

需要输出的内容在文本框中显示。程序运行后,单击某个单选按钮,将重新设置文本框的两种属性(FontName 和 FontSize),从而使文本以不同的字体和大小显示出来。程序的执行情况如图 6.17 所示。

图 6.17 单选按钮举例

6.5 选择控件——列表框和组合框

利用列表框,可以选择所需要的项目,而组合框可以把一个文本框和列表框组合为单个控制窗口。在工具箱中,列表框和组合框的图标如图 6.18 所示。列表框和组合框的默认名称分别为 List$x$ 和 Combo$x$(x 为 1,2,3,…)。

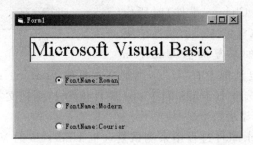

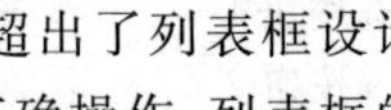

(a) 列表框　　(b) 组合框

图 6.18 列表框和组合框图标

6.5.1 列表框

列表框用于在多个项目中作出选择的操作。在列表框中可以有多个项目供选择,用户可以通过单击某一项选择自己所需要的项目。如果项目太多,超出了列表框设计时的长度,则 Visual Basic 会自动给列表框加上垂直滚动条。为了能正确操作,列表框的高度应不少于 3 行。

1. 属性

列表框所支持的标准属性包括:Enabled,FontBold,FontItalic,FontName,Fontunderline,Height,Left,Top,Visible,Width。此外,列表框还具有以下特殊属性:

(1) Columns　该属性用来确定列表框的列数。当该属性设置为 0(默认)时,所有的项目呈单列显示。如果该属性等于 1,则列表框呈多行多列显示;如果大于 1 且小于列表框中的项目数,则列表框呈单行多列显示。默认设置(0)时,如果表项的总高度超过了列表框的高度,将在列表框的右边加上一个垂直滚动条,可以通过它上下移动列表。当Columns 的设置值不为 0 时,如果表项的总高度超过了列表框的高度,将把部分表项移到右边一列或几列显示。当各列的宽度之和超过列表框宽度时,将自动在底部增加一个水平滚动条。

(2) List 该属性用来列出表项的内容。List 属性保存了列表框中所有值的数组,可以通过下标访问数组中的值(下标值从 0 开始),其格式为:

```
s$ = [列表框.]List(下标)
```

例如:

```
s$ = List1.list(6)
```

将列出列表框 List1 第 7 项的内容。

也可以改变数组中已有的值,格式为:

```
[列表框.]List(下标) = s$
```

例如:

```
List1.list(3) = "AAAA"
```

将把列表框 List1 第四项的内容设置为 AAAA。

(3) Listcount 该属性列出列表框中表项的数量。列表框中表项的排列从 0 开始,最后一项的序号为 Listcount-1。例如执行

```
x = List1.Listcount
```

后,x 的值为列表框 List1 中的总项数。

(4) ListIndex 该属性的设置值是已选中的表项的位置。表项位置由索引值指定,第一项的索引值为 0,第二项为 1,以此类推。如果没有选中任何项,ListIndex 的值将设置为 -1。在程序中设置 ListIndex 后,被选中的条目反相显示。

(5) Multiselect 该属性用来设置一次可以选择的表项数。对于一个标准列表框,该属性的设置值决定了用户是否可以在列表框中选择多个表项。Multiselect 属性可以设置成以下 3 种值:

- 0-None 每次只能选择一项,如果选择另一项则会取消对前一项的选择。
- 1-Simple 可以同时选择多个项,后续的选择不会取消前面所选择的项。可以用鼠标或空格键选择。
- 2-Extended 可以选择指定范围内的表项。其方法是:单击所要选择的范围的第一项,然后按下 Shift 键,不要松开,并单击所要选择的范围的最后一项。如果按住 Ctrl 键,并单击列表框中的项目,则可不连续地选择多个表项。

如果选择了多个表项,ListIndex 和 Text 的属性只表示最后一次的选择值。为了确定所选择的表项,必须检查 Selected 属性的每个元素。

(6) Selected　该属性实际上是一个数组,各个元素的值为 True 或 False,每个元素与列表框中的一项相对应。当元素的值为 True 时,表明选择了该项,如为 False 则表示未选择。用下面的语句可以检查指定的表项是否被选择:

列表框.Selected(索引值)

"索引值"从 0 开始,它实际上是数组的下标。上面的语句返回一个逻辑值(True 或 False)。用下面的语句可以选择指定的表项或取消已选择的表项:

列表框名.Selected(索引值) = True | False

(7) SelCount　如果 MultiSelect 属性设置为 1(Simple)或 2(Extended),则该属性用于读取列表框中所选项的数目。通常它与 Selected 一起使用,以处理控件中的所选项目。

(8) Sorted　该属性用来确定列表框中的项目是否按字母数字升序排列。如果 Sorted 的属性设置为 True,则表项按字母数字升序排列。如果把它设置为 False(默认),则表项按加入列表框的先后次序排列。

(9) Style　该属性用于确定控件外观,只能在设计时设置。其取值可以为 0(标准形式)和 1(复选框形式)。

(10) Text　该属性的值为最后一次选中的表项的文本,不能直接修改 Text 属性。

2. 列表框事件

列表框接收 Click 和 DblClick 事件。但有时不用编写 Click 事件过程代码,而是当单击一个命令按钮或发生 DblClick 事件时,读取 Text 属性。

3. 列表框方法

列表框可以使用 AddItem,Clear 和 RemoveItem 等 3 种方法,用来在运行期间修改列表框的内容。

(1) AddItem　该方法用来在列表框中插入一行文本,其格式为:

列表框.AddItem 项目字符串[,索引值]

AddItem 方法把"项目字符串"的文本内容放入"列表框"中。如果省略"索引值",则文本被放在列表框的尾部。可以用"索引值"指定插入项在列表框中的位置,表中的项目从 0 开始计数,"索引值"不能大于表中项数−1。该方法只能单个地向表中添加项目。

(2) Clear　该方法用来清除列表框中的全部内容,格式为:

列表框.Clear

执行 Clear 方法后,ListCount 重新被设置为 0。

(3) RemoveItem　该方法用来删除列表框中指定的项目,其格式为:

列表框.RemoveItem 索引值

RemoveItem 方法从列表框中删除以"索引值"为地址的项目,该方法每次只能删除一个项目。

假定在窗体上建立了一个列表框 List1 和两个命令按钮 Command1,Command2,则下面的过程:

```
Sub Command1_click()
    List1.AddItem "Test",0
End Sub

Sub Command2_click()
    List1.RemoveItem ,0
End Sub
```

可以分别向列表框中增加和删除项目。单击命令按钮 Command1,可以把字符串"Test"加到列表框 List1 的开头,而单击 Command2,则可删除列表框开头的一项。

以上介绍了列表框的属性、事件和方法,下面举一个例子。

【例 6.10】 交换两个列表框中的项目。其中一个列表框中的项目按字母升序排列,另一个列表框中的项目按加入的先后顺序排列。当双击某个项目时,该项目从本列表框中消失,并出现在另一个列表框中。

首先在窗体上建立两个列表框,其名称分别为 List1 和 List2,然后把列表框 List2 的 Sorted 属性设置为 True,列表框 List1 的 Sorted 属性使用默认值 False。

编写如下的代码:

```
Private Sub Form_Load()
    List1.AddItem "戴尔"
    List1.AddItem "惠普"
    List1.AddItem "神舟"
    List1.AddItem "海尔"
    List1.AddItem "方正"
    List1.AddItem "长城"
    List1.AddItem "联想"
    List1.AddItem "同方"
    List1.AddItem "苹果"
    List1.AddItem "宏基"
    List1.AddItem "紫光"
    List1.AddItem "浪潮"
End Sub

Private Sub List1_DblClick()
    List2.AddItem List1.Text
    List1.RemoveItem List1.ListIndex
End Sub

Private Sub List2_DblClick()
    List1.AddItem List2.Text
    List2.RemoveItem List2.ListIndex
End Sub
```

Form_Load 过程用来初始化列表框,把每个项目加到列表框 List1 中,各个项目按加入的先后顺序排列。当双击列表框 List1 中的某一项时,该项即被删除并被放到列表框

List2 中，在 List2 中的项目按字母顺序排列。事件过程 List1_DblClick 和事件过程 List2_DblClick 的操作类似，但按相反的方向移动项目。程序的执行情况如图 6.19 所示。

在上面的程序中，用 AddItem 方法向列表框中添加项目。在设计阶段，也可以通过 List 属性向列表框中添加项目。其操作是：在窗体上画一个列表框，保持它为活动状态，在属性窗口中单击 List 属性，然后单击其右端的箭头，将下拉一个方框，可以在该方框中输入列表框中的项目，每输入一项按 Ctrl+Enter 键换行，全部输入完后按回车键，所输入的项目即出现在列表框中。输入情况如图 6.20 所示。

图 6.19 列表框举例

图 6.20 在设计阶段用 List 属性输入表项

6.5.2 组合框

组合框(ComboBox)是组合列表框和文本框的特性而成的控件。也就是说，组合框是一种独立的控件，但它兼有列表框和文本框的功能。它可以像列表框一样，让用户通过鼠标选择所需要的项目，也可以像文本框一样，用输入的方式选择项目。

1. 组合框属性

列表框的属性基本上都可用于组合框，此外它还有自己的一些属性。

(1) Style   这是组合框的一个重要属性，其取值为 0,1,2，它决定了组合框 3 种不同的类型。

① 当 Style 属性被设置为 0 时，组合框称为下拉式组合框(dropdown combo box)。它看起来像一个下拉列表框，但可以输入文本或从下拉列表中选择表项。单击右端的箭头可以下拉显示表项，并允许用户选择，可识别 Dropdown 事件。在 Visual Basic 的属性窗口中有类似的操作。

② Style 属性值为 1 的组合框称为简单组合框(simple combo box)，它由可输入文本的编辑区和一个标准列表框组成。列表不是下拉式的，一直显示在屏幕上，可以选择表项，也可以在编辑区中输入文本，它识别 DblClick 事件。在运行时，如果项目的总高度比组合框的高度大，则自动加上垂直滚动条。

③ Style 属性值为 2 的组合框称为下拉式列表框(dropdown list box)。和下拉式组合框一样，它的右端也有个箭头，可供"拉下"或"收起"列表框，可以选择列表框中的项目。它不能识别 DblClick，Change 事件，但可识别 DropDown 事件。

以上3种不同类型的组合框如图6.21所示,从左至右依次为下拉式组合框、简单组合框和下拉式列表框。从表面上看,第一种和第三种类似,两者的主要区别是,第一种组合框允许在编辑区输入文本,而第三种只能从下拉列表框中选择项目,不允许输入文本。

(a) Style=0　　(b) Style=1　　(c) Style=2

图 6.21　组合框基本类型

（2）Text　该属性值是用户所选择的项目的文本或直接从编辑区输入的文本。

2. 组合框事件

前面在介绍属性时,已谈到部分组合框事件。实际上,组合框所响应的事件依赖于其Style属性。例如,只有简单组合框(Style属性值为1)才能接收DblClick事件,其他两种组合框可以接收Click事件和DropDown事件。对于下拉式组合框(属性Style的值为0)和简单组合框,可以在编辑区输入文本,当输入文本时可以接收Change事件。一般情况下,用户选择项目之后,只需要读取组合框的Text属性。

当用户单击组合框中向下的箭头时,将触发DropDown事件,该事件实际上对应于向下箭头的Click事件。

3. 组合框方法

前面介绍的AddItem,Clear和RemoveItem方法也适用于组合框,其用法与在列表框中相同。

下面举一个组合框的例子。

【**例 6.11**】　从屏幕上选择微机的配置,并显示出来。

微机的配置有很多种,这里只给出机型、CPU主频、内存和硬盘容量。用户可以选择自己所需要的配置,然后输出这些配置。各控件在窗体上的分布情况如图6.22所示。

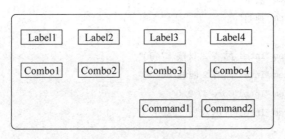

图 6.22　用组合框选择微机配置(1)

各控件的属性设置见表6.8。

表 6.8 控件属性设置

控件	Name	Caption	Default	Cancel	Style
标签 1	Label1	"机型"			
标签 2	Label2	"CPU"			
标签 3	Label3	"内存"			
标签 4	Label4	"硬盘"			
组合框 1	Combo1	无			1
组合框 2	Combo2	无			2
组合框 3	Combo3	无			2
组合框 4	Combo4	无			0
命令按钮 1	Command1	"确定"	True	False	
命令按钮 2	Command2	"取消"	False	True	

按表 6.8 的要求在窗体上建立各个控件，如图 6.23 所示。

图 6.23 用组合框选择微机配置(2)

编写如下的事件过程：

```
Sub Form_Load()
    Combo1.AddItem "戴尔"
    Combo1.AddItem "惠普"
    Combo1.AddItem "方正"
    Combo1.AddItem "联想"
    Combo1.AddItem "同方"
    Combo1.AddItem "宏基"
    Combo1.AddItem "神舟"

    Combo2.AddItem "Intel 酷睿 2 双核 E7400"
    Combo2.AddItem "Intel 酷睿 2 四核 Q8200"
    Combo2.AddItem "Intel Core i7 920"
    Combo2.AddItem "Intel 奔腾双核 E5200"

    Combo3.AddItem "(2x1GB) NECC 双通道 DDR2"
    Combo3.AddItem "4096MB"
    Combo3.AddItem "(3X1GB)DDR3 SDRAM"
    Combo3.AddItem "4GB DDRIII "
```

```
        Combo4.AddItem "320GB"
        Combo4.AddItem "640GB"
        Combo4.AddItem "500GB"
        Combo4.AddItem "200GB"
        Combo4.AddItem "160GB"
End Sub

Sub Command1_Click()
        Debug.Print "所选择的配置为："
        Debug.Print "机型："; Combo1
        Debug.Print "CPU："; Combo2
        Debug.Print "内存："; Combo3
        Debug.Print "硬盘："; Combo4
End Sub

Sub Command2_Click()
        End
End Sub
```

程序的运行情况如图 6.24 所示。

在上面的程序中，4 个组合框分为 3 种不同的类型(Style 属性分别为 1,2,2,0)，选择项目的方式也不一样。用鼠标在 4 个组合框中分别选择所需要的配置，然后单击"确定"按钮(或按回车键)，即可在"立即"窗口中输出所选择的结果(见图 6.25)。单击"取消"按钮(或按 Esc 键)将结束程序运行。

图 6.24 用组合框选择微机配置(3)

图 6.25 选择结果

注意，当 Style 属性值为 1 时，组合框应画得大一些。在默认情况下，画出来的组合框的高度是一样的，即不管"拉"多大，它都要恢复到默认高度。为了画出足够大的组合框，可以按以下步骤操作：

(1) 在适当的位置画出组合框(大小任意)。

(2) 在属性窗口中把该组合框的 Style 属性值设置为 1。

(3) 按所需要的大小放大组合框。

6.6 滚 动 条

滚动条通常用来附在窗口上帮助观察数据或确定位置,也可用来作为数据输入的工具,被广泛地用于 Windows 应用程序中。

滚动条分为两种,即水平滚动条和垂直滚动条。在工具箱中,水平滚动条和垂直滚动条的图标如图 6.26 所示,其默认名称分别为 HScroll$x$ 和 VScroll$x$(x 为 $1,2,3,\cdots$)。

除方向不同外,水平滚动条和垂直滚动条的结构和操作是一样的。滚动条的两端各有一个滚动箭头,在滚动箭头之间有一个滚动框,如图 6.27 所示。

(a) 水平滚动条　(b) 垂直滚动条

图 6.26　滚动条图标　　　　　　　图 6.27　滚动条结构

1. 滚动条属性

在一般情况下,垂直滚动条的值由上往下递增,最上端代表最小值(Min),最下端代表最大值(Max)。水平滚动条的值从左向右递增,最左端代表最小值,最右端代表最大值。滚动条的值均以整数表示,其取值范围为 $-32768\sim32767$。

滚动条的坐标系与它当前的尺寸大小无关。可以把每个滚动条当做有数字刻度的直线,从一个整数到另一个整数。这条直线的最小值和最大值分别在该直线的左、右端点或上、下端点,其值分别赋给属性 Min 和 Max,直线上的点数为 Max-Min。滚动条的长度(像素值)与坐标系无关。

滚动条的属性用来标识滚动条的状态。除支持 Enabled,Height,Left,Top,Visible,Width 等标准属性外,还具有以下属性:

(1) Max　该属性值为滚动条所能表示的最大值,取值范围为 $-32768\sim32767$。当滚动框位于最右端或最下端时,Value 属性(见(5))将被设置为该值。

(2) Min　该属性值为滚动条所能表示的最小值,取值范围同 Max。当滚动框位于最左端或最上端时,Value 属性取该值。

设置 Max 和 Min 属性后,滚动条被分为 Max-Min 个间隔,当滚动框在滚动条上移动时,其属性 Value 值也随之在 Max 和 Min 之间变化。

(3) LargeChange　单击滚动条中滚动框前面或后面的部位时,Value 增加或减小的增量值。

(4) SmallChange　单击滚动条两端的箭头时,Value 属性增加或减小的增量值。

(5) Value　该属性值表示滚动框在滚动条上的当前位置。如果在程序中设置该值,则把滚动框移到相应的位置。注意,不能把 Value 属性设置为 Max 和 Min 范围之外的值。

2. 滚动条事件

与滚动条有关的事件主要是 Scroll 和 Change。当在滚动条内拖动滚动框时会触发 Scroll 事件(单击滚动箭头或滚动条时不发生 Scroll 事件),而改变滚动框的位置后会触发 Change 事件。Scroll 事件用于跟踪滚动条中的动态变化,Change 事件则用来得到滚动条的最后的值。

下面举一个例子。

【例 6.12】 按下列步骤操作,建立一个滚动条。

(1) 在窗体上建立 6 个控件,其中 4 个标签、一个文本框、一个滚动条,如图 6.28 所示。

(2) 把 4 个标签的 Caption 属性分别设置为"速度"、"慢"、"快"和空白,文本框的 Name 属性设置为 Display,滚动条的 Name 属性设置为 SpeedBar。同时把第 4 个标签的 BorderStyle 属性设置为 1-Fixed single。

(3) 把水平滚动条的属性设置为:

LargeChange   10
Max   200
Min   0
SmallChange   2

(4) 双击滚动条,弹出代码窗口,编写 Change 事件过程:

```
Private Sub SpeedBar_Change()
    Display.Text = Str $ (SpeedBar.Value)
End Sub
```

(5) 编写处理 Scroll 事件的过程:

```
Private Sub SpeedBar_Scroll()
    label4.Caption = "Moveing to " + Str $ (SpeedBar.Value)
End Sub
```

程序运行后,单击滚动条两端的箭头,值以 2 为单位变化,单击滚动条的灰色区域,值以 10 为单位变化。如果用鼠标拖动滚动框,则值不一定以 2 或 10 为单位变化。在文本框中显示变化的值,在下面的标签中显示当前值,如图 6.29 所示。

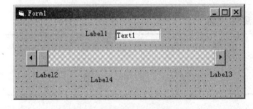

图 6.28 建立滚动条(1)

图 6.29 建立滚动条(2)

执行"运行"菜单中的"中断"命令,或者单击工具条中的中断按钮,可以打开"立即"窗口,在该窗口中输入:

SpeedBar.Value = 17

然后执行"运行"菜单中的"重新启动"命令,即可看到滚动框的位置变化。如果输入:

        SpeedBar.Max = 100
也可以看到滚动框位置的变化。

6.7 计 时 器

  Visual Basic 可以利用系统内部的计时器计时,而且提供了定制时间间隔(Interval)的功能,可以由用户自行设置每个计时器事件的时间间隔。

  所谓时间间隔,指的是各计时器事件之间的时间,它以毫秒(千分之一秒)为单位。在大多数个人计算机中,计时器每秒钟最多可产生 18 个事件,即两个事件之间的间隔为 56/1000 秒。也就是说,时间间隔的准确度不会超过 1/18 秒。

  在工具箱中,计时器控件的图标如图 6.30 所示,其默认名称为 Timer$x$(x 为 1,2,3,…)。

图 6.30 计时器图标

  计时器可以使用 Enabled 属性,以确定计时器是否可用。其重要的属性是 Interval,用来设置计时器事件之间的间隔,以毫秒为单位,其取值范围为 0~65535 毫秒,因此其最大时间间隔不能超过 65 秒。通常 60000 毫秒为 1 分钟,如果把 Interval 属性设置为 1000,则表明每秒钟发生一个计时器事件。如果希望每秒产生 n 个事件,则属性 Interval 的值为 1000/n。

  计时器支持 Timer 事件。对于一个含有计时器控件的窗体,每经过一段由属性 Interval 指定的时间间隔,就产生一个 Timer 事件。

  在 Visual Basic 中,可以用 Timer 函数获取系统时钟的时间。Timer 事件是 Visual Basic 模拟实时计时器的事件,这是两个不同的时间系统。

  建立数字计时器的操作十分简单,步骤如下:

(1) 双击工具箱上的计时器图标,窗体中部出现一个计时器控件。注意,计时器控件的位置和大小无关紧要,因为它只是在设计阶段出现在窗体上,程序运行时会自动消失。

(2) 在窗体上画一个标签。

计时器和标签的属性设置见表 6.9。

表 6.9 控件属性设置

控 件	Name	间隔(Interval)	边界类型(BorderStyle)
计时器	Timer1	1000	
标签	Label1		1-Fixed single

设计完成后的窗体如图 6.31 所示。

(3) 在程序代码窗口中编写如下的过程:

```
Private Sub Timer1_Timer()
    Label1.FontName = "Times New Roman"
    Label1.FontSize = 36
    Label1.Caption = Time $
End Sub
```

运行上述程序,屏幕上显示如图 6.32 所示的数字计时器。设计时的计时器控件已经消失。

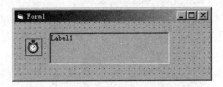 

图 6.31　建立数字计时器(界面设计)　　　图 6.32　建立数字计时器(执行情况)

该例用 24 小时格式显示时间,如果希望用上午(AM)/下午(PM)格式显示,则只要作简单修改即可实现。

计时器的 Enabled 属性默认为 True,这样才能使计时器按指定的时间间隔显示。如果把 Enabled 属性设置为 False,则可使计时器停止显示,有时候,这是需要的。为了启动计时器,可以增加一个命令按钮,通过单击该按钮重新把计时器的 Enabled 属性设置为 True。例如:

```
Sub Command1_Click()
    Timer1.Enabled = True
End Sub
```

如果把过程中的语句改为:

```
Timer1.Enabled = Not Timer1.Enabled
```

则可通过单击 Command1 命令按钮使计时器反复启停。

用计时器可以实现多种操作,下面再举两个例子。

【例 6.13】　用计时器实现字体的放大。

用计时器可以按指定的时间间隔对字体进行放大,下面的程序可以实现这一操作。

在窗体上画一个标签,大小和位置任意,再画一个计时器,然后编写如下程序:

```
Private Sub Form_Load()
    Label1.FontName = "魏碑"
    Label1.Caption = "字体"
    Label1.Width = Width
    Label1.Height = Height
    Timer1.Interval = 1000
End Sub

Private Sub Timer1_Timer()
    If Label1.FontSize < 100 Then
        Label1.FontSize = Label1.FontSize * 1.2
    Else
        Label1.FontSize = 10
    End If
```

End Sub

在 Form_Load 事件过程中,把标签的高度和宽度设置为与窗体相同,把计时器的 Interval 属性设置为 1000,即每秒钟变化一次。在计时器事件过程中,判断标签的字体大小是否超过 100,如果没有超过,则每隔 1 秒钟字体扩大 1.2 倍,否则把字体大小恢复为 10。程序中使用的条件语句,将在第 7 章介绍。

图 6.33 用计时器放大字体

程序的运行情况如图 6.33 所示。

【例 6.14】 设计一个流动字幕,标题是"热烈欢迎",运行情况如图 6.34 和图 6.35 所示。

图 6.34 流动字幕(1)

图 6.35 流动字幕(2)

在窗体上有两个命令按钮、1 个标签和 1 个计时器,然后编写如下程序:

```
Private Sub Form_Load()
    Command1.Caption = "开始"
    Command2.Caption = "停止"
    Timer1.Interval = 50
    Timer1.Enabled = False
    Label1.Caption = "热烈欢迎"
    Label1.AutoSize = True
    Label1.FontSize = 16
    Label1.FontBold = True
End Sub

Private Sub Command1_Click()
    Command1.Caption = "继续"
    Timer1.Enabled = True
    Command1.Enabled = False
    Command2.Enabled = True
End Sub

Private Sub Command2_Click()
    Timer1.Enabled = False
    Command2.Enabled = False
    Command1.Enabled = True
```

```
    End Sub
Private Sub Timer1_Timer()
    If Label1.Left < Width Then
        Label1.Left = Label1.Left + 20
    Else
        Label1.Left = 0
    End If
End Sub
```

程序运行后,如果单击"开始"命令按钮,则该按钮变为禁用,标题变为"继续",同时标签自左至右移动,每个时间间隔移动 20,移动出窗体右边界后,自动从左边界开始向右移动;如果单击"停止"命令按钮,则该按钮变为禁用,"继续"命令按钮变为有效,同时标签停止移动;再次单击"继续"命令按钮后,标签继续移动。

6.8 框 架

框架(Frame)是一个容器控件,用于将屏幕上的对象分组。可以把不同的对象放在一个框架中,框架提供了视觉上的区分和总体的激活/屏蔽特性。在工具箱中,框架的图标如图 6.36 所示。其默认名称为 Frame$x$(x 为 $1,2,3,\cdots$)。

图 6.36 框架图标

框架的属性包括:Enabled,FontBold,FontName,Fontunderline,Height,Left,Top,Visible,Width。此外,Name 属性用于在程序代码中标识一个框架,而 Caption 属性定义了框架的可见文字部分。

对于框架来说,通常把 Enabled 属性设置为 True,这样才能保证框架内的对象是"活动"的。如果把框架的 Enabled 属性设置为 False,则其标题会变灰,框架中的所有对象,包括文本框、命令按钮及其他对象,均被屏蔽。

使用框架的主要目的,是为了对控件进行分组,即把指定的控件放到框架中。为此,必须先画出框架,然后在框架内画出需要成为一组的控件,这样才能使框架内的控件成为一个整体,和框架一起移动。如果在框架外画一个控件,然后把它拖到框架内,则该控件不是框架的一部分,当移动框架时,该控件不会移动。

有时候,可能需要对窗体上(不是框架内)已有的控件进行分组,并把它们放到一个框架中,可按如下步骤操作:

(1) 选择需要分组的控件。
(2) 执行"编辑"菜单中的"剪切"命令(或按 Ctrl+X 键),把选择的控件放入剪贴板。
(3) 在窗体上画一个框架控件,并保持它为活动状态。
(4) 执行"编辑"菜单中的"粘贴"命令(或按 Ctrl+V 键)。

经过以上操作,即可把所选择的控件放入框架,作为一个整体移动或删除。

为了选择框架内的控件,必须在框架处于非活动状态时,按住 Ctrl 键,然后用鼠标画一个框,使这个框能"套住"要选择的控件。

框架常用的事件是 Click 和 DblClick,它不接受用户输入,不能显示文本和图形,也不能与图形相连。

前面介绍了单选按钮。当窗体上有多个单选按钮时,如果选择其中的一个,其他单选按钮自动关闭。但是,当需要在同一个窗体上建立几组相互独立的单选按钮时,则必须通过框架为单选按钮分组,使得在一个框架内的单选按钮为一组,每个框架内的单选按钮的操作不影响其他组的按钮。请看下面的例子。

【例 6.15】 编写程序,通过单选按钮设置字体类型和大小。

按以下步骤操作:

(1) 在窗体上画两个框架,每个框架内画两个单选按钮,然后再画两个命令按钮和一个文本框,如图 6.37 所示。

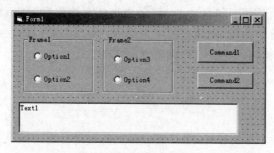

图 6.37 用框架对单选按钮分组(窗体设计)

(2) 编写如下事件过程,对窗体和控件进行格式化。

```
Private Sub Form_Load()
    Form1.Caption = "框架用法示例"
    Command1.Caption = "确定"
    Command2.Caption = "结束"
    Frame1.Caption = "字体类型"
    Frame2.Caption = "字体大小"
    Option1.Caption = "魏碑"
    Option2.Caption = "幼圆"
    Option3.Caption = "16"
    Option4.Caption = "24"
    Text1.Text = "Visual Basic 程序设计"
End Sub
```

该过程用来设置窗体和各个控件的标题。

(3) 编写两个命令按钮的事件过程:

```
Private Sub Command1_Click()
    If Option1 Then
        Text1.FontName = "魏碑"
    Else
        Text1.FontName = "幼圆"
    End If
    If Option3 Then
```

```
            Text1.FontSize = 16
    Else
            Text1.FontSize = 24
    End If
End Sub

Private Sub Command2_Click()
    End
End Sub
```

第一个命令按钮事件过程用来判断哪一个单选按钮被选中,然后根据选中的按钮设置文本框中文本的字体类型和字体大小。程序运行后,选择所需要的字体类型和大小,再单击"确定"按钮,即可改变文本框中的字体。运行情况如图 6.38 所示。

图 6.38　用框架对单选按钮分组(运行情况)

6.9　焦点与 Tab 顺序

在可视程序设计中,焦点(focus)是一个十分重要的概念。本节将介绍如何设置焦点,同时介绍窗体上控件的 Tab 顺序。

6.9.1　设置焦点

简单地说,焦点是接收用户鼠标或键盘输入的能力。当一个对象具有焦点时,它可以接收用户的输入。在 Windows 系统中,某个时刻可以运行多个应用程序,但只有具有焦点的应用程序才有活动标题栏,才能接收用户输入。类似地,在含有多个文本框的窗体中,只有具有焦点的文本框才能接收用户的输入。

当对象得到焦点时,会产生 GotFocus 事件;而当对象失去焦点时,将产生 LostFocus 事件,前面我们已见过这方面的例子。LostFocus 事件过程通常用来对更新进行确认和有效性检查,也可用于修正或改变在 GotFocus 事件过程中设立的条件。窗体和多数控件支持这些事件。

可以用下面的方法设置一个对象的焦点:
- 在运行时单击该对象
- 运行时用访问键选择该对象

- 在程序代码中使用 SetFocus 方法

焦点只能移到可视的窗体或控件，因此，只有当一个对象的 Enabled 和 Visible 属性均为 True 时，它才能接收焦点。Enabled 属性允许对象响应由用户产生的事件，如键盘和鼠标事件，而 Visible 属性决定了对象是否可见。

注意，并不是所有对象都可以接收焦点。某些控件，包括框架（Frame）、标签（Label）、菜单（Menu）、直线（Line）、形状（Shape）、图像框（Image）和计时器（Timer）都不能接收焦点。对于窗体来说，只有当窗体上的任何控件都不能接收焦点时，该窗体才能接收焦点。

对于大多数可以接收焦点的控件来说，从外观上可以看出它是否具有焦点。例如，当命令按钮、复选框、单选按钮等控件具有焦点时，在其内侧有一个虚线框，如图 6.39 所示。而当文本框具有焦点时，在文本框中有闪烁的插入光标。

如前所述，可以通过 SetFocus 方法设置焦点。但是应注意，由于在窗体的 Load 事件完成前，窗体或窗体上的控件是不可视的，因此，不能直接在 Form_Load 事件过程中用 SetFocus 方法把焦点移到正在装入的窗体或窗体上的控件。必须先用 Show 方法显示窗体，然后才能对该窗体或窗体上的控件设置焦点。例如，假定在窗体上画一个文本框，然后编写如下事件过程：

```
Private Sub Form_Load()
    Text1.SetFocus
End Sub
```

程序设计者的原意是在程序开始运行后，直接把焦点移到文本框中，但是不能达到目的。程序运行后，显示出错信息，如图 6.40 所示。

图 6.39 有焦点的命令按钮

图 6.40 在窗体可视前不能设置焦点

为了解决这个问题，必须在设置焦点前使窗体可视，这可以通过 Show 方法来实现。上面的程序应改为：

```
Private Sub Form_Load()
    Form1.Show
    Text1.SetFocus
End Sub
```

6.9.2 Tab 顺序

Tab 顺序是在按 Tab 键时焦点在控件间移动的顺序。当窗体上有多个控件时，用鼠标单击某个控件,就可把焦点移到该控件中(如果该控件有焦点)或者使该控件成为活动控件。除鼠标外,用 Tab 键也可以把焦点移到某个控件中。每按一次 Tab 键,可以使焦点从一个控件移到另一个控件。所谓 Tab 顺序,就是指焦点在各个控件之间移动的顺序。

在一般情况下,Tab 顺序由控件建立时的先后顺序确定。例如,假定在窗体上建立了 5 个控件,其中 3 个文本框,两个命令按钮,按以下顺序建立:

```
Text1
Text2
Text3
Command1
Command2
```

执行时,光标位于 Text1 中,每按一次 Tab 键,焦点就按 Text2,Text3,Command1,Command2 的顺序移动。当焦点位于 Command2 时,如果按 Tab 键,则焦点又回到 Text1。如前所述,除计时器、菜单、框架、标签等不接收焦点的控件外,其他控件均支持 Tab 顺序。此外,Disable(禁止)和 Invisible(不可见)属性可以使 Tab 顺序不起作用。

可以获得焦点的控件都有一种称为"TabStop"的属性,用它可以控制焦点的移动。该属性的默认值为 True,如果把它设置为 False,则在用 Tab 移动焦点时会跳过该控件。TabStop 属性为 False 的控件,仍然保持它在实际的 Tab 顺序中的位置,只不过在按 Tab 键时这个控件被跳过。

在设计阶段,可以通过属性窗口中的 TabIndex 属性来改变 Tab 顺序。在前面的例子中,如果把 Command2 的顺序由 4 改为 0,即按表 6.10 修改。

表 6.10　改变 Tab 顺序

控　件	原来的 TabIndex	改变后的 TabIndex
Text1	0	1
Text2	1	2
Text3	2	3
Command1	3	4
Command2	4	0

则 Tab 顺序变为 Command2→Text1→Text2→Text3→Command1。

也可以在运行时改变 Tab 顺序。例如:

```
Command2.TabIndex = 0
```

不能获得焦点的控件以及无效的和不可见的控件,不具有 TabIndex 属性,因而不包含在 Tab 顺序中,按 Tab 键时,这样的控件将被跳过。

在 Windows 及其他一些应用软件中,通过 Alt 键和某个特定的字母,可以把焦点移到指定的位置。在 Visual Basic 中,通过把"&"加在标题的某个字母的前面可以实现这一功能,我们用下面的例子来说明这一点。

假定在窗体上按表6.11所列顺序建立6个控件。

表6.11 控件建立顺序

建立顺序	控 件	Name	Caption	Text
1	左上标签	Label1	&Access1	无
2	左上文本框	Text1	无	空白
3	右上标签	Label2	&Basic	无
4	右上文本框	Text2	无	空白
5	中下标签	Label3	&Command	无
6	中下文本框	Text3	无	空白

在建立上面的控件时,对于每个标签的Caption属性,输入时必须在其前面加上一个"&",例如"&Basic"。"&"符号只在属性窗口内出现,不会在窗体的标签控件上显示出来,但它使得该标签的标题的第一个字母下面有一条下划线。

运行程序后,通过按Alt键和指定的字母键,可以把焦点移到与相应标签邻近的文本框中(标签不能接收焦点)。例如,按Alt键和A键(Alt+A键)就可以把焦点移到文本框Text1上,类似地,用Alt+B键和Alt+C键可以分别把光标移到文本框Text2和Text3上。

注意,在一组单选按钮中只有一个Tab站,被选中的单选按钮(即Value属性的值为True)的TabStop属性自动设置为True,而其他单选按钮的TabStop属性被设置为False。

习 题

6.1 内部控件与ActiveX控件有什么区别?

6.2 所有的控件都有Name属性,大部分控件有Caption属性,对于同一个控件来说,这两个属性有什么区别?

6.3 图片框和图像框控件有什么区别?在什么情况下可以互相代替?在什么情况下必须使用图片框控件?

6.4 怎样在图片框中显示文本信息?在图片框和图像框中可以显示哪几种格式的图形?

6.5 可以通过哪几种方法在图片框或图像框中装入图形?用图形编辑软件(如Windows下的"画图")画一个简单的图形,然后把它复制到图片框。

6.6 用标签和文本框都可以显示文本信息,二者有什么区别?

6.7 在窗体上画4个图像框和一个文本框,在每个图像框中装入一个箭头图形,分为4个不同的方向,把文本框的MultiLine属性设置为True。编写程序,当单击某个图像框时,在文本框中显示相应的信息。例如,单击向右的箭头时,在文本框中显示"单击向右箭头"。

6.8 在窗体上画1个标签(标题为"添加项目")、1个文本框(初始内容为空白)、1个下拉式组合框和两个命令按钮,如图 6.41 所示。把两个命令按钮的标题分别设置为"添加"和"统计";通过属性窗口向组合框中输入若干项目,例如 AAAA,BBBB,CCCC,DDDD,然后编写两个命令按钮的 Click 事件过程。程序运行后,在 Text1 中输入字符,如果单击"添加"按钮,则 Text1 中的内容将作为一个项目被添加到组合框的列表中;如果单击"统计"按钮,则在窗体上显示组合框中当前项目的个数和被选中的项目,如图 6.42 所示。

图 6.41　界面设计

图 6.42　程序运行情况

6.9　在窗体上建立 3 个文本框和一个命令按钮。程序运行后,单击命令按钮,在第一个文本框中显示由 Command1_Click 事件过程设定的内容(例如"Microsoft Visual Basic"),同时在第二、第三个文本框中分别用小写字母和大写字母显示第一个文本框中的内容。

提示:用第一个文本框的 Change 事件过程在第二、第三个文本框中显示指定的内容。

6.10　在窗体上画一个图片框、一个垂直滚动条和一个命令按钮(标题为"设置属性"),通过属性窗口在图片框中装入一个图形,图片框的宽度与图形的宽度相同,图片框的高度任意,如图 6.43 所示。编写适当的事件过程。程序运行后,如果单击命令按钮,则设置垂直滚动条的如下属性:

Min	100
Max	2400
LargeChange	200
SmallChange	20

之后就可以通过移动滚动条上的滚动块来放大或缩小图片框,如图 6.44 所示。

图 6.43　界面设计

图 6.44　程序运行情况

6.11 在窗体上画一个列表框,名称为 L1,通过属性窗口向列表框中添加 4 个项目,分别为 AAAA,BBBB,CCCC 和 DDDD,然后再画一个文本框,名称为 Text1,编写适当的事件过程。程序运行后,如果双击列表框中的某一项,则把该项从列表框中删除,并移到文本框中。程序的运行情况如图 6.45 和图 6.46 所示。

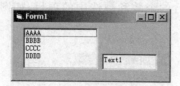 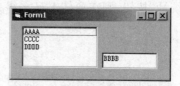

图 6.45　界面设计　　　　　　　　图 6.46　程序运行情况

6.12 编写程序,用计时器按秒计时。在窗体上画一个计时器控件和一个标签,程序运行后,在标签内显示经过的秒数,并响铃。

6.13 在窗体上画 3 个标签,标题分别为"计算机程序设计"、"选择字号"、"选择字体",再画两个组合框,如图 6.47 所示。然后为第一个组合框添加"10"、"16"、"20"等 3 个项目,为第二个组合框添加"黑体"、"幼圆"、"宋体"等 3 个项目,编写适当的事件过程。程序运行后,如果在第一个组合框中选择一种字号,或者在第二个组合框中选一种字体,则标签中的文字立即变为所选定的字号或字体。程序的运行情况如图 6.48 所示。

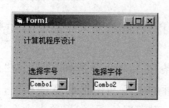 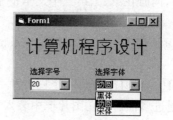

图 6.47　界面设计　　　　　　　　图 6.48　程序运行情况

第 7 章 Visual Basic 控制结构

前面设计和编写了一些简单的程序,这些程序大多为顺序结构,即整个程序按书写顺序依次执行。本章将讨论顺序结构之外的流程控制语句,包括选择结构、多分支结构及循环结构语句。掌握了这些语句,就可以编写较为复杂的程序了。

7.1 选择控制结构

在日常生活和工作中,常常需要对给定的条件进行分析、比较和判断,并根据判断结果采取不同的操作。在 Visual Basic 中,这样的问题通过选择结构程序来解决,而选择结构通过条件语句来实现。条件语句也称 If 语句,它有两种格式,一种是单行结构,一种是块结构。

7.1.1 单行结构条件语句

单行条件语句比较简单,其格式如下:

If 条件 Then then 部分 [Else else 部分]

该语句的功能是:如果"条件"为 True,则执行"then 部分",否则执行"else 部分"。

在上面的格式中,"条件"是一个逻辑表达式。程序根据这个表达式的值(True 或 False)执行相应的操作。"then 部分"和"else 部分"的操作完全相同,即:

语句|GoTo 行号(或行标号)

在这里,"语句"是一个或多个 Visual Basic 语句(包括 If 语句),当含有多个语句时,各语句之间用冒号隔开。"行号"或"行标号"是一个标识符(见 7.7 节),通过 GoTo 语句把控制转移到"行号"或"行标号"所在的程序行。

If 语句中的"else 部分"是可选的,当该项省略时,If 语句简化为:

If 条件 Then then 部分

它的功能是,如果"条件"为 True,则执行"then 部分",否则执行下一行程序。例如:

```
If X >= Y Then Print "X>= Y"
Print " X<Y"
```

如果 X >= Y,则执行 Print "X>= Y",否则执行下面的语句,即 Print "X<Y"。这里的 Print "X<Y"是 If 语句后面的语句。如果加上"else 部分",则上面的语句可以改为:

```
If X >= Y Then Print "X>=Y" Else Print "X<Y"
```

条件语句中的"then 部分"和"else 部分"都可以是条件语句,即条件语句可以嵌套,其深度(嵌套层数)没有具体规定,但受到每行字符数(1024)的限制。

设有如下函数：

$$y = \begin{cases} 1, & x > 0 \\ 0, & x = 0 \\ -1, & x < 0 \end{cases}$$

输入 x,要求输出 y 的值。

这个问题可以通过嵌套 If 语句来解决,程序如下：

```
Private Sub Form_Click()
    Dim x As Single, y As Single
    x = InputBox("请输入 x 的值")
    x = Val(x)
    If x > 0 Then y = 1 Else If x = 0 Then y = 0 Else y = -1
    Print "x = "; x, "y = "; y
End Sub
```

在上面的程序中,"If x = 0 Then y = 0 Else y = -1"是 If 语句的"else 部分",它本身也是一个 If 语句,即嵌套 If 语句。

嵌套 If 语句既可以出现在"else 部分"(如上例),也可以出现在"then 部分"。上例中的 If 语句可以改为：

```
If x >= 0 Then If x > 0 Then y = 1 Else y = 0 Else y = -1
```

当嵌套层数较多时,应注意嵌套的正确性,一般原则是：每一个"else 部分"都与它前面的、未曾被配对的"If-Then"配对。

7.1.2 块结构条件语句

块结构条件语句与 C,Ada 等语言中的条件语句类似,一般格式如下：

```
If 条件 1 Then
    语句块 1
[ElseIf 条件 2 Then
    语句块 2]
[ElseIf 条件 3 Then
    语句块 3]
     ⋮
[Else
    语句块 n]
End If
```

块结构条件语句的功能是：如果"条件 1"为 True,则执行"语句块 1"；否则如果"条件 2"为 True,则执行"语句块 2"……否则执行"语句块 n"。

这里的"语句块"可以是一个语句,也可以是多个语句。当有多个语句时,可以分别写在多行里;如果写在一行中,则各语句之间用冒号隔开。例如:

```
If (X > 0) And (Y < D) Then
    Amount = (X + Y + D * 2) / 2
    Text1.Text = Str $ (Amount)
End If
```

也可以写作:

```
If (X > 0) And (Y < D) Then
    Amount = (X + Y + D * 2) / 2 : Text1.Text = Str $ (Amount)
End If
```

说明:

(1) 格式中的"条件1"、"条件2"等都是逻辑表达式,通常把数值表达式和关系表达式看作是逻辑表达式的特例。当"条件"是数值表达式时,非0值表示True,0值表示False;而当"条件"是关系式或逻辑表达式时,-1表示True,0表示False。如前所述,格式中的"语句块1"、"语句块2"等是一个或多个Visual Basic语句。

(2) 块形式条件语句的执行过程是:先测试"条件1",如果该条件为True,则执行Then后面的"语句块";如果"条件1"为False,则Visual Basic顺序测试每个ElseIf子句中的"条件",当发现某个"条件"为True时,就执行与其相关的Then后面的"语句块";如果所有ElseIf子句的"条件"都不为True,则执行Else后面的"语句块n"。在执行了Then或Else后面的语句块之后,程序退出块结构条件语句,继续执行End If后面的语句。

(3) "语句块"中的语句不能与其前面的Then在同一行上,否则Visual Basic认为是一个单行结构的条件语句。也就是说,块结构与单行结构条件语句的主要区别,就是看Then后面的语句(注释语句除外)是否和Then在同一行上。如果在同一行上,则为单行结构,否则为块结构。对于块结构,必须以End If结束,单行结构没有End If。

(4) 在块结构的条件语句中,ElseIf子句的数量没有限制,可以根据需要加入任意多个ElseIf子句。

(5) 块结构条件语句中的ElseIf子句和Else子句都是可选的。如果省略这些子句,则块形式的条件语句简化为:

```
If 条件 Then
    语句块
End If
```

例如:

```
If C<0 Then
    Text1.Text = "Good morning"
End If
```

这种块形式的条件语句也可以写成单行形式,即:

If C＜0 Then Text1.Text = "Good morning"

它去掉了"End If",并把"Text1.Text＝"Good morning""放在 Then 的后面。

(6) 在某些情况下,可能有多个条件为 True,但也只能执行一个语句块。例如:

```
Check $ = InputBox $ ("Enter a string: ","Check Box")
If Len(Check $ )＞6 Then
    Print "Input too long"
ElseIf Len(Check $ )＜6 Then
    Print "Input too short"
ElseIf Left $ (Check $ ) = "a" Then
    Print "Can't start with an 'a'"
End If
```

当 If 结构内有多个条件为 True 时,Visual Basic 执行第一个为 True 的条件后面的语句块。因此,对于上面的例子来说,如果输入"ace",则输出为"Input too short",而不会输出"Can't start with an 'a'"。当遇到第一个为 True 的条件时,执行相应的语句块后跳出 If 结构。

(7) 块形式的条件语句可以嵌套,即把一个 If…Then…Else 块放在另一个 If…Then…Else 块内。嵌套必须完全"包住",不能互相"骑跨"。

与单行条件语句相比,块结构条件语句有很多优点。例如,块形式比单行形式提供了更好的结构和灵活性,它允许条件分支跨越数行。同时,用块形式可以测试更复杂的条件。块形式使程序的结构按逻辑来引导,而不是把多个语句放在一行中。此外,使用块形式的程序一般容易阅读、维护和调试。任何单行形式的条件语句都可以改写成块形式。

【例 7.1】 设计一个程序,从键盘上输入学生的分数,程序可以计算并输出及格(大于或等于60分)、不及格人数及总平均分数。运行结果如图 7.1 所示。

图 7.1 计算平均分数

该例需建立 9 个控件,其属性设置见表 7.1。

表 7.1 控件属性设置

控件	Name	Caption	Text
上标签	Label1	"及格"	无
中标签	Label2	"不及格"	无
下标签	Label3	"平均"	无
上文本框	Text1	无	空白
中文本框	Text2	无	空白
下文本框	Text3	无	空白
左命令按钮	Command1	"输入并计算"	无

续表

控　件	Name	Caption	Text
中命令按钮	Command2	"显示结果"	无
右命令按钮	Command3	"退出"	无

在窗体层声明如下变量：

```
Dim n As Single
Dim n1 As Single
Dim n2 As Single
Dim score As Single
Dim total As Single
```

编写如下 3 个事件过程：

```
Private Sub Command1_Click()
    msg$ = "请输入分数(-1 结束)"
    msgtitle$ = "输入数据"
start:
    score = InputBox(msg$, msgtitle$)
    score = Val(score)
    If score < 0 Or score > 100 Then
        GoTo Finish
    Else
        total = total + score
        n = n + 1
        If score < 60 Then
            n1 = n1 + 1
        Else
            n2 = n2 + 1
        End If
    End If
    GoTo start
Finish:
End Sub

Private Sub Command2_Click()
    Text1.Text = Str$(n2)
    Text2.Text = Str$(n1)
    Text3.Text = Str$(total / n)
End Sub

Private Sub Command3_Click()
    n = 0: n1 = 0: n2 = 0: total = 0
    End
End Sub
```

以上是为 3 个命令按钮编写的 3 个事件过程。第一个事件过程用来输入数据，通过输入对话框接收输入的分数,然后用块结构条件语句判断输入的分数是否在 0~100 范围内。如不在此范围内则结束输入;如在此范围内则连续输入分数。内层条件语句用来判断输入的分数是否大于等于 60,并据此分别统计及格人数和不及格人数。此外,在该事件过程中还统计总分数和学生人数。

第二个事件过程用来输出及格人数、不及格人数,并计算总平均分数,然后在 3 个文本框中显示出来。

第三个事件过程把窗体层变量清 0,然后结束程序的运行。

程序运行后,先单击命令按钮"输入并计算",此时屏幕上显示 InputBox 函数的输入对话框,可以在此对话框内输入数据,当输入负数时结束输入。然后单击"显示结果"命令按钮,即可在文本框中显示及格、不及格人数和平均分数。单击"退出"命令按钮结束程序。

假定输入以下数据:

```
87 62 57 93 37 98 52 -1
```

则程序的执行结果如前面的图 7.1 所示。

在上面的程序中,使用了 GoTo 语句,7.7 节将介绍它的用法。

和单行形式的条件语句一样,块结构条件语句也可以嵌套。

7.1.3 IIf 函数

IIf 函数可用来执行简单的条件判断操作,它是"If…Then…Else"结构的简写版本,IIf 是"Immediate If"的缩略。

IIf 函数的格式如下:

```
result = IIf(条件, True 部分, False 部分)
```

在这里,"result"是函数的返回值,"条件"是一个逻辑表达式,当"条件"为真时,IIf 函数返回"True 部分",而当"条件"为假时返回"False 部分"。"True 部分"或"False 部分"可以是表达式、变量或其他 IIf 函数。注意,IIf 函数中的 3 个参数都不能省略,而且要求"True 部分"、"False 部分"及结果变量的类型一致。

熟悉 C 语言的读者可能已经发现,IIf 函数与 C 语言中"?:"运算符(条件表达式)的功能类似。

IIf 函数与 If…Then…Else 或情况语句(见 7.2 节)选择结构的作用类似。例如,假定有如下的条件语句:

```
if a>5 Then
    r = 1
Else
    r = 2
End If
```

则可用下面的 IIf 函数来代替:

```
r = IIf(a>5, 1, 2)
```

显然，用 IIf 函数可以使程序大为简化。再如：

```
D = 15
Print IIf(D>12, "D 大于 12", "D 小于 12")
```

它与下面的条件语句等价：

```
D = 15
If D>12 Then
    Print "D 大于 12"
Else
    Print "D 小于 12"
End If
```

注意，由于 IIf 要计算"True 部分"和"False 部分"，因此有可能会产生副作用。例如，如果 False 部分存在被零除问题，则程序将会出错（即使"条件"为 True）。

7.2 多分支控制结构

在 Visual Basic 中，多分支结构程序通过情况语句来实现。情况语句也称 Select Case 语句或 Case 语句，它根据一个表达式的值，在一组相互独立的可选语句序列中挑选要执行的语句序列。在情况语句中，有很多成分语句，它是块结构条件语句的一种变形。

情况语句的一般格式为：

```
Select Case 测试表达式
    Case 表达式表列 1
        [语句块 1]
    [Case 表达式表列 2
        [语句块 2]]
        ⋮
    [Case Else
        [语句块 n]]
End Select
```

情况语句以 Select Case 开头，以 End Select 结束。其功能是根据"测试表达式"的值，从多个语句块中选择符合条件的一个语句块执行。

说明：

(1) 情况语句中含有多个参量，这些参量的含义分别为：

① 测试表达式　可以是数值表达式或字符串表达式，通常为变量或常量。

② 语句块 1、语句块 2…　每个语句块由一行或多行合法的 Visual Basic 语句组成。

③ 表达式表列 1、表达式表列 2…　称为域值，可以是下列形式之一：

• 表达式[,表达式]…。例如：

Case 2,4,6,8

- 表达式 To 表达式。例如：

Case 1 To 5

- Is 关系运算表达式，使用的运算符包括：<，<=，>，>=，<>，=。例如：

Case Is = 12
Case Is < a + b

"表达式表列"中的表达式必须与测试表达式的数据类型相同。

(2) 情况语句的执行过程是：先对"测试表达式"求值，然后测试该值与哪一个 Case 子句中的"表达式表列"相匹配；如果找到了，则执行与该 Case 子句有关的语句块，并把控制转移到 End Select 后面的语句；如果没有找到，则执行与 Case Else 子句有关的语句块，然后把控制转移到 End Select 后面的语句。例如：

```
Sub Form_Click()
    msg = "Enter data"
    var = InputBox(msg)
    Select Case var
        Case 1
            Text1.Text = "1"
        Case 2
            Text1.Text = "2"
        Case 3
            Text1.Text = "3"
        Case Else
            Text1.Text = "Good bye"
            End
    End Select
End Sub
```

为了运行上面的程序，应先在窗体上建立一个文本框。程序运行后，在输入对话框中输入一个数值，如果输入的值为 1，则在文本框中显示 1，如果输入 2 或 3，则在文本框中显示 2 或 3，如果输入 1,2,3 之外的数值，则执行 Case Else 子句，在文本框中显示 "Good bye"并结束程序。因此，对于上面的程序来说，共有 4 种不同的输出，每次运行只能输出一种，并在输出后结束程序。

(3) "表达式表列"有上面所说的 3 种形式，在具体使用时应注意以下几点：

① 关键字 To 用来指定一个范围。在这种情况下，必须把较小的值写在前面，较大的值写在后面，字符串常量的范围必须按字母顺序写出。例如：

Case -5 To -1
Case "dvark" To "kear"

② 如果使用关键字 Is，则只能用关系运算符。例如：

```
Case Is < 5
```

表示当测试表达式小于 5 时,执行相应的语句块。

注意,当用关键字 Is 定义条件时,只能是简单的条件,不能用逻辑运算符将两个或多个简单条件组合在一起。例如:

```
Case Is > 10 And Is < 20
```

是不合法的。

③ 在一个 Select Case 语句中,3 种形式可以混用。例如:

```
Case Is>Lowerbound,5,6,12,Is<uperbound
Case Is<"HAN","Mao" To "Tao"
```

(4) Select Case 语句与 If…Then…Else 语句块的功能类似。一般来说,可以使用块形式条件语句的地方,也可以使用情况语句。例如,下面两个程序的功能相同:

程序 1:

```
Sub Form_Click()
    msg $ = "Enter Data"
    var = InputBox(msg $ )
    If var = 1 Then
        Print "One"
    ElseIf var = 2 Then
        Print "Two"
    ElseIf var = 3 Then
        Print "Three"
    Else
        Print "Must be integer from 1 to 3"
    End If
End Sub
```

程序 2:

```
Sub Form_Click()
    msg $ = "Enter Data"
    var = InputBox(msg $ )
    Select Case var
        Case 1
            Print "One"
        Case 2
            Print "Two"
        Case 3
            Print "Three"
        Case Else
            Print "Must be integer from 1 to 3"
```

```
        End Select
    End Sub
```

Select Case 语句和块形式的 If…Then…Else 语句的主要区别是：Select Case 语句只对单个表达式求值，并根据求值结果执行不同的语句块，而块形式的条件语句可以对不同的表达式求值，因而效率较高。

（5）如果同一个域值的范围在多个 Case 子句中出现，则只执行符合要求的第一个 Case 子句的语句块（与 C 语言中不同）。

（6）在情况语句中，Case 子句的顺序对执行结果没有影响，但是应注意，Case Else 子句必须放在所有的 Case 子句之后。如果在 Select Case 结构中的任何一个 Case 子句都没有与测试表达式相匹配的值，而且也没有 Case Else 子句，则不执行任何操作。

（7）在不同的 Case 子句中指定的条件和相应的操作不能相互矛盾。例如：

```
Select Case a
    Case 1
        Print 1
    Case 1 To 3
        Print 2
End Select
```

当 a 的值为 1 时，既符合第一个 Case 子句中规定的条件，又符合第二个 Case 中规定的条件，在第一个 Case 子句中要求输出"1"，在第二个 Case 子句中要求输出"2"，显然两者是矛盾的。在这种情况下，系统不检查两个 Case 子句是否有矛盾，而且一般也不会出错，但程序中不应该出现这种逻辑上的矛盾。

下面举一个例子。

【例 7.2】 从键盘上输入字母或 0～9 的数字，编写程序对其进行分类。

字母可分为大写字母和小写字母，数字可分为奇数和偶数。如果输入的是字母或数字，则输出其分类结果，否则输出相应的信息。

程序如下：

```
Sub Form_Click()
    Dim Msg, UserInput
    Msg = "请输入一个字母或 0 到 9 的数"
    UserInput = InputBox(Msg)
    If Not IsNumeric(UserInput) Then
      If Len(UserInput) <> 0 Then
        Select Case Asc(UserInput)
            Case 65 To 90        '大写字母
                Msg = "你输入的是大写字母 '"
                Msg = Msg & Chr(Asc(UserInput)) & "'。"
            Case 97 To 122       '小写字母
                Msg = "你输入的是小写字母 '"
                Msg = Msg & Chr(Asc(UserInput)) & "'。"
            Case Else
```

```
                Msg = "你输入的不是字母或数字。"
            End Select
        End If
    Else
        Select Case CDbl(UserInput)
            Case 1, 3, 5, 7, 9      '奇数
                Msg = UserInput & "是一个奇数。"
            Case 0, 2, 4, 6, 8      '偶数
                Msg = UserInput & "是一个偶数。"
            Case Else               '出界
                Msg = "你输入了一个超出范围的数。"
        End Select
    End If
    MsgBox Msg
End Sub
```

上述程序把嵌套的 If…Then…Else 语句块与 Select Case 语句混合使用。先用条件语句判断输入的是字母还是数字,然后用 Select Case 语句判断是大写字母还是小写字母,是奇数还是偶数。如果输入的不是字母或数字,则输出相应的信息。大小写字母的判断通过 ASCII 码值来实现,奇数和偶数直接在 Case 子句中列出。此外,在上面的程序中,通过 MsgBox 语句输出所需要的信息。

程序中使用了 IsNumeric 函数,该函数有一个自变量,类型为 Variant,其功能是:如果自变量为数值,则函数返回 True,否则返回 False。

7.3 For 循环控制结构

在实际应用中,经常遇到一些操作并不复杂,但需要反复多次处理的问题,诸如人口增长统计,国民经济发展计划增长情况,银行存款利率的计算等。对于这类问题,如果用顺序结构的程序来处理,将是十分繁琐的,有时候可能是难以实现的。为此,Visual Basic 提供了循环语句。使用循环语句,可以实现循环结构程序设计。

循环语句产生一个重复执行的语句序列,直到指定的条件满足为止。Visual Basic 提供了3种不同风格的循环结构,包括:计数循环(For…Next 循环)、当循环(While…Wend 循环)和 Do 循环(Do…Loop 循环)。其中 For…Next 循环按规定的次数执行循环体,而 While 循环和 Do 循环则是在给定的条件满足时执行循环体。这一节介绍 For 循环控制结构,后面两节分别介绍当循环和 Do 循环。

For 循环也称 For…Next 循环或计数循环。其一般格式如下:

```
For 循环变量 = 初值 To 终值 [Step 步长]
    [循环体]
    [Exit For]
Next [循环变量][,循环变量]…
```

For 循环按指定的次数执行循环体。例如：

```
For x = 1 To 100 Step 1
    Sum = Sum + x
Next x
```

该例从 1 到 100，步长为 1，共执行 100 次 Sum = Sum + x。其中 x 是循环变量，1 是初值，100 是终值，Step 后面的 1 是步长值，Sum = Sum + x 是循环体。

说明：

(1) 格式中有多个参量，这些参量的含义如下：

① 循环变量 亦称"循环控制变量"、"控制变量"或"循环计数器"。它是一个数值变量，但不能是下标变量或记录元素。

② 初值 循环变量的初值，它是一个数值表达式。

③ 终值 循环变量的终值，它也是一个数值表达式。

④ 步长 循环变量的增量，是一个数值表达式。其值可以是正数（递增循环）或负数（递减循环），但不能为 0。如果步长为 1，则可略去不写。

⑤ 循环体 在 For 语句和 Next 语句之间的语句序列，可以是一个或多个语句。

⑥ Exit For 退出循环。

⑦ Next 循环终端语句，在 Next 后面的"循环变量"与 For 语句中的"循环变量"必须相同。

格式中的初值、终值、步长均为数值表达式，但其值不一定是整数，可以是实数，Visual Basic 自动取整。

(2) For 循环语句的执行过程是：首先把"初值"赋给"循环变量"，接着检查"循环变量"的值是否超过终值，如果超过就停止执行"循环体"，跳出循环，执行 Next 后面的语句；否则执行一次"循环体"，然后把"循环变量＋步长"的值赋给"循环变量"，重复上述过程。

这里所说的"超过"有两种含义，即大于或小于。当步长为正值时，检查循环变量是否大于终值；当步长为负值时，判断循环变量的值是否小于终值。图 7.2 示出了 For…Next 循环的逻辑流程。

下面通过例子说明 For…Next 循环的执行过程：

```
t = 0
For I = 2 To 10 Step 2
    t = t + I
    Print t
Next I
```

其中，I 是循环变量，循环初值为 2，终值为 10，步长为 2，t = t + I 和 Print t 是循环体。执行过程如下：

① 把初值 2 赋给循环变量 I；

② 将 I 的值与终值进行比较，若 I＞10，则转到⑤，否则执行循环体；

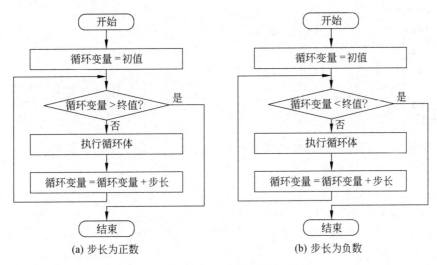

图 7.2 For-Next 循环的逻辑流程

③ I 增加一个步长值,即 I = I + 2;
④ 返回②继续执行;
⑤ 执行 Next 后面的语句。

(3) 在 Visual Basic 中,For…Next 循环遵循"先检查,后执行"的原则,即先检查循环变量是否超过终值,然后决定是否执行循环体。因此,在下列情况下,循环体将不会被执行:

① 当步长为正数,初值大于终值时;
② 当步长为负数,初值小于终值时。

当初值等于终值时,不管步长是正数还是负数,均执行一次循环体。

(4) For 语句和 Next 语句必须成对出现,不能单独使用,且 For 语句必须在 Next 语句之前。

(5) 循环次数由初值、终值和步长三个因素确定,计算公式为:

$$循环次数 = Int((终值 - 初值)/步长) + 1$$

(6) For…Next 循环可以嵌套使用,嵌套层数没有具体限制,其基本要求是:每个循环必须有一个唯一的变量名作为循环变量;内层循环的 Next 语句必须放在外层循环的 Next 语句之前,内外循环不得互相骑跨。例如下面的嵌套是错误的:

```
For j = 1 To 5
    For i = 2 To 8
        ⋮
    Next j
Next i
```

For…Next 循环的嵌套通常有以下 3 种形式:
① 一般形式如下所示。

```
For I1 = …
    For I2 = …
        For I3 = …
            ⋮
        Next I3
    Next I2
Next I1
```

② 省略 Next 后面 I1,I2,I3 的形式如下所示。

```
For I1 = …
    For I2 = …
        For I3 = …
            ⋮
        Next
    Next
Next
```

③ 当内层循环与外层循环有相同的终点时,可以共用一个 Next 语句,此时循环变量名不能省略。例如:

```
For I1 = …
    For I2 = …
        For I3 = …
            ⋮
Next I3,I2,I1
```

(7) 在 Visual Basic 中,循环控制值不但可以是整数和单精度数,而且也可以是双精度数。

(8) 循环变量用来控制循环过程,在循环体内可以被引用和赋值。当循环变量在循环体内被引用时,称为"操作变量",而不被引用的循环变量叫做"形式变量"。如果用循环变量作为操作变量,当循环体内循环变量出现的次数较多时,会影响程序的清晰性。

【例 7.3】 求 $n!$ (n 为自然数)。

由阶乘的定义可知:

$$n! = 1 \times 2 \times \cdots \times (n-2) \times (n-1) \times n$$
$$= (n-1)! \times n$$

也就是说,一个自然数的阶乘,等于该自然数与前一个自然数阶乘的乘积,即从 1 开始连续地乘下一个自然数,直到 n 为止。

程序如下:

```
Sub Form_Click()
    Dim N As Integer
    N = InputBox("Enter N:")
```

```
        k = 1
        For i = 1 To N
            k = k * i
        Next i
        Print N; "! = "; k
End Sub
```

这里的循环变量 i 是一个操作变量。如果改用形式变量,则程序如下:

```
Sub Form_Click()
    Dim N As Integer
    N = InputBox("Enter N:")
    k = 1: m = 1
    For i = 1 To N
        k = k * m: m = m + 1
    Next i
    Print N; "! = "; k
End Sub
```

(9) 一般情况下,For⋯Next 正常结束,即循环变量到达终值。但在有些情况下,可能需要在循环变量到达终值前退出循环,这可以通过 Exit For 语句来实现。在一个 For⋯Next 循环中,可以含有一个或多个 Exit For 语句,并且可以出现在循环体的任何位置。此外,用 Exit For 只能退出当前循环,即退出它所在的最内层循环。例如:

```
For i = 1 To 100
    For j = 1 To 100
        Print i + j;
        If i * j > 5000 Then Exit For
    Next j
Next i
```

在执行上述程序时,如果 i*j > 5000,程序将从内层循环中退出;如果外层循环还没有结束,则控制仍回到内层循环中去。

(10) For⋯Next 中的"循环体"是可选项,当该项省略时,For⋯Next 执行"空循环"。利用这一特性,可以暂停程序的执行。当程序暂停的时间很短,或者对时间没有严格要求时,用 For⋯Next 循环来实现暂停是一个好方法。不过,对于不同的计算机,暂停的时间也不一样。用后面介绍的 While⋯Wend 循环和 Do⋯Loop 循环也可以实现暂停。

当对一个语句序列执行固定次数的循环时,用 For⋯Next 循环非常方便。

【例 7.4】 有如下 10 个数:

$$-2, 73, 82, -76, -1, 24, 321, -25, 89, -20$$

试编写一程序,打印出其中的每个负数,分别计算并输出正数及负数的和。

程序如下:

```
Sub Form_Click()
    Dim number As Integer
```

```
        NegativeSum = 0: PositiveSum = 0
        For i = 1 To 10
            number = InputBox("Enter Data:")
            If number < 0 Then
                Print number;
                NegativeSum = NegativeSum + number
            Else
                PositiveSum = PositiveSum + number
            End If
        Next i
        Print
        Print "Negative sum is: "; NegativeSum
        Print "Positive sum is: "; PositiveSum
    End Sub
```

程序运行后单击窗体,将显示一个输入对话框,在对话框中输入一个数,接着再显示一个对话框,再输入下一个数……直到 10 个数输入完为止。当输入正数时,窗体上不显示任何信息,而当输入负数时,该负数在窗体上显示出来。输入完 10 个数之后,分别显示正数之和及负数之和。

7.4 当循环控制结构

在自然界和人类生产实践活动中,存在着大量的转化现象。在一定的条件下,物质可以由一种状态转化为另一种状态。例如,当温度降到 0℃ 以下时,水变成冰;当水温上升到 100℃ 以上时,水变成水蒸气。在 Visual Basic 中,描述这类问题使用的是当循环语句。其格式如下:

While 条件
    [**语句块**]
Wend

在上述格式中,"条件"为一布尔表达式。当循环语句的功能是:当给定的"条件"为 True 时,执行循环中的"语句块"(即循环体)。

While 循环语句的执行过程是:如果"条件"为 True(非 0 值),则执行"语句块",当遇到 Wend 语句时,控制返回到 While 语句并对"条件"进行测试,如仍然为 True,则重复上述过程,如果"条件"为 False,则不执行"语句块",而执行 Wend 后面的语句,如图 7.3 所示。

当循环与 For 循环的区别是:For 循环对循环体执行指定的次数,当循环则是在给定的条件为

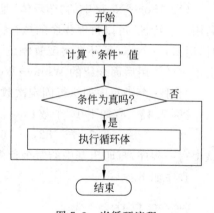

图 7.3 当循环流程

True 时重复一语句序列(循环体)的执行。设有如下一段程序：

```
While b > 0
    c = c + a
    b = b - 1
Wend
```

上述程序通过重复做加法来计算 c = c + a,重复的条件是 b > 0。每次执行循环以前,都要按 While 语句指定的条件(b > 0)求一次值。如果条件求值的结果为 True,则执行组成循环体的语句。也就是说,只要条件为 True,则"测试—执行"的操作就一直进行下去,直到条件为 False(b <= 0)时才结束循环,控制转移到 Wend 后面的语句。

这就是说,当循环可以指定一个循环终止的条件,而 For 循环只能进行指定次数的重复。因此,当需要由数据的某个条件是否出现来控制循环时,就不宜使用 For 循环,而应使用当循环语句来描述。

【例 7.5】 从键盘上输入字符,对输入的字符进行计数,当输入的字符为"?"时,停止计数,并输出结果。

由于需要输入的字符的个数没有指定,无法用 For 循环来编写程序。停止计数的条件是输入的字符为"?",可以用当循环语句来实现。

程序如下：

```
Sub Form_Click()
    Dim char As String
    Const ch$ = "?"
    counter = 0
    msg$ = "Enter a character:"
    char = InputBox$(msg$)
    While char <> ch$
        counter = counter + 1
        char = InputBox$(msg$)
    Wend
    Print "Number of characters entered: "; counter
End Sub
```

对于循环次数有限但又不知道具体次数的操作,当循环是十分有用的。从某种程度上来说,当循环比 For 循环更灵活。

在使用当循环语句时,应注意以下几点：

(1) While 循环语句先对"条件"进行测试,然后才决定是否执行循环体,只有在"条件"为 True 时才执行循环体。如果条件从开始就不成立,则一次循环体也不执行。例如：

```
While a <> a
    循环体
Wend
```

条件 a <> a 永为 False,因此不执行循环体。当然,这样的语句没有什么实用价值。

(2) 如果条件总是成立,则不停地重复执行循环体。例如:

```
x = 1
While x
    循环体
Wend
```

这是"死循环"的一个特例。程序运行后,只能通过人工干预的方法或由操作系统强迫其停止执行。

(3) 开始时对条件进行测试,如果成立,则执行循环体;执行完一次循环体后,再测试条件,如成立,则继续执行……直到条件不成立为止。也就是说,当条件最初出现 False 时,或是以某种方式执行循环体,使得条件的求值最终出现 False 时,当循环才能终止。在正常使用的当循环中,循环体的执行应当能使条件改变,否则会出现死循环,这是程序设计中容易出现的严重错误,应当尽力避免之。

(4) 当循环可以嵌套,层数没有限制,每个 Wend 和最近的 While 相匹配。

【例 7.6】 编写程序,判断一个正整数(>= 3)是否为素数。

只能被 1 和本身整除的正整数称为素数。例如,17 就是一个素数,它只能被 1 和 17 整除。为了验证一个正整数 n(n > 3)是否为素数,最直观的方法是,看在 2~n/2 中能否找到一个整数 m 能将 n 整除,若 m 存在,则 n 不是素数;若找不到 m,则 n 为素数。程序如下:

```
Private Sub Form_Click()
    Dim n As Integer
    n = InputBox("请输入一个正整数(>=3)")
    s = 0
    For m = 2 To n / 2
        If n Mod m = 0 Then
            s = 1
            Exit For
        End If
    Next m
    If s = 0 Then
        Print n; "是一个素数"
    Else
        Print n; "不是素数"
    End If
End Sub
```

在上面的过程中,s 是一个标志变量,其初始值为 0。在 For 循环中,如果 n 除以 m 的余数为 0,则将 s 置为 1,并退出循环,表明 n 不是一个素数;如果在整个循环中没有出现 n 除以 m 的余数为 0 的情况,则 s 的值仍为 0。然后根据 s 是否为 0,决定 n 是否为素数。如果 s 为 0 则 n 是素数,如果 s 为 1 则 n 不是素数。

程序运行后,单击窗体,将显示一个输入对话框,在对话框中输入一个正整数,单击"确定"按钮,程序即可判断并显示该数是不是素数。程序的执行情况如图 7.4 所示。

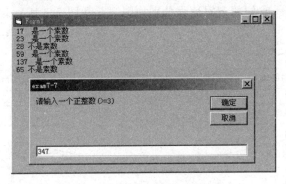

图 7.4 判断一个数是不是素数

7.5 Do 循环控制结构

Do 循环不仅可以不按照限定的次数执行循环体内的语句块,而且可以根据循环条件是 True 或 False 决定是否结束循环。

Do 循环的格式如下:

(1) Do
　　[语句块]
　　[Exit Do]
　Loop [While | Until 循环条件]

(2) Do [While | Until 循环条件]
　　[语句块]
　　[Exit Do]
　Loop

Do 循环语句的功能是:当指定的"循环条件"为 True 或直到指定的"循环条件"变为 True 之前重复执行一组语句(即循环体)。

说明:

(1) Do,Loop 及 While,Until 都是关键字。"语句块"是需要重复执行的一个或多个语句,即循环体。"循环条件"是一个逻辑表达式。

(2) Do 和 Loop 构成了 Do 循环。当只有这两个关键字时,其格式简化为:

Do
　　[语句块]
Loop

在这种情况下,程序将不停地执行 Do 和 Loop 之间的"语句块"。为了使程序按指定的次数执行循环,必须使用可选的关键字 While 或 Until 以及 Exit Do。While 是当条件为

True 时执行循环,而 Until 则是在条件变为 True 之前重复。

(3) 在格式(1)中,While 和 Until 放在循环的末尾,分别叫做 Do…Loop While 和 Do…Loop Until 循环,它们的逻辑流程分别如图 7.5 和图 7.6 所示。

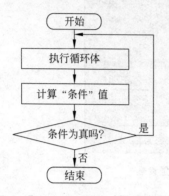 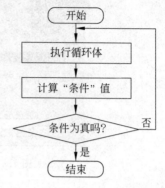

图 7.5 Do…Loop While 循环逻辑框图　　　　图 7.6 Do…Loop Until 循环逻辑框图

例如:

```
Private Sub Form_Click()
    I = 0
    Print "* * * * Loop start * * * *"
    Do
        Print "Value of I is "; I
        I = I + 1
    Loop While I < 10
    Print "* * * * Loop end * * * *"
    Print "Value of I at end of loop is "; I
End Sub
```

该例中的循环条件为 I<10,只要这个条件为 True,就执行 Print 和 I = I + 1。当 I = 10 时,循环结束,执行后面的 Print 语句。程序运行后,单击窗体,结果如图 7.7 所示。

在这个例子中,循环条件 I<10 求反(Not)后为 I>=10,把它作为 Do…Loop Until 的条件,所得结果完全一样:

```
Do
    Print "Value of I is ";I
    I = I + 1
Loop Until I >= 10
Print "Value of I at end of loop is ";I
```

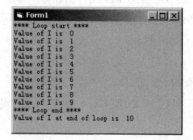

图 7.7 执行 Do…Loop While 循环

(4) 在格式(2)中,While 和 Until 放在循环的开头,即紧跟在关键字 Do 之后,组成两种循环,分别叫做 Do While…Loop 循环和 Do Until…Loop 循环,它们的执行过程分别如图 7.8 和图 7.9 所示。

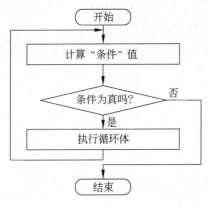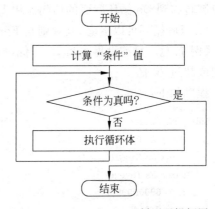

图 7.8　Do While…Loop 循环逻辑框图　　　　图 7.9　Do Until…Loop 循环逻辑框图

(5) Do While | Until…Loop 循环先判断条件,然后在条件满足时才执行循环体,否则不执行。例如:

```
I = 10
Print "Value of I at beginning of loop is ";I
Do While I<10
    I = I + 1
Loop
Print "Value of I at end of loop is ";I
```

由于 I = 10,条件不为 True,因此不执行循环体。输出结果为:

```
Value of I at beginning of loop is 10
Value of I at end of loop is 10
```

Do…Loop While | Until 循环正好相反,它不管条件是否满足,先执行一次循环体,然后再判断条件以决定其后的操作。因此,在任何情况下,它至少执行一次循环体。请看下例:

```
I = 10
Do
    Print "Value of I at beginning of loop is ";I
    I = I + 1
Loop While I < 10
Print "Value of I at end of loop is ";I
```

输出结果为:

```
Value of I at beginning of loop is 10
Value of I at end of loop is 11
```

(6) 和 While 循环一样,如果条件总是成立,Do 循环也可能陷入"死循环"。在这种情况下,可以用 Exit Do 语句跳出循环。一个 Do 循环中可以有一个或多个 Exit Do 语句,并且 Exit Do 语句可以出现在循环体的任何地方。当执行到该语句时,结束循环,并把控制转移到 Do 循环后面的语句。用 Exit Do 语句只能从它所在的那个循环中退出。

(7) Do 循环可以嵌套,其规则与 For…Next 循环相同。

【例 7.7】 目前世界人口为 60 亿,如果以每年 1.4％的速度增长,多少年后世界人口达到或超过 70 亿。

程序如下:

```
Sub Form_Click()
    Dim p As Double
    Dim r As Single
    Dim n As Integer
    p = 6000000000#
    r = 0.014
    n = 0
    Do Until p >= 7000000000#
        p = p * (1 + r)
        n = n + 1
    Loop
    Print n; "年后"; "世界人口达"; p
End Sub
```

运行程序,单击窗体,程序输出为:

12 年后世界人口达 7089354809.76375

上述程序使用的是"Do Until…Loop"循环,如果使用"Do…Loop Until"循环,则程序如下:

```
Sub Form_Click()
    Dim p As Double
    Dim r As Single
    Dim n As Integer
    p = 6000000000#
    r = 0.014
    n = 0
    Do
        p = p * (1 + r)
        n = n + 1
    Loop Until p >= 7000000000#
    Print n; "年后"; "世界人口达"; p
End Sub
```

该程序的执行结果与前一个程序相同。

【例 7.8】 用迭代法求 $x=\sqrt{a}$,要求前后两次求出的 x 的差的绝对值小于 10^{-5}。

求平方根的迭代公式为:

$$x_{n+1} = \frac{1}{2}\left(x_n + \frac{a}{x_n}\right)$$

迭代是一个反复用新值取代变量的旧值,或由旧值递推出变量的新值的过程。求 $x=\sqrt{a}$,实际上是求一元方程
$$x - \sqrt{a} = 0$$
的根。一元方程可以通过迭代法求解,常用的有二分迭代法和牛顿迭代法。下面介绍用二分迭代法解一元方程的算法。

二分迭代法的思想如图 7.10 所示。先取 $f(x)=0$ 的两个粗略解 x_1 与 x_2。如果 $f(x_1)$ 与 $f(x_2)$ 符号相反,则方程 $f(x)=0$ 在区间 (x_1,x_2) 中至少有一个根。如果 $f(x)$ 在区间 (x_1,x_2) 内单调(单调升或单调降),则 (x_1,x_2) 应有一个实根。取

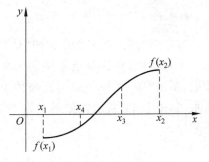

图 7.10 用迭代法求方程根

$$x_3 = \frac{1}{2}(x_1 + x_2)$$

并在 x_1 与 x_2 中舍去与 $f(x_3)$ 同号者(图中为 x_2,因为 $f(x_2)$ 与 $f(x_3)$ 同符号),x_3 与剩下的一个粗略解(图中为 x_1)组成一个新的小的含根区间。

再取 (x_1,x_3) 的中点 x_4,若 $f(x_1)$ 与 $f(x_4)$ 同符号,则得到更小的含根区间 (x_3,x_4)。如此重复,便可构造出一个序列:
$$x_1, x_2, x_3, \cdots, x_{n-1}, x_n, \cdots$$
当 x_n 与 x_{n-1} 之差小于给定的误差 10^{-5} 时,x_n 便是所求的近似解。

在迭代算法中,需要确定迭代公式和迭代次数。求方程 $x-\sqrt{a}=0$ 的迭代公式为:

```
x1 = x2
x2 = (x1 + a/x1)/2
```

而迭代次数由误差(这里要求小于 10^{-5})控制,无法预先确定,因此不能用计数循环(即 For 循环)求解,可以用 Do 循环求解。

在窗体上建立两个命令按钮,将其 Caption 属性分别设置为"计算平方根"和"结束",然后编写如下的事件过程:

```
Private Sub Command1_Click()
    Dim a As Single, xn0 As Single, xn1 As Single
    a = InputBox("请输入一个正数", "求平方根")
    a = Val(a)
    xn0 = a / 2
    xn1 = (xn0 + a / xn0) / 2
    Do
        xn0 = xn1
        xn1 = (xn0 + a / xn0) / 2
    Loop While Abs(xn0 - xn1) >= 0.00001
    Print a; "的平方根是:"; xn1
End Sub
```

```
Private Sub Command2_Click()
    End
End Sub
```

程序运行后,单击命令按钮"计算平方根",将显示一个对话框,在该对话框中输入要计算平方根的整数,单击"确定"按钮即可在窗体上输出该数的平方根,如图 7.11 所示。如果单击"结束"按钮,则退出程序。

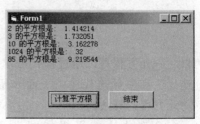

图 7.11 计算平方根

7.6 多重循环

通常把循环体内不含有循环语句的循环叫做单层循环,而把循环体内含有循环语句的循环称为多重循环。例如在循环体内含有一个循环语句的循环称为二重循环。多重循环又称多层循环或嵌套循环。前面已谈到多重循环问题,下面再举两个例子。

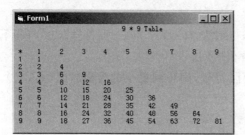

图 7.12 打印"九九表"

【例 7.9】 打印"九九表",输出结果如图 7.12所示。

"九九表"是一个 9 行 9 列的二维表,行和列都要变化,而且在变化中互相约束。这是一个二重循环问题。

程序如下:

```
Private Sub Form_Click()
    Print Tab(30); "9 * 9 Table"
    Print: Print
    Print " * ";
    For i = 1 To 9
        Print Tab(i * 6); i;
    Next i
    Print
    For j = 1 To 9
        Print j; "";
        For k = 1 To j
            temp = j * k
            Print Tab(k * 6); temp; "";
        Next k
        Print
    Next j
End Sub
```

上述过程运行后,先打印表名,再打印表头,然后执行打印"九九表"的二重循环。在外层循环的约束下,由内层循环解决计算和输出乘积问题。

在该例中,内层循环和外层循环使用的都是 For…Next 循环。实际上,内层循环和外层循环也可以是不同类型的循环。请看下面的例子。

【例 7.10】 编写程序,输出 100 到 300 间的所有素数。

前面已介绍过判断一个正整数是否为素数的方法。为了求出 100 到 300 间的所有素数,只需用前面介绍的方法对每个数进行测试,并输出其中的素数,这可以通过一个二重循环来实现。程序如下:

```
Private Sub Form_Click()
    For n = 100 To 300
        s = 0
        For m = 2 To n / 2
            If n Mod m = 0 Then
                s = 1
                Exit For
            End If
        Next m
        If s = 0 Then
            d = d + 1
            If d Mod 5 = 0 Then
                Print n; "  ";
                Print
            Else
                Print n; "  ";
            End If
        End If
    Next n
End Sub
```

该例的外层循环和内层循环使用的都是 For…Next 循环。在输出素数时,按 5 个数一行输出。程序的执行结果如图 7.13 所示。

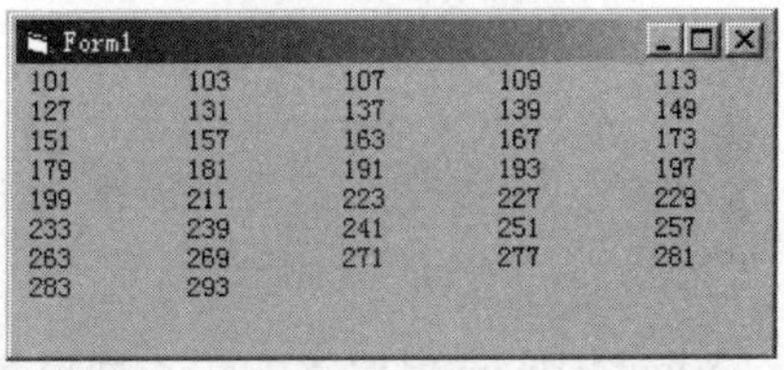

在一般情况下,3 种循环都不能在循环过程中退出循环,只能从头到尾地执行。Visual Basic 以出口语句(Exit)的形式提供了更进一步的终止机理,与循环结构配合使用,可以根据需要退出循环。

出口语句可以在 For 循环和 Do 循环中使用,也可以在事件过程或通用过程(见第 9 章)中使用。它有两种格式:一种为无条件形式,一种为条件形式,见表 7.2。

图 7.13 输出 100 到 300 间的素数

表 7.2　出口语句的两种形式

无条件形式	条件形式
Exit For	If 条件 Then Exit For
Exit Do	If 条件 Then Exit Do
Exit Sub	If 条件 Then Exit Sub(见第 9 章)
Exit Function	If 条件 Then Exit Function(见第 9 章)

出口语句的无条件形式不测试条件,执行到该语句后强行退出循环。而条件形式要对语句中的"条件"进行测试,只有当指定的条件为 True 时才能退出循环,如果"条件"不为 True,则出口语句没有任何作用。

出口语句具有两方面的意义。首先,给编程人员以更大的方便,可以在循环体的任何地方设置一个或多个终止循环的条件;其次,出口语句显式地标出了循环的出口点,这样就能大大改善某些循环的可读性,并易于编写代码。因此,使用出口语句能简化循环结构。

【例 7.11】 编写程序,试验出口语句。

```
Sub Form_Click()
    Dim I, Num
    Do
        For I = 1 To 1000
            Num = Int(Rnd * 100)
            Print Num;
            Select Case Num
                Case 7: Exit For
                Case 29: Exit Do
                Case 54: Exit Sub
            End Select
        Next I
        Print "Exit For"
    Loop
    Print "exit Do"
End Sub
```

上述程序用来测试出口语句的执行情况。程序运行后,单击窗体,将产生随机数。当产生的随机数为 7 时,退出 For 循环,当产生的随机数为 29 时,退出 Do 循环,而当产生的随机数为 54 时,退出 Sub 过程。

7.7　GoTo 型控制

Visual Basic 保留了 GoTo 型控制,包括 GoTo 语句和 On…GoTo 语句。尽管 GoTo 型控制会影响程序质量,但在某些情况下还是有用的。

7.7.1　GoTo 语句

GoTo 语句可以改变程序执行的顺序,跳过程序的某一部分去执行另一部分,或者返回已经执行过的某语句使之重复执行。因此,用 GoTo 语句可以构成循环。

GoTo 语句的一般格式为:

GoTo {标号 | 行号}

其中,"标号"是一个以冒号结尾的标识符,"行号"是一个整型数,它不以冒号结尾。例如:

Start:

是一个标号,而

1200

是一个行号。

GoTo 语句改变程序执行的顺序,无条件地把控制转移到"标号"或"行号"所在的程序行,并从该行开始向下执行。

说明:

(1) 标号必须以英文字母开头,以冒号结束,而行号由数字组成,后面不能跟有冒号。GoTo 语句中的行号或标号在程序中必须存在,并且是唯一的,否则会产生错误。标号或行号可以在 GoTo 语句之前,也可以在 GoTo 语句之后。当在 GoTo 语句之前时,提供了实现循环的另一种途径。例如:

```
    ⋮
Start:
    r = InputBox("Enter a number(0 to end):")
    If r = 0 Then
        End
    Else
        A = 3.14159 * r * r
        Print "Area = ";A
    End If
GoTo Start
    ⋮
```

(2) Visual Basic 对 GoTo 语句的使用有一定的限制,它只能在一个过程中使用。

(3) GoTo 语句是无条件转移语句,但常常与条件语句结合使用。请看下面的例子。

【例 7.12】 编写程序,用来计算存款利息。

```
Sub Form_Click()
    Dim p As Currency
    p = 10000: r = .125
    t = 1
Again:
    If t > 10 Then GoTo 100
        i = p * r
        p = p + i
```

```
        t = t + 1
        GoTo Again
100
    Print p
End Sub
```

该例用来计算存款利息。本金为 10000(p),年利率为.125(r),每年复利计息一次,10 年本利合计是多少。程序中"Again:"为标号,100 为行号。

7.7.2 On…GoTo 语句

On…GoTo 语句类似于情况语句,用来实现多分支选择控制,可以根据不同的条件从多种处理方案中选择一种。其格式为:

On 数值表达式 GoTo 行号表列 | 标号表列

On…GoTo 语句的功能是:根据"数值表达式"的值,把控制转移到几个指定的语句行中的一个语句行。"行号表列"或"标号表列"可以是程序中存在的多个行号或标号,相互之间用逗号隔开。例如:

On x GoTo 30, 50, Line3, Line4

On…GoTo 语句的执行过程是:先计算"数值表达式"的值,将其四舍五入处理得一整数,然后根据该整数的值决定转移到第几个行号或标号执行;如果其值为 1,则转向第一个行号或标号所指出的语句行;如果为 2,则转向第二个行号或标号指出的语句行;……以此类推。如果"数值表达式"的值等于 0 或大于"行号表列"或"标号表列"中的项数,程序找不到适当的语句行,将自动执行 On…GoTo 语句下面的一个可执行语句。上例的执行情况如图 7.14 所示。

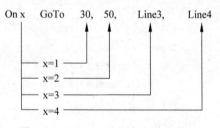

图 7.14 On-GoTo 语句的执行情况

注意,上例中的"30"、"50"不是第 30 行、第 50 行,而是要转向的行的标号。

在 Visual Basic 中,On…GoTo 语句可以用情况语句来代替。应尽量使用情况语句,少用或不用 On-GoTo 语句。

习 题

7.1 编写程序,计算 1+2+3+…+100。

7.2 我国现有人口为 13 亿,设年增长率为 1%,编写程序,计算多少年后增加到 20 亿。

7.3 给定三角形的 3 条边长,计算三角形的面积。编写程序,首先判断给出的 3 条边能否构成三角形,如可以构成,则计算并输出该三角形的面积,否则要求重新输入。当输入-1 时结束程序。

7.4 运输部门的货物运费与里程有关,距离越远,每吨货物的单价就越低。假定每吨货物单价 P(元)与距离 S(公里)之间的关系如下:

$$P = \begin{cases} 32, & S < 100 \\ 28, & 100 \leqslant S < 200 \\ 25, & 200 \leqslant S < 300 \\ 22.5, & 300 \leqslant S < 400 \\ 20, & 400 \leqslant S < 1000 \\ 15, & S \geqslant 1000 \end{cases}$$

编写程序,从键盘上输入要托运的货物重量,然后计算并输出总运费。

7.5 编写程序,打印如下所示的"数字金字塔":

```
         1
       1 2 1
      1 2 3 2 1
    1 2 3 4 3 2 1
         ⋮
1 2 3 4 5 6 7 8 9 8 7 6 5 4 3 2 1
```

7.6 勾股定理中 3 个数的关系是: $a^2 + b^2 = c^2$。编写程序,输出 20 以内满足上述关系的整数组合,例如 3,4,5 就是一个整数组合。

7.7 从键盘上输入两个正整数 M 和 N,求 M 和 N 的最大公因子。

7.8 如果一个数的因子之和等于这个数本身,则称这样的数为"完全数"。例如,整数 28 的因子为 1,2,4,7,14,其和 1+2+4+7+14=28,因此 28 是一个完全数。试编写一个程序,从键盘上输入正整数 N 和 M,求出 M 和 N 之间的所有完全数。

7.9 编写程序,打印如下的乘积表(将每行的数字分别与每列的数字相乘,并将乘积填入相应的位置):

```
 *   3   6   9  12
15
16
17
18
```

7.10 从键盘上输入一个学生的学号和考试成绩,然后输出该学生的学号、成绩,并根据成绩按下面的规定输出对该学生的评语:

成绩	80~100	60~79	50~59	40~49	0~39
评语	Very good	Good	Fair	Poor	Fail

7.11 一个两位的正整数,如果将它的个位数字与十位数字对调,则产生另一个正整数,我们把后者叫做前者的对调数。现给定一个两位的正数,请找到另一个两位的正整数,使得这两个两位正整数之和等于它们各自的对调数之和。例如,12+32=23+21。编写程序,把具有这种特征的一对对两位正整数都找出来。下面是其中的一种结果:

56+(10)=(1)+65   56+(65)=(56)+65

$$56+(21)=(12)+65 \qquad 56+(76)=(67)+65$$
$$56+(32)=(23)+65 \qquad 56+(87)=(78)+65$$
$$56+(43)=(34)+65 \qquad 56+(98)=(89)+65$$
$$56+(54)=(45)+65$$

7.12 编写程序,求解"百鸡问题"。

公元 5 世纪末,我国古代数学家张丘建在他编写的《算经》里提出了一个不定方程问题,世界数学史上称为"百鸡问题"。题目是这样的:

鸡翁一,值钱五,鸡母一,值钱三,鸡雏三,值钱一。百钱买百鸡,问鸡翁、母、雏各几何?

译成现代汉语为:每只公鸡价值 5 个钱,每只母鸡价值 3 个钱,每 3 只小鸡价值 1 个钱。现有 100 个钱想买 100 只鸡,问公鸡、母鸡和小鸡各应买多少只?

7.13 编写程序,用近似公式:

$$\frac{\pi}{4} \approx 1 - \frac{1}{3} + \frac{1}{5} - \frac{1}{7} + \cdots (-1)^{n-1} \frac{1}{2n-1}$$

求 π 的近似值,直到最后一项的绝对值小于 10^{-4} 为止。

7.14 编写程序,把十进制数转换为 2~16 任意进制的字符串。

7.15 假定有下面的程序段:

```
For i = 1 To 3
    For j = 1 To i
        For k = j To 3
            Print "i = "; i, "j = "; j, "k = "; k
        Next k
    Next j
Next i
```

这是一个三重循环程序,在这个程序中,外层、中层和内层循环的循环次数分别是多少?

第8章 数组与记录

前几章介绍的都是属于基本数据类型(字符串、整型、实型等)的数据,可以通过简单变量名来访问它们的元素。除基本数据类型外,Visual Basic 还提供了复合数据类型。复合数据类型是按照一定规则组成的元素类型的数据,元素类型又称基类型,它可以是简单数据类型,也可以是复合数据类型。对于复合数据类型来说,不能用一个简单变量名来访问它的某个元素。

本章将介绍 Visual Basic 提供的两种复合数据类型,即数组和用户定义类型,其中用户定义类型习惯上称为记录类型。

8.1 数组的概念

在实际应用中,常常需要处理同一类型的成批数据。例如,为了处理 100 个学生某门课程的考试成绩,可以用 $S_1,S_2,S_3,\cdots,S_{100}$ 来分别代表每个学生的分数,其中 S_1 代表第一个学生的分数,S_2 代表第二个学生的分数……这里的 $S_1,S_2,\cdots,S_{100}$ 是带有下标的变量,通常称为下标变量。显然,用一批具有相同名字、不同下标的下标变量来表示同一属性的一组数据,能更清楚地表示它们之间的关系。在 Visual Basic 中,把一组具有同一名字、不同下标的下标变量称为数组,例如:S(8)中 S 称为数组名,8 是下标。一个数组可以含有若干个下标变量(或称数组元素),下标用来指出某个数组元素在数组中的位置,S(8)代表 S 数组中的第八个元素。在 Visual Basic 中,使用下标变量时,必须把下标放在一对紧跟在数组名之后的括号中,必须把下标变量写成形如 S(8),不能写成 S8 或 S_8,也不能写成 S[8]。

一个数组,如果只用一个下标就能确定一个数组元素在数组中的位置,则称为一维数组。也可以说,由具有一个下标的下标变量所组成的数组称为一维数组,而由具有两个或多个下标的下标变量所组成的数组称为二维数组或多维数组。

8.1.1 数组的定义

数组应当先定义后使用。在计算机中,数组占据一块内存区域,数组名是这个区域的名称,区域的每个单元都有自己的地址,该地址用下标表示。定义数组的目的就是通知计算机为其留出所需要的空间。

在 Visual Basic 中,可以用 4 个语句来定义数组,这 4 个语句格式相同,但适用范围不一样。

(1) Dim 用在窗体模块或标准模块中,定义窗体或标准模块数组,也可用于过程中。

(2) ReDim 用在过程中。

(3) Static 用在过程中。

(4) Public 用在标准模块中,定义全局数组。

下面以 Dim 语句为例来说明数组定义的格式,当用其他语句定义数组时,其格式是一样的。

在定义数组时,Visual Basic 提供了两种格式。

1. 第一种格式

第一种格式与传统的数组定义格式相同,对于数组的每一维,只给出下标的上界,即可以使用的下标的最大值。对于一维数组,格式如下:

Dim 数组名(下标上界) As 类型名称

例如:

Dim ArrayDemo(5) As Integer

定义了一个一维数组,该数组的名字为 ArrayDemo,类型为 Integer(整型),占据 6 个(0~5)整型变量的空间(12 个字节)。

对于二维数组,格式如下:

Dim 数组名(第一维下标上界,第二维下标上界) As 类型名称

例如:

Dim Test(2,3) As Integer

定义了一个二维数组,名字为 Test,类型为 Integer,该数组有 3 行(0~2)4 列(0~3),占据 12(3×4)个整型变量的空间(24 个字节),如图 8.1 所示。

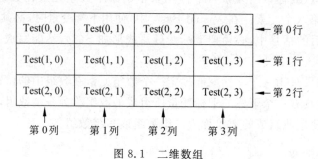

图 8.1 二维数组

说明:

(1) 格式中的"数组名"与简单变量相同,可以是任何合法的 Visual Basic 变量名。"As 类型名称"用来说明"数组"的类型,可以是 Integer、Long、Single、Double、Currency、String 等基本类型或用户定义的类型,也可以是 Variant 类型。如果省略"As 类型名称",则定义的数组为 Variant 类型。

(2) 数组必须先定义,后使用。BASIC 的早期版本支持数组的隐式定义,即如果一个数组未经定义而直接使用,则该数组各维的默认上界为 10,下界为 0 或 1。但在 Visual

Basic 中,不允许使用隐式定义。

(3) 当用 Dim 语句定义数组时,该语句把数值数组中的全部元素都初始化为 0,而把字符串数组中的全部元素都初始化为空字符串。对于用 Dim 语句定义的记录变量中的元素以及定长字符串,也进行类似的处理。

(4) 如前所述,在一般情况下,下标的下界默认为 0。如果希望下标从 1 开始,可以通过 Option Base 语句来设置,其格式为:

`Option Base n`

Option Base 语句用来指定数组下标的默认下界。

格式中的 n 为数组下标的下界,只能是 0 或 1,如果不使用该语句,则默认值为 0。Option Base 语句只能出现在窗体层或模块层,不能出现在过程中,并且必须放在数组定义之前。此外,如果定义的是多维数组,则下标的默认下界对每一维都有效。

(5) 要注意区分"可以使用的最大下标值"和"元素个数"。"可以使用的最大下标值"指的是下标值的上界,而"元素个数"则是指数组中成员的个数。例如,在

`Dim Arr(5)`

中,数组可以使用的最大下标值是 5,如果下标值从 0 开始,则数组中的元素为:Arr(0),Arr(1),Arr(2),Arr(3),Arr(4),Arr(5),共有 6 个元素。在这种情况下,数组某一维的元素的个数等于该维的最大下标值加 1。如果下标值从 1 开始,则元素的个数与最大下标值相同。此外,最大下标值还限制了对数组元素的引用,对于上面定义的数组,不能通过 Arr(6) 来引用数组中的元素。

2. 第二种格式

用第一种格式定义的数组,其下标的下界只能是 0 或 1,而如果使用第二种格式,则可根据需要指定数组下标的下界。格式如下:

`Dim 数组名([下界 To] 上界[,[下界 To] 上界]…)`

例如:

`Dim Arr(-2 To 3)`

定义了一个一维数组 Arr,其下标的下界为 -2,上界为 3,该数组可以使用的下标值在 -2 到 3 之间,数组元素为 Arr(-2),Arr(-1),Arr(0),Arr(1),Arr(2),Arr(3),共有 6 个元素。

可以看出,第二种格式实际上已包含了第一种格式,只要省略格式中的"下界 To",即变为第一种格式。当下标为 0 或 1 时,可以省略"下界 To"。因此,如果不使用 Option Base 语句,则下述数组说明语句是等效的:

`Dim A(8,3)`
`Dim A(0 To 8,0 To 3)`
`Dim A(8,0 To 3)`

表面上看来,使用 To 似乎多此一举,实则不然。没有 To,数组的下标的下界只能是

0或1,而使用To后,下标的范围可以是-32768~32767。此外,在某些情况下,使用To能更好地反映对象的特性,例如:

```
Dim Population(1949 To 2009)
Dim Age(10 To 100)
```

分别定义了一个人口(Population)数组和一个年龄(Age)数组,可以分别用Population(2006)和Age(35)表示2006年和年龄为35岁的人口数。

以上介绍了定义数组的两种格式。在定义数组时,要注意以下几点:

(1) 数组名的命名规则与变量名相同,在命名时应尽可能有一定的含义,做到"见名知义"。

(2) 在同一个过程中,数组名不能与变量名同名,否则会出错。例如:

```
Private Sub Form_Click()
    Dim a(5)
    Dim a
    a = 8
    a(2) = 10
    Print a, a(2)
End Sub
```

程序运行后,单击窗体,将显示一个信息框,如图8.2所示。

(3) 在定义数组时,每一维的元素个数必须是常数,不能是变量或表达式。例如:

```
Dim Arr2(n)
Dim Arr3(n+5)
```

都是不合法的。即使在执行数组定义语句之前给出变量的值,也是错误的。例如:

```
n = InputBox("输入n的值")
Dim Arr2(n)
```

执行上面的操作后,将产生出错信息,如图8.3所示。

图8.2 数组名与变量名同名时的出错信息

图8.3 数组元素的个数声明为变量或表达式时的出错信息

如果需要在运行时定义数组的大小,可以通过以下两种方法来解决:

① 用ReDim语句定义数组。上例改为:

```
n = InputBox("输入n的值")
ReDim Arr2(n)
```

② 使用动态数组(见 8.2 节)。

(4) 数组的类型通常在 As 子句中给出,如果省略 As 子句,则定义的是默认数组(见 8.1.2 节)。此外,也可以通过类型说明符来指定数组的类型,例如:

```
Dim A%(5), B!(3 To 8), C#(12)
```

定义了 3 种类型的数组。

(5) 数组可以通过前面介绍的两种格式定义,无论用哪一种格式定义数组,下界都必须小于上界。有时候,可能需要知道数组的上界值和下界值,这可以通过 Lbound 和 Ubound 函数来测试,其格式为:

Lbound(数组[,维])
Ubound(数组[,维])

这两个函数分别返回一个数组中指定维的下界和上界。其中"数组"是一个数组名,"维"是要测试的维。Lbound 函数返回"数组"某一"维"的下界值,而 Ubound 函数返回"数组"某一"维"的上界值,两个函数一起使用即可确定一个数组的大小。

对于一维数组来说,参数"维"可以省略。如果要测试多维数组,则"维"不能省略。例如:

```
Dim A(1 To 100,0 To 50,-3 To 4)
```

定义了一个三维数组,则用下面的语句可以得到该数组各维的上下界:

```
Print Lbound(A,1), Ubound(A,1)
Print Lbound(A,2), Ubound(A,2)
Print Lbound(A,3), Ubound(A,3)
```

输出结果为:

```
1      100
0      50
-3     4
```

8.1.2 默认数组

在 Visual Basic 中,允许定义默认数组。所谓默认数组,就是数据类型为 Variant(默认)的数组。在一般情况下,定义数组应指明其类型,例如:

```
Static Elec(1 To 100) As Integer
```

定义了一个数组 Elec,该数组的类型为整型,它有 100 个元素,每个元素都是一个整数。如果把上面的定义改为:

```
Static Elec(1 To 100)
```

则定义的数组是默认数组,其类型默认为 Variant,因此,该定义等价于:

```
Static Elec(1 To 100) As Variant
```

从表面上看,定义默认数组似乎没有什么意义,实际上不然。几乎在所有的程序设计语言中,一个数组各个元素的数据类型都要求相同,即一个数组只能存放同一种类型的数据。而对于默认数组来说,同一个数组中可以存放各种不同的数据。因此,默认数组可以说是一种"混合数组"。例如:

```
Sub Form_Click()
    Static Defau(5)
    Defau(1) = 100
    Defau(2) = 234.56
    Defau(3) = "Beijing"
    Defau(4) = Now
    Defau(5) = &HAAF
    For i = 1 To 5
        Print " Defau("; i; ") = "; Defau(i)
    Next i
End Sub
```

该事件过程定义了一个静态数组 Defau(默认数组一般应定义为静态的),然后对各元素赋予不同类型的数据,包括整型、实型、字符串型、日期和时间类型及十六进制整型。执行该程序,然后单击窗体,输出结果如图 8.4 所示。

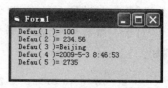

图 8.4　默认数组的输出

8.2　动态数组

定义数组后,为了使用数组,必须为数组开辟所需要的内存区。根据内存区开辟时机的不同,可以把数组分为静态(static)数组和动态(dynamic)数组。通常把需要在编译时开辟内存区的数组叫做静态数组,而把需要在运行时开辟内存区的数组叫做动态数组。当程序没有运行时,动态数组不占据内存,因此可以把这部分内存用于其他操作。

静态数组和动态数组由其定义方式决定,即:
- 用数值常数或符号常量作为下标定维的数组是静态数组。
- 用变量作为下标定维的数组是动态数组。

8.2.1　动态数组的定义

静态数组的定义比较简单,在前面的例子中,使用的都是静态数组。下面主要介绍动态数组的定义。

动态数组以变量作为下标值,在程序运行过程中完成定义,通常分为两步:首先在窗体层、标准模块或过程中用 Dim 或 Public 声明一个没有下标的数组(括号不能省略),然后在过程中用 ReDim 语句定义带下标的数组。例如:

```
Dim TestVar() As Integer      '在窗体层声明
Dim Size As Integer
```

```
Sub Form_Click()              '事件过程
    ⋮
    Size = InputBox("Enter a value:", "Data", "12")
    Size = Val(Size)
    ReDim TestVar(Size)
    ⋮
End Sub
```

该例先在窗体层或标准模块中用 Dim 语句声明了一个空数组 TestVar 和一个变量 Size,然后在过程中用 ReDim 语句定义该数组,下标 Size 在运行时输入。再如:

```
Public TestVar() As Integer     '在标准模块中声明
Public Size As Integer
Sub Demo()
    ⋮
    Size = InputBox("Enter a value:", "Data", "12")
    Size = Val(Size)
    ReDim TestVar(Size)
    ⋮
End Sub
```

ReDim 语句的格式为:

ReDim [Preserve] 变量(下标) **As** 类型

该语句只能出现在过程中,用来重新定义动态数组,按定义的上下界重新分配存储单元。当重新分配动态数组时,数组中的内容将被清除,但如果在 ReDim 语句中使用了 Preserve 选择项,则不清除数组内容。在 ReDim 语句中可以定义多个动态数组,但每个数组必须事先用"Dim Variable()"或"Public Variable()"这种形式进行声明,在括号中省略上下界,在用 ReDim 语句重新定义时指定数组下标的上下界。例如:

```
Dim StuName$(), Address$(), Cty$()
    ⋮
ReDim StuName$(Length), Address$(Addr), Cty$(ct)
```

ReDim 只能出现在事件过程或通用过程中,用它定义的数组是一个"临时"数组,即在执行数组所在的过程时为数组开辟一定的内存空间,当过程结束时,这部分内存即被释放。

说明:

(1) 在窗体层或模块层定义的动态数组只有类型,没有指定维数,其维数在 ReDim 语句中给出,最多不能超过 8 维。

(2) 可以用 ReDim 语句直接定义数组。如果在标准模块层或窗体层没有用 Public 或 Dim 声明过同名的数组,则用 ReDim 定义的数组最多可达 60 维。

(3) 在一个程序中,可以多次用 ReDim 语句定义同一个数组,随时修改数组中元素的个数,例如:

在窗体层声明如下数组：

```
Dim this() As String
```

然后编写如下事件过程：

```
Sub Command1_Click()
    ReDim this(4)
    this(2) = "Microsoft"
    Print this(2)
    ReDim this(6)
    this(5) = "Visual Basic"
    Print this(5)
End Sub
```

在事件过程中，开始时用 ReDim 定义的数组 this 有 4 个元素（假定使用了 Option Base 1），然后再一次用 ReDim 把 this 数组定义为 6 个元素。实际上，不但能改变元素的个数，而且可以改变数组的维数。例如：

```
Sub Command1_Click()
    ReDim this(4)
    this(2) = "Microsoft"
    Print this(2)
    ReDim this(2,3)
    this(2,1) = "Visual Basic"
    Print this(2,1)
End Sub
```

是允许的。但是，不能用 ReDim 改变数组类型，下面的程序是错误的：

```
Sub Command1_Click()
    ReDim this(4)
    this(2) = "Microsoft"
    Print this(2)
    ReDim this(6) As Integer
    this(5) = 200
    Print this(5)
End Sub
```

（4）如果使用了 Preserve 关键字，则只能重定义数组最末维的大小，且不能改变维数的数目。例如，如果数组是一维的，则可以重定义该维的大小，因为它是最末维，也是仅有的一维。不过，如果数组是二维或更多维时，则只有改变其最末维才能同时仍保留数组中的内容。例如：

```
ReDim X(10, 10, 10)
    ⋮
ReDim Preserve X(10, 10, 15)
```

8.2.2 数组的清除和重定义

数组一经定义,便在内存中分配了相应的存储空间,其大小是不能改变的。也就是说,在一个程序中,同一个数组只能定义一次。有时候,可能需要清除数组的内容或对数组重新定义,这可以用 Erase 语句来实现,其格式为:

Erase 数组名[,数组名]…

Erase 语句用来重新初始化静态数组的元素,或者释放动态数组的存储空间。注意,在 Erase 语句中,只给出要刷新的数组名,不带括号和下标。例如:

Erase Test

说明:

(1) 当把 Erase 语句用于静态数组时,如果这个数组是数值数组,则把数组中的所有元素置为 0;如果是字符串数组,则把所有元素置为空字符串;如果是记录数组,则根据每个元素(包括定长字符串)的类型重新进行设置,见表 8.1。

表 8.1 Erase 语句对静态数组的影响

数 组 类 型	Erase 对数组元素的影响
数值数组	将每个元素设为 0
字符串数组(变长)	将每个元素设为零长度字符串("")
字符串数组(定长)	将每个元素设为零长度字符串
Variant 数组	将每个元素设为 Empty
记录数组	将每个元素作为单独的变量来设置
对象数组	将每个元素设为 Nothing

(2) 当把 Erase 语句用于动态数组时,将删除整个数组结构并释放该数组所占用的内存。也就是说,动态数组经 Erase 后即不复存在;而静态数组经 Erase 后仍然存在,只是其内容被清空。

(3) 当把 Erase 语句用于变体数组时,每个元素将被重置为"空"(Empty)。

(4) Erase 释放动态数组所使用的内存。在下次引用该动态数组之前,必须用 ReDim 语句重新定义该数组变量的维数。

【例 8.1】 编写程序,试验 Erase 语句的功能。

```
Static Sub Form_Click()
    Dim Test(1 To 20) As Integer
    For i = 1 To 20
        Test(i) = i
        Print Test(i);
    Next i
    Erase Test
    Print
    Print "Erase Test()"
```

```
        Print "Now the Test Array is Filled with zeros…"
        For i = 1 To 20
                Print Test(i);
        Next i
End Sub
```

上面的事件过程使用了关键字 Static,因而在该过程中定义的变量为静态变量(包括数组)。过程中定义了一个静态数组 Test,用 For 循环语句为每个元素赋值,并输出每个元素的值,然后执行 Erase 语句,将各元素的值清除,使每个元素的值都为 0。程序的运行结果如图 8.5 所示。

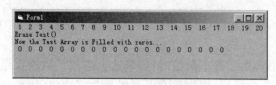

图 8.5　Erase 语句试验

8.3　数组的基本操作

建立一个数组之后,可以对数组或数组元素进行操作。数组的基本操作包括输入、输出及复制,这些操作都是对数组元素进行的。此外,在 Visual Basic 中还提供了 For Each…Next 语句,可用于对数组的操作。

8.3.1　数组元素的输入、输出和复制

1. 数组的引用

数组的引用通常是指对数组元素的引用,其方法是,在数组后面的括号中指定下标,例如:

```
x(8), y(2,3), z%(3)
```

要注意区分数组定义和数组元素,在下面的程序片断中:

```
Dim x(8)
  ⋮
Temp = x(8)
  ⋮
```

有两个 x(8),其中 Dim 语句中的 x(8) 不是数组元素,而是"数组说明符",由它说明所建立的数组 x 的最大可用下标值为 8;而赋值语句"Temp = x(8)"中的 x(8) 是一个数组元素,它代表数组 x 中序号为 8 的元素。

一般来说,在程序中,凡是简单变量出现的地方,都可以用数组元素代替。数组元素可以参加表达式的运算,也可以被赋值。例如:

```
x(5) = x(2) + x(4)
```

在引用数组时,应注意以下几点:

(1) 在引用数组元素时,数组名、类型和维数必须与定义数组时一致。例如:

```
Dim x%(10)
   ⋮
Print x$(4)
```

Print 语句中的 x$(4)不是数组 x%中下标为 4 的元素,必须写成 x%(4)。但是,如果把 x%(4)写成 x(4),则是允许的。

(2) 如果建立的是二维或多维数组,则在引用时必须给出两个或多个下标。

(3) 引用数组元素时,其下标值应在建立数组时所指定的范围内。例如:

```
Dim Arr(20)
   ⋮
Print Arr(24)
```

运行时将出现"下标越界"错误。

2. 数组元素的输入

数组元素一般通过 For 循环语句及 InputBox 函数输入。例如:

```
Option Base 1
Dim stuname() As String
```

以上两行在窗体层输入。

```
Sub Form_Click()
    ReDim stuname(4) As String
    For i = 1 To 4
        temp$ = InputBox$("Enter Name:")
        stuname(i) = temp$
    Next i
End Sub
```

上述程序运行后,在对话框中输入 Zhang,Wang,Li,Zhao,它们被存入字符串数组 stuname 中。

当数组较小,或者只需要对数组中的指定元素赋值时,可以用赋值语句来实现数组元素的输入。如上例可以用下面的语句为数组各元素赋值:

```
StuName(1) = "Zhang"
StuName(2) = "Wang"
StuName(3) = "Li"
StuName(4) = "Zhao"
```

多维数组元素的输入通过多重循环来实现。由于 Visual Basic 中的数组是按行存储的,因此把控制数组第一维的循环变量放在最外层循环中。例如:

```
Option Base 1       '在窗体层
Form_Click()
    Dim a(3,5)
    For i = 1 to 3
        For j = 1 To 5
            a(i,j) = i * j
        Next j
    Next i
End Sub
```

程序运行后,单击窗体,结果为:

a(1,1) = 1
a(1,2) = 2
a(1,3) = 3
⋮
a(3,5) = 15

Visual Basic 中没有 Read-Data 语句。当需要为一个较大的数组赋值时,显得有些繁琐。这个问题可以通过 Array 函数来解决(见 8.4 节)。

注意,当用 InputBox 函数输入数组元素时,如果要输入的数组元素是数值类型,则应显式定义数组的类型,或者把输入的元素转换为相应的数值,因为用 InputBox 函数输入的是字符串类型。

3. 数组元素的输出

数组元素的输出可以用 Print 方法来实现。假定有如下一组数据:

```
38  47  62  53
24  84  92  51
35  52  46  87
97  74  85  92
```

可以用下面的程序把这些数据输入一个二维数组:

```
Option Base 1          '该语句放在窗体层
Dim a(4,4) As Integer
For i = 1 To 4
    For j = 1 To 4
        a(i,j) = InputBox("Enter Data:")
    Next j
Next i
```

原来的数据分为 4 行 4 列,存放在数组 a 中。为了使数组中的数据仍按原来的 4 行 4 列输出,可以这样编写程序:

```
For i = 1 To 4
    For j = 1 To 4
        Print a(i,j);" ";
    Next j
```

```
    Print
Next i
```

4. 数组元素的复制

单个数组元素可以像简单变量一样从一个数组复制到另一个数组。例如：

```
Dim B(4,8),A(6,6)
  ⋮
B(2,3) = A(3,2)
```

二维数组中的元素可以复制到另一个二维数组中的某个元素,也可以复制到一个一维数组中的某个元素,并且反之亦然。例如：

```
Dim A(8),B(3,2)
  ⋮
A(3) = B(1,2)
B(2,1) = A(4)
```

为了复制整个数组,仍要使用 For 循环语句。例如：

```
Option Base 1
Dim name1(), name2()
    '以上两行放在窗体层中
Sub Form_Click()
    ReDim name1(10), name2(10)
    For i = 1 To 10
        msg $ = InputBox $ ("Enter name:")
        name1(i) = msg $
    Next i
    For i = 1 To 10
        name2(i) = name1(i)
    Next i
End Sub
```

将把数组 name1 中的数据复制到 name2 中。

【例 8.2】 从键盘上输入 10 个整数,用冒泡排序(Bubble Sort)对这 10 个数从小到大排序。

排序是把一组数据按一定顺序排列的操作,它有很多种算法,其效率也有很大差别。冒泡排序是常用的一种排序方法。之所以称为"冒泡排序",是因为值较小的或者说"较轻"的元素"浮到"作为继续排序的一组数的顶部。对于数值数据和字符串数据来说,其排序过程基本上相同,即,从数据组的第一项开始,每一项(I)都与下一项(I+1)进行比较,如果下一项的值较小,就将这两项的位置交换,从而使值较小的数据项"升"到上面。这种操作反复进行,直到数据组的结束,然后再回到开头进行重复处理。当整个数据组自始至终再也不出现项目交换时,全部数据项的排序即告结束。

例如,为了把一组数 10,7,3 按上升顺序排序,其排序过程如下：

(1) 10　7　3　比较 10 和 7,未按上升顺序排列,因此交换位置。

(2) 7　10　3　比较 10 和 3,未按上升顺序排列,需要交换位置;由于所有数据还没有完全排好序,因此需重复处理。

(3) 7　3　10　比较 7 和 3,未按上升顺序排列,交换位置。

(4) 3　7　10　比较 7 和 10,已按上升顺序排列,不交换。至此,可以认为数据已排序完毕,但还要再重复一次比较,以进一步确认。

根据上面的分析,可以编写对数值数据进行升序排序的程序。

首先在窗体上建立一个命令按钮,并把 Caption 属性设置为"Click Here to Start"。然后编写如下的事件过程:

```
Sub Command1_Click()
    Static number(1 To 10) As Integer
    msg$ = "Enter number for sort:"
    msgtitle$ = "Sort Demo"
    For i% = 1 To 10
        number(i%) = InputBox(msg$, msgtitle$)
    Next i%
    For i% = 10 To 2 Step -1
        For j% = 1 To i% - 1
            If number(j%) > number(j% + 1) Then
                t = number(j% + 1)
                number(j% + 1) = number(j%)
                number(j%) = t
            End If
        Next j%
    Next i%
    For i% = 1 To 10
        Print number(i%)
    Next i%
End Sub
```

上述过程首先定义一个一维数组,接着通过 For 循环用 InputBox 函数输入 10 个整数,然后用一个二重循环对输入的数进行排序,最后输出排序结果。在排序时,程序判断前一个数是否大于后一个数,如果大于,则交换两个数的下标,即交换两个数在数组中的位置。交换通过一个临时变量来进行。

如前所述,在建立数组时,可以省略其类型,在这种情况下,所定义的数组为默认数组,其类型为 Variant。但是,如果数组中的元素用于排序,则在建立该数组时,必须给出类型,否则可能会得不到正确的结果。

8.3.2　For Each…Next 语句

For Each…Next 语句类似于 For…Next 语句,两者都用来执行指定重复次数的一组操作。但 For Each…Next 语句专门用于数组或对象"集合"(本书不涉及集合),其一般格式为：

> For Each 成员 In 数组
> 　　循环体
> 　　[Exit For]
> 　　⋮
> Next [成员]

这里的"成员"是一个变体变量，它是为循环提供的，并在 For Each⋯Next 结构中重复使用，它实际上代表的是数组中的每个元素。"数组"是一个数组名，没有括号和上下界。

用 For Each⋯Next 语句可以对数组元素进行处理，包括查询、显示或读取。它所重复执行的次数由数组中元素的个数确定，也就是说，数组中有多少个元素，就自动重复执行多少次。例如：

```
Dim MyArray(1 to 5)
For Each x in MyArray
    Print x;
Next x
```

将重复执行 5 次（因为数组 MyArray 有 5 个元素），每次输出数组的一个元素的值。这里的 x 类似于 For⋯Next 循环中的循环控制变量，但不需要为其提供初值和终值，而是根据数组元素的个数确定执行循环体的次数。此外，x 的值处于不断的变化之中，开始执行时，x 是数组第一个元素的值，执行完一次循环体后，x 变为数组第二个元素的值⋯⋯当 x 为最后一个元素的值时，执行最后一次循环。x 是一个变体变量，它可以代表任何类型的数组元素。

可以看出，在数组操作中，For Each⋯Next 语句比 For⋯Next 语句更方便，因为它不需要指明结束循环的条件。

请看下面的例子。

```
Dim arr(1 to 20)
Private Sub Form_Click()
    For i = 1 To 20
        arr(i) = int(rnd * 100)
    Next i
    For Each Arr_elem In arr
        If Arr_elem > 50 then
            Print Arr_Elem
            Sum = Sum + Arr_Elem
        End If
        If Arr_Elem > 95 then Exit For
    Next Arr_Elem
    Print Sum
End Sub
```

该例首先建立一个数组,并通过 Rnd 函数为每个数组元素赋给一个 1 到 100 之间的整数。然后用 For Each…Next 语句输出值大于 50 的元素,求出这些元素的和。如果遇到值大于 95 的元素,则退出循环。

注意,不能在 For…Each…Next 语句中使用记录类型数组,因为 Variant 不能包含记录类型。

8.4 数组的初始化

所谓数组的初始化,就是给数组的各元素赋初值。8.3 节已介绍过如何用赋值语句或 InputBox 函数为数组元素赋值,这两种方法都需要占用运行时间,影响效率。为此,Visual Basic 提供了 Array 函数。利用该函数,可以使数组在程序运行之前初始化,得到初值。

早期的 BASIC 版本中有 READ-DATA 语句,它为变量特别是数组元素的赋值提供了方便。但是,当 Microsoft 公司于 1991 年推出 Visual Basic 1.0 版时,去掉了 READ-DATA 语句。这样,只能通过赋值语句或 InputBox 函数为各个变量或数组元素赋值。当需要赋值的变量或数组元素较多时,将大大增加程序代码的数量,Microsoft 公司因此遭到了一些人的非议。在后来推出的 Visual Basic 2.0 和 3.0 版本中,这个问题一直未能解决。直到 Visual Basic 4.0 版推出后,READ-DATA 才以一种改头换面的格式,即 Array 函数重新出现。

Array 函数用来为数组元素赋值,即把一个数据集读入某个数组。其格式为:

```
数组变量名 = Array(数组元素值)
```

这里的"数组变量名"是预先定义的数组名,在"数组变量名"之后没有括号。之所以称为"数组变量",是因为它作为数组使用,但作为变量定义,它既没有维数,也没有上下界。"数组元素值"是需要赋给数组各元素的值,各值之间以逗号分开。例如:

```
Static Numbers As Variant
Numbers = Array(1,2,3,4,5)
```

将把 1,2,3,4,5 这 5 个数值赋给数组 Numbers 的各个元素,即 Numbers(0)=1,Numbers(1)=2,Numbers(2)=3,Numbers(3)=4,Numbers(4)=5。注意,在默认情况下,数组的下标从 0 开始,数组 Numbers 有 5 个元素。如果想使下标从 1 开始,则应执行下述语句。

```
Option Base 1
```

加上该语句后,数组 Numbers 各元素的值为:Numbers(1)=1,Numbers(2)=2,Numbers(3)=3,Numbers(4)=4,Numbers(5)=5。

对于字符串数组,其初始化操作相同。例如:

```
Option Base 1
Private Sub Command1_Click()
```

```
        Static Test_str
        Test_str = Array("One", "Two", "Three", "Four")
        Print Test_str(4)
    End Sub
```

经过上面的定义和初始化后，Test_str(1)="One"，Test_str(2)="Two"，Test_str(3)="Three"，Test_str(4)="Four"。运行上面的程序，单击命令按钮，将在窗体上输出"Four"。

注意，数组变量不能是具体的数据类型，只能是变体（Variant）类型。在上面的例子中，如果用下面的语句定义变量 Numbers 和 Test_str：

```
Static Numbers As Integer
Static Test_str As String
```

则是错误的。

一般来说，数组变量可以通过以下 3 种方式定义：
(1) 显式定义为 Variant 变量。例如：

```
Dim Numbers As Variant
```

(2) 在定义时不指明类型。例如：

```
Dim Numbers
```

(3) 不定义而直接使用。

【例 8.3】 编写程序，试验 Array 函数的操作。

```
Option Base 1
Private Sub Form_Click()
    Dim aaa As Variant
    MyWeek = Array("Mon", "Tue", "Wed", "Thu", "Fri", "Sat", "Sun")
    myday2 = MyWeek(2)      'MyDay2 contains "Tue".
    myday3 = MyWeek(4)      'MyDay3 contains "Thu".
    Print myday2, myday3
    aaa = Array(1, 2, 3, 4, 5, 6)
    For i = 1 To 6
        Print aaa(i);
    Next i
End Sub
```

程序的执行结果为：

Tue   Thu
 1 2 3 4 5 6

在该例中，用 Array 函数对两个数组变量进行初始化。其中变量 aaa 被显式地定义为变体类型，MyWeek 未定义而直接使用，默认为变体类型。

在一般情况下，数组元素的值通过赋值语句或 InputBox 函数读入数组，如果使用

Array 函数,则可使程序大为简化,例如:

```
Static stuname As Variant
stuname = Array( "王大明", "李小芸", "佟 蓉","东方明","辛向荣")
```

注意,Array 函数只适用于一维数组,即只能对一维数组进行初始化,不能对二维或多维数组进行初始化。在 Visual Basic.NET 中,数组初始化的问题得到了彻底解决。

8.5 控 件 数 组

前面介绍了数值数组和字符串数组。在 Visual Basic 中,还可以使用控件数组,它为处理一组功能相近的控件提供了方便的途径。

8.5.1 基本概念

控件数组由一组相同类型的控件组成,这些控件共用一个相同的控件名字,具有同样的属性设置。数组中的每个控件都有唯一的索引号(Index Number),即下标,其所有元素的 Name 属性必须相同。

当有若干个控件执行大致相同的操作时,控件数组是很有用的,控件数组共享同样的事件过程。例如,假定一个控件数组含有 3 个命令按钮,则不管单击哪一个按钮,都会调用同一个 Click 过程。

控件数组的每个元素都有一个与之关联的下标,或称索引(Index),下标值由 Index 属性指定。由于一个控件数组中的各个元素共享 Name 属性,所以 Index 属性与控件数组中的某个元素有关。也就是说,控件数组的名字由 Name 属性指定,而数组中的每个元素则由 Index 属性指定。和普通数组一样,控件数组的下标也放在圆括号中,例如 Option1(0)。

为了区分控件数组中的各个元素,Visual Basic 把下标值传送给一个过程。例如,假定在窗体上建立了两个命令按钮,将它们的 Name 属性都设置为 Comtest。设置完第一个按钮的 Name 属性后,如果再设置第二个按钮的 Name 属性,则 Visual Basic 会弹出一个对话框,询问是否要建立控件数组。此时单击对话框中的"是"按钮,对话框消失,然后双击窗体上的第一个命令按钮,打开程序代码窗口,可以看到在事件过程中加入了一个下标(Index)参数,即

```
Sub Comtest_Click(Index As Integer)

End Sub
```

现在,不论单击哪一个命令按钮,都会调用这个事件过程,按钮的 Index 属性将传给过程,由它指明单击了哪一个按钮。

在建立控件数组时,Visual Basic 给每个元素赋一个下标值,通过属性窗口中的 Index 属性,可以知道这个下标值是多少。可以看到,第一个命令按钮的下标值为 0,第二个命令按钮的下标值为 1,以此类推。在设计阶段,可以改变控件数组元素的 Index 属

性,但不能在运行时改变。

控件数组元素通过数组名和括号中的下标来引用。例如:

```
Sub Comtest_Click(Index As Integer)
    Comtest(Index).Caption = Format $ (Now,"hh:mm:ss")
End Sub
```

当单击某个命令按钮时,该按钮的Caption属性将被设置为当前时间。

控件数组多用于单选按钮。在一个框架中,有时候可能会有多个单选按钮,可以把这些按钮定义为一个控件数组,然后通过赋值语句使用Index属性或Caption属性。

8.5.2 建立控件数组

控件数组是针对控件建立的,因此与普通数组的定义不一样。可以通过以下两种方法来建立控件数组。

第一种方法,步骤如下:

(1) 在窗体上画出作为数组元素的各个控件。

(2) 单击要包含到数组中的某个控件,将其激活。

(3) 在属性窗口中选择"(名称)"属性,并键入控件的名称。

(4) 对每个要加到数组中的控件重复(2)、(3)步,输入与第(3)步中相同的名称。

当对第二个控件输入与第一个控件相同的名称后,Visual Basic将显示一个对话框(见图8.6),询问是否确实要建立控件数组。单击"是"将建立控件数组,单击"否"则放弃建立操作。

第二种方法,步骤如下:

(1) 在窗体上画出一个控件,将其激活。

(2) 执行"编辑"菜单中的"复制"命令(热键为Ctrl+C键),将该控件放入剪贴板。

(3) 执行"编辑"菜单中的"粘贴"命令(热键为Ctrl+V键),将显示一个对话框,询问是否建立控件数组,如图8.6所示。

(4) 单击对话框中的"是"按钮,窗体的左上角将出现一个控件,它就是控件数组的第二个元素。

图8.6 建立控件数组

(5) 执行"编辑"菜单中的"粘贴"命令,或按热键Ctrl+V键,建立控件数组的其他元素。

控件数组建立后,只要改变一个控件的Name属性值,并把Index属性置为空(不是0),就能把该控件从控件数组中删除。控件数组中的控件执行相同的事件过程,通过Index属性决定控件数组中的相应控件所执行的操作。

【例8.4】 建立含有3个命令按钮的控件数组,当单击某个命令按钮时,分别执行不同的操作。

按以下步骤建立:

(1) 在窗体上建立一个命令按钮,并把其 Name 属性设置为 Comtest,然后用"编辑"菜单中的"复制"命令和"粘贴"命令复制两个命令按钮。

(2) 把第一、第二和第三个命令按钮的 Caption 属性分别设置为"命令按钮 1"、"命令按钮 2"和"退出"。

(3) 双击任意一个命令按钮,打开代码窗口,输入如下事件过程:

```
Private Sub Comtest_Click(Index As Integer)
    FontSize = 12
    If Index = 0 Then
        Print "单击第一个命令按钮"
    ElseIf Index = 1 Then
        Print "单击第二个命令按钮"
    Else
        End
    End If
End Sub
```

上述过程根据 Index 的属性值决定在单击某个命令按钮时所执行的操作。所建立的控件数组包括 3 个命令按钮,其下标(Index 属性)分别为 0,1,2。第一个命令按钮的 Index 属性为 0,因此,当单击第一个命令按钮时,执行的是下标为 0 的那个数组元素的操作;而当单击第二个命令按钮时,执行的则是下标为 1 的那个数组元素的操作,等等。程序的运行情况如图 8.7 所示。

图 8.7 建立控件数组

控件数组可以在设计阶段通过设置相同的 Name 属性建立,可以通过改变数组中某个控件的 Name 和 Index 属性将其删除。此外,也可以在程序代码中通过 Load 方法建立控件数组,通过 Unload 方法删除数组中的某个控件。请看下面的例子。

【例 8.5】 在窗体上建立一个命令按钮、两个单选按钮和一个图片框。每单击一次命令按钮,增加一个新的单选按钮,如果单击某个单选按钮,则在图片框中画出具有不同填充图案的圆。

本例需要建立 4 个控件,其属性设置见表 8.2。

表 8.2 控件属性设置

控件	Name	Caption
命令按钮	Command1	"增加"
左单选按钮	optbutton	Option1
右单选按钮	optbutton	Option2
图片框	Picture1	空白

把第一个单选按钮的 Name"(名称)"属性设置为 optbutton,然后把第二个单选按钮的 Name"(名称)"属性也设置为 optbutton,此时会显示一个对话框,询问是否建立控件

数组,单击"是"按钮。

设计好的窗体如图 8.8 所示。

编写如下的事件过程:

```
Private Sub Command1_Click()
    Static MaxIdx
    If MaxIdx = 0 Then MaxIdx = 1
    MaxIdx = MaxIdx + 1
    If MaxIdx > 7 Then Exit Sub
    Load optButton(MaxIdx)                    '建立新的控件数组元素
    '把新建立的单选按钮放在原有单选按钮的下面
    optButton(MaxIdx).Top = optButton(MaxIdx - 1).Top + 360
    optButton(MaxIdx).Visible = True          '使新的单选按钮可见
End Sub

Private Sub optButton_Click(Index As Integer)
    Dim H, W
    Picture1.Cls
    Picture1.FillStyle = Index                '设置填充类型
    W = Picture1.ScaleWidth / 2
    H = Picture1.ScaleHeight / 2
    Picture1.Circle (W, H), W / 2             '画圆
End Sub
```

事件过程 Command1_Click 用来增加单选按钮,每单击一次命令按钮,用 Load 为控件数组 Option1 增加一个元素。新增加的控件位于原控件的下面,其 Visible 属性被设置为 True。控件数组的最大值为 6,因此最高可增加到 7(0~6)个单选按钮,超过 7 个后,将通过"Exit Sub"语句退出该事件过程。

第二个事件过程中的 Circle 方法用来画圆,该方法有 3 个参数,前两个参数(在括号中)用来指定圆心的坐标,第三个数为所画圆的半径。

optButton_Click 事件过程根据每个单选按钮的 Index 属性值在图片框中画出具有不同填充图案的圆。每单击一个单选按钮,就在图片框中画一个圆,每次画圆都以不同的图案填充。程序的执行情况如图 8.9 所示。

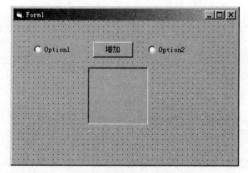

图 8.8 控件数组试验(界面设计)

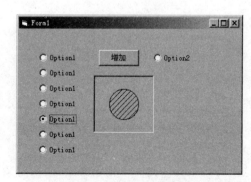

图 8.9 控件数组演示

8.6 记 录

在 Visual Basic 中,用户可以根据需要定义自己的数据类型,它类似于 Pascal、Ada 语言中"记录类型"和 C 语言中"结构"类型的数据,因而通常称为记录类型。

8.6.1 记录类型和记录类型变量

1. 定义记录类型

记录类型通过 Type 语句来定义,其格式如下:

[Private | Public] Type 数据类型名
    元素名[(下标)] **As** 类型名
    元素名[(下标)] **As** 类型名
    ⋮
End Type

记录类型的定义以 Type 开始,以 End Type 结束,格式中各部分的含义如下:

(1) Private 表示"私有",所定义的记录类型只能在本模块中使用。当在窗体模块中定义记录类型时,必须使用 Private。

(2) Public 表示"公有",所定义的记录类型可以在工程的任何地方使用。只有在标准模块中才能用 Public 定义记录类型(可以省略)。

(3) 数据类型名 要定义的数据类型的名字,其命名规则与变量的命名规则相同。

(4) 元素名 是记录类型中的一个成员,如果含有"(下标)",则该成员是一个数组。

(5) 类型名 可以是任何基本数据类型,也可以是记录类型。

记录类型的所有成员(元素)组成"成员表列",也称为"域表"。因此,记录定义的一般形式也可以写成:

Structure 记录名
    成员表列
End Structure

例如:

```
Private Type StudInfo
    intNo As Integer
    strName As String * 12
    strSex As String * 2
    sngMark(1 To 4) As Single
    sngTotal As Single
    sngAver As Single
End Type
```

这里的 StudInfo 是一个记录类型,用来定义与学生考试有关的信息,它由 6 个元素组成。其中 intNo(学号)是整型,strName(姓名)和 strSex(性别)是定长字符串,分别由 12 和 2

个字符组成,sngMark 是一个单精度型数组,用来存放 4 门课的考试成绩,sngTotal(总分)和 sngAver(平均分)是单精度型。

在使用 Type 语句时,应注意以下两点:

(1) 记录类型中的元素可以是变长字符串,也可以是定长字符串。定长字符串的长度用类型名称加上一个星号和常数指明,一般格式为:

String * **常数**

这里的"常数"是字符个数,它指定定长字符串的长度,例如:

strName As String * 12

(2) 在一般情况下,记录类型在标准模块中定义,其变量可以出现在工程的任何地方。当在标准模块中定义时,关键字 Type 前可以有 Public(默认)或 Private;而如果在窗体模块中定义,则必须在前面加上关键字 Private。

2. 定义记录类型变量

记录类型变量的定义与基本数据类型变量的定义没有什么区别,但在引用时有所不同。例如,前面定义了一个名为 StudInfo 的记录类型,则可用下面的语句定义该类型的变量:

Dim Wang As StudInfo

以后就可以用"变量.元素"的格式引用记录中的各个成员。例如:

```
Wang.intNo
Wang.strName
Wang.strSex
   ⋮
```

这种格式与"对象.属性"格式类似,要注意区分。

说明:

(1) 记录类型与记录变量是不同的概念,定义一个记录类型并不意味着系统要分配一块内存单元来存放各记录成员,只是指定了这个类型的组织结构,即向编译程序"声明"由程序员自己所定义的记录有哪些成员,其类型是什么,长度多少,反映了数据的抽象属性。只有用它定义了某个具体变量时,才占据存储空间。

(2) 在同一个程序或同一个模块中,记录成员和记录变量可以同名,它们分别代表不同数据对象。例如:

```
Type mail
    num As Short
    name As String
      ⋮
End Type
Dim num As mail
```

是允许的,虽然成员名 num 与变量名 num 相同,但它们的含义和引用方法不同。引用一个记录变量中的成员的值,需要指明记录变量名和成员名,如 num.num;而引用一个普通的变量名直接写出变量名(如 num)即可。编译时,它们被分配在不同的内存单元中。

3. 记录的嵌套

记录内的成员可以是基本数据类型(如 Integer,String,Single 型等),也可以是构造数据类型(如数组)。此外,记录成员还可以是已定义的另一个记录类型,称为记录的嵌套定义。例如,一个电话号码可分为地区号、直拨号和分机号 3 部分,见表 8.3。

表 8.3 ××会员通讯录记录

编号	姓名	职称	通信地址	邮编	电话号码		
					地区号	直拨号	分机号
⋮	⋮	⋮	⋮	⋮	⋮	⋮	⋮

利用表 8.3 中的数据,可以定义一个嵌套记录:

```
Private Type telephone          '定义电话号码记录类型
    area As Integer             '地区号,占 2 个字节
    tel As Long                 '直拨号,占 4 个字节
    ext As Integer              '分机号,占 2 个字节
End Type
Private Type mail_embed         '定义会员通讯录记录类型
    num As Integer
    name As String
    title As String
    addr As String
    zip As Long
    phone As telephone          '定义记录成员 phone
End Type
```

其中,phone 是记录 mail_embed 的一个成员,这个成员被定义为另一种记录类型,这个记录类型描述了一个电话号码的各个部分。这样定义电话号码可以方便地处理地区号、直拨号和分机号,而且只占 8 字节存储单元。要注意定义的顺序,在定义 phone 为 telephone 类型之前,记录类型 telephone 必须已定义过。

8.6.2 记录变量的初始化及其引用

1. 记录变量的初始化

与普通变量一样,记录变量在使用前也必须具有确定的值。对于记录变量来说,只能用赋值语句或输入对话框对记录各个成员分别赋值。假定定义了记录类型 StudInfo 的变量:

```
Dim Wang As StudInfo
```

之后就可以为记录中的各个成员赋值:

```
Wang.intNo = 1008
Wang.strName = "王大明"
Wang.strSex = "男"
Wang.sngMark(1) = 82.5
Wang.sngMark(2) = 76
Wang.sngMark(3) = 89
Wang.sngMark(4) = 92
```

2. 记录变量的引用及操作

在定义了记录变量之后，就可以引用这个变量，进行赋值、运算、输入和输出等操作，一般规则如下：

（1）成员引用　记录由不同类型的成员组成，而通常参加运算的是记录变量中的各个成员，引用时要在记录变量后面写上参加运算的成员名，一般形式为：

记录变量.成员名

其中圆点符号"."称为成员运算符，它的运算级别最高。例如 member1.num 表示 member1 中的 num 成员，对它的赋值可写成：

```
member1.num = 1
```

在 num 两侧有两个运算符，由于成员运算符"."优先级高于赋值运算符"="，因此系统对上式的操作顺序是：先找到记录变量 member1，然后从 member1 所占的存储空间中找到成员 num，最后把 1 放到为 num 分配的存储空间中。

（2）嵌套引用　如前所述，成员运算"."是运算优先级最高的一种运算。根据这一规则可以引用其成员类型为复杂数据类型的记录。如果在嵌套记录中，一个记录的成员本身又是一个记录类型，则在引用时需要使用多个成员运算符，按上述规则一级一级地找到最低的一级成员，最后对最低级的成员进行访问。例如，假定有如下的记录和记录变量定义：

```
Private Type telephone
    area As Integer
    tel As Long
    ext As Integer
End Type
Private Type mail_embed
    num As Long
    name As String
    title As String
    addr As String
    zip As Long
    phone As telephone
End Type
Dim mail_mem As mail_embed
```

对嵌套定义的记录变量 mail_mem,访问其成员(赋值)时可写成:

```
mail_mem.phone.area = 100084
mail_mem.phone.tel = 62770175
mail_mem.phone.ext = 4563
```

3. 整体赋值

Visual Basic 允许将一个记录变量作为一个整体赋值给另一记录变量,例如:

```
Dim mail_mem1 As mail_embed
mail_mem1 = mail_mem
```

这个赋值语句将记录变量 mail_mem 中各个成员的值依次赋给记录变量 mail_mem1 中相应的各个成员。其前提条件是:这两个记录变量的类型相同,即二者中成员个数、类型、长度的定义均相同。

这一规则也适用于嵌套记录类型的变量。例如:

```
mail_mem1.phone = mail_mem.phone
```

【例 8.6】 编写一个程序,记录和统计学生王小明的学习成绩。记录项包括学号(num)、姓名(name)、性别(sex)、年龄(age)、住址(address)和学习成绩(mark)。设王小明所学的 5 门课的成绩分别为 95,90,86,78,90 分。

程序如下:

```
Option Base 1
Private Type student
    num As Integer
    name As String
    sex As String
    age As Integer
    address As String
End Type

Private Sub Form_Click()
    '定义存放 5 门课成绩的数组
    Dim lessons
    lessons = Array(95, 90, 86, 78, 90)
    Dim average As Single          '定义存放平均成绩的变量
    Dim i As Integer
    Dim sum As Single
    Dim person As student
    sum = 0
    person.num = 201
    person.name = "王小明"
    person.sex = "男"
    person.age = 20
```

```
        person.address = "北京海淀区"
        For i = 1 To 5
            sum = sum + lessons(i)   '计算各门成绩之和
        Next
        average = sum / 5            '计算平均分数
        Print person.name & ", 学号" & Str(person.num) & _
                        ", 家住" & person.address & ", 5 门课总分 " & _
                        Str(sum) & " 分, 平均 " & Str(average) & " 分"
    End Sub
```

程序运行后,单击窗体,输出结果如下:

王小明,学号 201,家住北京海淀区,5 门课总分 439 分,平均 87.8 分

在这个程序中,定义了一个名为 student 的记录类型,记录学生的有关数据;为记录学生的学习成绩,又定义了一个名为 lessons 的数组。程序计算 lessons 数组元素的和以及平均值,最后输出学生的有关情况及其 5 门功课的总分和平均分。

8.7 记录数组

一个记录变量中可以存放一组数据(如一个学生的学号、姓名、成绩等数据)。如果有 10 个学生的数据需要参加运算,显然应该使用数组,这就是记录数组。与数值型数组不同,记录数组的每个元素都是一个记录类型的数据,它们都分别包括各个成员(分量)项。

假定有一个学术团体,该团体有 100 个会员,见表 8.4。其中每个会员的有关情况可以定义为一个记录类型,把具有相同记录类型的变量组成一个数组,数组的每一个元素都是记录变量,这种数据类型称为记录数组。

表 8.4 100 个会员的有关信息

数组	编号(num)	姓名(name)	职称(title)	地址(addr)	邮编(zip)	电话(tel)
list(1)	1001	王大明	教授	北京	100084	62781712
list(2)	1002	张 虹	讲师	上海	200237	85372468
list(3)	1003	李洪华	副教授	天津	300110	27381578
⋮	⋮	⋮	⋮	⋮	⋮	⋮
list(100)	100100		…			

记录数组与普通数组的定义基本相同,一般格式为:

Dim 数组名([下界] To 上界) As 记录名

例如,假定定义了下列常量和记录类型:

```
Const MAX_MEM = 100
Private Type mail   '定义会员通讯录记录类型
    num As Integer
    name As String
```

```
        title As String
        addr As String
        zip As Integer
        tel As String
    End Type
```

则可以用下面的语句定义一个记录数组：

```
Dim list(MAX_MEM) As mail
```

用上面的语句定义的记录数组名为 list，它的上界为 100，即存放 100 个数组元素，每个数组元素都是一个记录变量。

一个记录数组元素相当于一个记录变量，因此，前面介绍的关于记录变量的引用规则，同样适用于记录数组元素。而数组元素之间的关系和引用规则与以前介绍过的数值数组的规定相同。下面简单归纳几点，然后举例说明记录数组的引用方法和用途。

（1）可用以下形式引用某一记录数组元素的成员：

记录数组名(下标). 成员名

例如：

```
list(3).num
```

引用的是数组 list 第三个元素的 num(编号)成员。

（2）可以将一个记录数组元素赋给该记录数组中的另一个元素，或赋给同一类型的记录变量，例如下面的赋值语句是合法的：

```
list(2) = list(3)
```

这两个数组元素都有同一记录类型，因此它符合记录的整体赋值规则。

（3）不能把记录数组元素作为一个整体直接输入输出，如

```
Print list(0)
```

是错误的。只能以单个成员为变量输入输出。例如

```
Print list(0).num
```

【例 8.7】 编写程序，实现会员通讯录的数据登录和显示输出操作。

为了简单起见，只输入 3 个会员的有关信息，然后输出。

程序如下：

```
Const MAX_MEM = 3
Private Type mail        '定义会员通讯录记录类型
    num As Integer
    name As String
    title As String
    addr As String
    zip As Long
```

```
        tel As String
End Type
Dim list(MAX_MEM) As mail

Private Sub Form_Click()
    Dim i As Integer
    Dim spa As String
    '从键盘上依次录入每个会员的各数据项的数据
    For i = 1 To MAX_MEM
        list(i).num = InputBox("请输入编号：")
        list(i).name = InputBox("请输入姓名：")
        list(i).title = InputBox("请输入职称：")
        list(i).addr = InputBox("请输入地址：")
        list(i).zip = InputBox("请输入邮编：")
        list(i).tel = InputBox("请输入电话号码：")
    Next i
    '输出数据
    Print
    Print "----------------------------------------";
    Print "--------------------"
    Print
    Print " 编号     姓名       职称         地址";
    Print "     邮政编码     电话号码"
    '依次显示已登录的数组元素的各成员值
    spa = "   "
    For i = 1 To MAX_MEM
        Print "----------------------------------------";
        Print "--------------------"
        Print
        Print " " & list(i).num & spa & list(i).name;
        Print spa & list(i).title & spa & list(i).addr;
        Print "    " & list(i).zip & spa & "    " & list(i).tel
        Print
    Next
    Print "----------------------------------------";
    Print "--------------------"
    Print
End Sub
```

该程序有两个功能：一个是向记录数组中输入数据，另一个是列表显示数组中已有的全部数据。程序运行后，单击窗体，将显示输入对话框，根据提示在该对话框中输入3个会员的有关信息（表8.4前3项）。输入完成后，将在"输出"窗口中显示3个会员的信息，如图8.10所示。

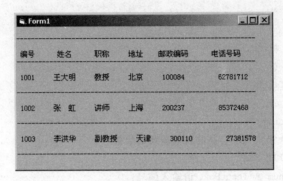

图 8.10 用记录数组输出

习 题

8.1 Visual Basic 中的数组与其他语言中的数组有什么区别？

8.2 在 Visual Basic 中可以通过哪几个语句定义数组，它们之间的区别是什么？

8.3 用下面语句定义的数组中各有多少个元素：

(1) Dim arr(12)   (2) Dim arr(3 To 8)

(3) Dim arr(3 To 5, -2 To 2)   (4) Dim arr(2, 4, 6)

(5) Option Base 1   (6) Option Base 1

   Dim arr(3, 3)   Dim arr(22)

(7) Dim arr(-5 To 5)   (8) Option Base 1

           Dim arr(-8 To -2, 4)

8.4 从键盘上输入 10 个整数，并放入一个一维数组中，然后将其前 5 个元素与后 5 个元素对换，即：第 1 个元素与第 10 个元素互换，第 2 个元素与第 9 个元素互换……第 5 个元素与第 6 个元素互换。分别输出数组原来各元素的值和对换后各元素的值。

8.5 设有如下两组数据：

(1) 2, 8, 7, 6, 4, 28, 70, 25

(2) 79, 27, 32, 41, 57, 66, 78, 80

编写一个程序，把上面两组数据分别读入两个数组中，然后把两个数组中对应下标的元素相加，即 2+79, 8+27, …, 25+80, 并把相应的结果放入第三个数组中，最后输出第三个数组的值。

8.6 有一个 $n \times m$ 的矩阵，编写程序，找出其中最大的那个元素所在的行和列，并输出其值及行号和列号。

8.7 编写程序，把下面的数据输入一个二维数组中：

25	36	78	13
12	26	88	93
75	18	22	32
56	44	36	58

然后执行以下操作：
(1) 输出矩阵两个对角线上的数。
(2) 分别输出各行和各列的和。
(3) 交换第一行和第三行的位置。
(4) 交换第二列和第四列的位置。
(5) 输出处理后的数组。

8.8 设有如表 8.5 所示的人员名册。试编写一个程序，对该名册进行检索。程序运行后，只要在键盘上输入一个人名，就可以在屏幕上显示出这个人的情况。例如，输入"张得功"，则显示：

张得功　男　24　大学本科　河北

表 8.5　人员名册

姓　　名	性　　别	年　　龄	文 化 程 度	籍　　贯
张得功	男	24	大学本科	河北
李得胜	男	30	高中毕业	北京
王　丽	女	25	研究生	山东
⋮	⋮	⋮	⋮	⋮

要求：
(1) 使用动态数组，输入的人数可以根据实际情况改变。
(2) 当检索名册中不存在的人名时，输出相应的信息。
(3) 每次检索结束后，询问是否继续检索，根据输入的信息确定是否结束程序。

8.9 某单位开运动会，共有 10 人参加男子 100 米短跑，运动员号码和成绩见表 8.6。

表 8.6　男子 100 米短跑成绩

运动员号码	成绩/秒	运动员号码	成绩/秒
207 号	14.5	077 号	15.1
156 号	14.2	231 号	14.7
453 号	15.2	276 号	13.9
096 号	15.7	122 号	13.7
339 号	14.9	302 号	14.5

编写程序，按成绩排出名次，并按如下格式输出：

名次	运动员号	成绩
1	…	…
2	…	…
3	…	…
⋮	⋮	⋮
10	…	…

8.10 编写程序，建立并输出一个 10×10 的矩阵，该矩阵对角线元素为 1，其余元素

均为 0。

8.11 编写程序,实现矩阵转置,即将一个 $n \times m$ 的矩阵的行和列互换。例如,a 矩阵为

$$a = \begin{bmatrix} 1 & 2 & 3 \\ 4 & 5 & 6 \end{bmatrix}$$

转置后的矩阵 b 为

$$b = \begin{bmatrix} 1 & 4 \\ 2 & 5 \\ 3 & 6 \end{bmatrix}$$

8.12 编写程序,输出"杨辉三角形"。

杨辉三角形的每一行是 $(x+y)^n$ 的展开式的各项的系数。例如第 1 行是 $(x+y)^0$,其系数为 1,第 2 行为 $(x+y)^1$,其系数为 1,1,第 3 行为 $(x+y)^2$,其展开式为 $x^2 + 2xy + y^2$,系数分别为 1,2,1,…。一般形式如下:

```
1
1 1
1 2 1
1 3 3 1
1 4 6 4 1
1 5 10 10 5 1
    ⋮
```

分析上面的形式,可以找出其规律:对角线和每行的第 1 列均为 1,其余各项是它的上一行中前一个元素和上一行的同一列元素之和。例如第 4 行第 3 列的值为 3,它是第 3 行第 2 列与第 3 列元素值之和,可以一般地表示为:

$$a(i,j) = a(i-1, j-1) + a(i-1, j)$$

请编写程序,输出 $n=10$ 的杨辉三角形(共 11 行)。

第9章 过　　程

在前面的各章中已多次出现事件过程,这样的过程是当发生某个事件(如 Click, Load, Change 等)时,对该事件作出响应的程序段,这种事件过程构成了 Visual Basic 应用程序的主体。有时候,多个不同的事件过程可能需要使用一段相同的程序代码,可以把这一段代码独立出来,作为一个过程,这样的过程叫做"通用过程"(General procedure),它可以单独建立,供事件过程或其他通用过程调用。

在 Visual Basic 中,通用过程分为两类,即子程序过程和函数过程,前者叫做 Sub 过程,后者叫做 Function 过程。此外,Visual Basic 也允许用 GoSub…Return 语句来实现子程序调用,但它不能作为 Visual Basic 的过程。

本章将介绍如何在 Visual Basic 应用程序中使用通用过程。

9.1　Sub 过程

Visual Basic 提供了与 Pascal, C, Ada 等语言类似的子程序调用机制,即子程序过程和函数过程。为了便于区分,在今后的叙述中,把由 Sub…End Sub 定义的子程序叫做子程序过程或 Sub 过程,而把由 Function…End Function 定义的函数叫做函数过程或 Function 过程。本节介绍 Sub 过程的定义和调用,9.2 节将介绍 Function 过程。

9.1.1　建立 Sub 过程

1. 定义 Sub 过程

通用 Sub 过程的结构与前面多次见过的事件过程的结构类似。一般格式如下:

[**Static**][**Private**][**Public**] Sub 过程名[(参数表列)]
　　语句块
　　[**Exit Sub**]
　　[语句块]
End Sub

用上面的格式可以定义一个 Sub 过程,例如:

```
Private Sub Subtest()
    Print "This is a Sub procedure"
End Sub
```

说明:

(1) Sub 过程以 Sub 开头,以 End Sub 结束,在 Sub 和 End Sub 之间是描述过程操作

的语句块,称为"过程体"或"子程序体"。格式中各部分的含义如下:

① Static 指定过程中的局部变量在内存中的默认存储方式。如果使用了Static,则过程中的局部变量就是"Static"型的,即在每次调用过程时,局部变量的值保持不变;如果省略"Static",则局部变量就默认为"自动"的,即在每次调用过程时,局部变量被初始化为0或空字符串。Static对在过程之外定义的变量没有影响,即使这些变量在过程中使用。

② Private 表示Sub过程是私有过程,只能被本模块中的其他过程访问,不能被其他模块中的过程访问。

③ Public 表示Sub过程是公有过程,可以在程序的任何地方调用它。各窗体通用的过程一般在标准模块中用Public定义,在窗体层定义的通用过程通常在本窗体模块中使用,如果在其他窗体模块中使用,则应加上窗体名作为前缀。

④ 过程名 是一个长度不超过255个字符的变量名,在同一个模块中,同一个变量名不能既用作Sub过程名又用作Function过程名。

⑤ 参数表列 含有在调用时传送给该过程的简单变量名或数组名,各名字之间用逗号隔开。"参数表列"指明了调用时传送给过程的参数的类型和个数,每个参数的格式为:

[ByVal] 变量名[()][As 数据类型]

这里的"变量名"是一个合法的Visual Basic变量名或数组名,如果是数组,则要在数组名后加上一对括号。"数据类型"指的是变量的类型,可以是Integer,Long,Single,Double,String,Currency,Variant或用户定义的类型。如果省略"As 数据类型",则默认为Variant。"变量名"前面的"ByVal"是可选的,如果加上"ByVal",则表明该参数是"传值"(Passed by Value)参数,没有加"ByVal"(或者加ByRef)的参数称为"引用"(Passed by reference)参数。有关参数的传送问题将在9.3节介绍。

在定义Sub过程时,"参数表列"中的参数称为"形式参数",简称"形参",不能用定长字符串变量或定长字符串数组作为形式参数。不过,可以在调用语句中用简单定长字符串变量作为"实际参数",在调用Sub过程之前,Visual Basic把它转换为变长字符串变量。

(2) End Sub标志着Sub过程的结束。为了能正确运行,每个Sub过程必须有一个End Sub子句。当程序执行到End Sub时,将退出该过程,并立即返回到调用语句下面的语句。此外,在过程体内可以用一个或多个Exit Sub语句从过程中退出。

(3) Sub过程不能嵌套。也就是说,在Sub过程内,不能定义Sub过程或Function过程;不能用GoTo语句进入或转出一个Sub过程,只能通过调用执行Sub过程,而且可以嵌套调用。

下面是一个Sub过程的例子:

```
Sub tryout(x As Integer, ByVal y As Integer)
    x = x + 100
    y = y * 6
    Print x, y
End Sub
```

上面的过程有两个形式参数,其中第二个形参的前面有 ByVal,表明该参数是一个传值参数。

过程可以有参数,也可以不带任何参数。没有参数的过程称为无参过程。例如:

```
Sub ContinueQuery()
    Do
        Response $ = InputBox $ ("Continue (Y or N)?")
        If Response $ = "N" Or Response $ = "n" Then End
        If Response $ = "Y" Or Response $ = "y" Then Exit Do
    Loop
End Sub
```

上述过程没有参数,当调用该过程时,询问用户是否继续某种操作,回答"Y"继续,回答"N"则结束程序。对于无参过程,调用时只写过程名即可。

2. 建立 Sub 过程

前面已介绍过如何建立事件过程。通用过程不属于任何一个事件过程,因此不能放在事件过程中。通用过程可以在标准模块中建立,也可以在窗体模块中建立。如果在标准模块中建立通用过程,可以使用以下两种方法:

第一种方法,操作步骤如下:

(1) 执行"工程"菜单中的"添加模块"命令,打开"添加模块"对话框,在该对话框中选择"新建"选项卡,然后双击"模块"图标,打开模块代码窗口。

(2) 执行"工具"菜单中的"添加过程"命令,打开"添加过程"对话框,如图 9.1 所示。

(3) 在"名称"框内输入要建立的过程的名字(例如 Tryout)。

(4) 在"类型"栏内选择要建立的过程的类型,如果建立子程序过程,则应选择"子程序";如果要建立函数过程,则应选择"函数"。

图 9.1 "添加过程"对话框

(5) 在"范围"栏内选择过程的适用范围,可以选择"公有的"或"私有的"。如果选择"公有的",则所建立的过程可用于本工程内的所有窗体模块;如果选择"私有的",则所建立的过程只能用于本标准模块。

(6) 单击"确定"按钮,回到模块代码窗口,如图 9.2 所示。此时可以在 Sub 和 End Sub 之间输入程序代码(与事件过程的代码输入相同)。

第二种方法:执行"工程"菜单中的"添加模块"命令,打开标准模块代码窗口,然后输入过程的名字。例如,输入"Sub Tryout()",按回车键后显示:

```
Sub Tryout()

End Sub
```

即可在 Sub 和 End Sub 之间键入程序代码。

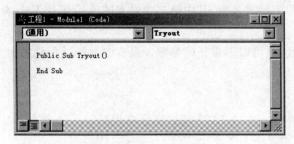

图 9.2 模块代码窗口

在标准模块代码窗口中,通用过程出现在"对象"框的"通用"项目下,其名字可以在"过程"框中找到。

如果在窗体模块中建立通用过程,则可双击窗体进入代码窗口,在"对象"框中选择"通用",在"过程"框中选择"声明",直接在窗口内键入"Sub Tryout()",然后按回车键,窗口内显示:

```
Sub Tryout()

End Sub
```

此时即可输入代码。

9.1.2 调用 Sub 过程

调用引起过程的执行。也就是说,要执行一个过程,必须调用该过程。

Sub 过程的调用有两种方式,一种是把过程的名字放在一个 Call 语句中,一种是把过程名作为一个语句来使用。

1. 用 Call 语句调用 Sub 过程

其格式如下:

Call 过程名[(实际参数)]

Call 语句把程序控制传送到一个 Visual Basic 的 Sub 过程。用 Call 语句调用一个过程时,如果过程本身没有参数,则"实际参数"和括号可以省略;否则应给出相应的实际参数,并把参数放在括号中。"实际参数"是传送给 Sub 过程的变量或常数。例如:

```
Call Tryour(a,b)
```

2. 把过程名作为一个语句来使用

在调用 Sub 过程时,如果省略关键字 Call,就成为调用 Sub 过程的第二种方式。与第一种方式相比,它有两点不同:

(1) 去掉关键字 Call;

(2) 去掉"实际参数表"的括号。

例如:

```
Tryout a,b
```

下面举两个例子。

【例 9.1】 编写一个计算矩形面积的 Sub 过程,然后调用该过程计算矩形面积。

程序如下:

```
Sub RecArea (Rlen, Rwid)
    Dim Area
    Area = Rlen * Rwid
    MsgBox " Total Area is " & Area
End Sub

Sub Form_Click()
    Dim A, B
    A = InputBox(" What is the length?")
    A = Val(A)
    B = InputBox(" What is the width?")
    B = Val(B)
    RecArea A, B
End Sub
```

通用过程 RecArea 用来计算并输出矩形的面积,它有两个形参,分别为矩形的长和宽。在 Form_Click 事件过程中,从键盘上输入矩形的长和宽,并用它们作为实参调用 RecArea 过程。在该例中,用第二种方式调用 Sub 过程。

【例 9.2】 编写一个用来延迟指定时间(秒)的 Sub 过程。调用这个过程,按指定的时间间隔显示若干行信息。

用 For…Next 循环可以实现时间延迟,但很不精确。这里用 Visual Basic 的内部函数 Timer 来编写较为精确的时间延迟过程。

Timer 函数返回系统时钟从午夜开始计算的秒数,把 Timer 加上需要延迟的时间(秒)作为循环结束的时间,当 Timer 超过这个时间时结束循环,即停止时间延迟。用这种方法可以得到精确的时间延迟。

程序如下:

```
Static Sub DelayLoop(DelayTime)
    Const SecondsInDay = 24& * 60& * 60&
    LoopFinish = Timer + DelayTime
    If LoopFinish > SecondsInDay Then
        LoopFinish = LoopFinish - SecondsInDay
        Do While Timer > LoopFinish
        Loop
    End If
    Do While Timer < LoopFinish
    Loop
End Sub
```

```
Sub Form_Click()
    FontSize = 12
    Print "现在输出第一行"
    Print "等待 5 秒钟…"
    DelayLoop 5
    Print
    Print "输出第二行"
    Print "等待 10 秒钟…"
    Call DelayLoop(10)
    Print
    Print "输出第三行"
End Sub
```

用上面的 DelayLoop 过程可以延迟指定的时间,调用时用需要延迟的时间(秒)作为实参。例如:

```
DelayLoop 5
```

可以延迟 5 秒。在一般情况下,Timer 比 LoopFinish 要小,因此可以用

```
Do While Timer < LoopFinish
Loop
```

来控制时间延迟。但是,如果时间延迟从午夜前开始,到午夜后才结束,则 Timer 从 0 开始起算,在这种情况下,必须用

```
Do While Timer > LoopFinish
Loop
```

来控制时间延迟。过程中对这两种情况都考虑到了。

程序运行后,单击窗体,显示第一行信息,5 秒钟后显示第二行信息,再过 10 秒钟显示第三行信息。运行情况如图 9.3 所示。

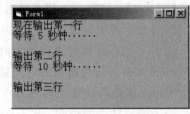

图 9.3 时间延迟

9.2 Function 过程

前面介绍了 Sub 过程,它不直接返回值,可以作为独立的基本语句调用。而 Function 过程要返回一个值,通常出现在表达式中。本节将介绍 Function 过程的定义和调用。

9.2.1 建立 Function 过程

Function 过程定义的格式如下:

[Static][Private][Public] Function 过程名[(参数表列)][As 类型]
    [语句块]

```
    [过程名＝表达式]
    [Exit Function]
    [语句块]
End Function
```

用上面的格式可以定义一个 Function 过程。

说明：

(1) Function 过程以 Function 开头，以 End Function 结束，在两者之间是描述过程操作的语句块，即"过程体"或"函数体"。格式中的"过程名"、"参数表列"、"Static"、"Private"、"Public"、"Exit Function"的含义与 Sub 过程中相同。"As 类型"是由 Function 过程返回的值的数据类型，可以是 Integer，Long，Single，Double，Currency 或 String，默认类型为 Variant。

(2) 调用 Sub 过程相当于执行一个语句，不直接返回值；而调用 Function 过程要返回一个值，因此可以像内部函数一样在表达式中使用。由 Function 过程返回的值放在上述格式中的"表达式"中，并通过"过程名＝表达式"把它的值赋给"过程名"。如果在 Function 过程中省略"过程名＝表达式"，则该过程返回一个默认值：数值函数过程返回 0 值，字符串函数过程返回空字符串。因此，为了能使一个 Function 过程完成所指定的操作，通常要在过程体中为"过程名"赋值。例如：

```
Function BinarySearch(Lower As Integer, Upper As Integer) As Boolean
    ⋮
    If Lower = Upper Then
        BinarySearch = True
        Exit Function
    Else
        BinarySearch = False
    End If
    ⋮
End Function
```

该例定义了一个 BinarySearch 过程，它有两个参数，其返回值为 Boolean，该过程根据所传送给它的实参值返回 True 或 False，返回值赋给函数名 BinarySearch。

(3) 前面讲过，过程不能嵌套定义。因此不能在事件过程中定义通用过程(包括 Sub 过程和 Function 过程)；但可以嵌套调用，即在事件过程内调用通用过程。

9.1 节提到的建立 Sub 过程的三种方法(两种方法用于标准模块，一种方法用于窗体模块)也可用来建立 Function 过程，只是当用第一种方法建立时，在对话框的"类型"栏内应选择"函数"，另外两种方法中的 Sub 应换成 Function。

【例 9.3】 编写一个求最大公约数(GCD)的函数过程。

程序如下：

```
Function gcd (ByVal x As Integer, ByVal y As Integer) As Integer
    Do While y <> 0
        reminder = x Mod y
```

```
        x = y
        y = reminder
    Loop
    gcd = x
End Function
```

上述过程通过辗转相除求最大公约数,它有两个参数,均为传值参数,函数值为整数。将在下面介绍如何调用这个过程。

9.2.2 调用 Function 过程

Function 过程的调用比较简单,因为可以像使用 Visual Basic 内部函数一样来调用 Function 过程。实际上,由于 Function 过程能返回一个值,因此完全可以把它看成是一个函数,它与内部函数(如 Sqr、Str $、Chr $ 等)没有什么区别,只不过内部函数由语言系统提供,而 Function 过程由用户自己定义。

前面编写了求最大公约数的函数 gcd,该函数的类型为 Integer,它有两个整型参数。可以在下面的事件过程中调用该函数:

```
Sub Form_Click()
    Dim a As Integer, b As Integer
    a = 96: b = 64
    x = gcd(a, b)
    Print "G.C.D = "; x
End Sub
```

上述事件过程中的 x = gcd(a,b) 就是调用 gcd 函数的语句。调用时的实际参数分别为 96 和 64,调用后的返回值放入变量 x 中。程序的输出结果为 32。

【例 9.4】 编写程序,打印 0～1000 之间的伪随机数,要打印的随机数的个数在运行时指定,要求每 5 个打印一行,生成随机数的操作用一个 Function 过程来实现。

产生随机数的方法有很多种,用内部函数 Rnd 可以产生随机数。这里用线性同余法来产生随机数。根据题意,产生随机数的程序如下:

```
x = (x * 29 + 37) Mod 1000
```

此外,x 要有一个初值,即"种子数"。

产生随机数的通用过程如下:

```
Dim x As Integer    '在窗体层定义
Static Function rand()
    x = x * 29 + 37
    x = x Mod 1000
    n = x
    rand = n
End Function
```

编写如下事件过程:

```
Private Sub Form_Click()
    FontSize = 12
    x = 777
    Cls
    rannum = InputBox("需要输出多少随机数?")
    rannum = Val(rannum)
    Print "输出 0 到 1000 之间的随机数:"
    Print
    For m = 1 To rannum
        If m Mod 5 = 0 Then
            Print rand(); "    ";
            Print
        Else
            Print rand(); "    ";
        End If
    Next m
End Sub
```

过程 Rand 用线性同余法产生随机数,该过程不带参数,是一个无参过程。每调用一次 Rand,就产生一个 0~1000 之间的伪随机数。在事件过程中,用 Mod 操作使随机数按 5 个一行打印。程序运行后,单击窗体,在输入对话框中输入 40,结果如图 9.4 所示。

图 9.4 输出随机数

变量 X 在窗体层定义,在事件过程中初始化,即设置"种子数"。如果改变"种子数",则可产生不同的随机数序列。

【例 9.5】 从键盘上输入一个数,输出该数的平方根。

用内部函数 Sqr 可以得到一个数的平方根,但该数必须大于或等于 0。如果是负数,则其平方根是一个虚数。我们用自己编写的过程来输出平方根。

程序如下:

```
Function SquareRoot (X As Double) As Double
    Select Case Sgn(X)
        Case 1
            SquareRoot = Sqr(X)
            Exit Function
```

```
        Case 0
            SquareRoot = 0
        Case -1
            SquareRoot = -1
    End Select
End Function

Private Sub Form_Click()
    Dim Msg, SqrN
    Dim N As Double
    N = InputBox("请输入要计算平方根的数：")
    Msg = N & " 的平方根"
    SqrN = Square Root(N)
    Select Case SqrN
        Case 0
            Msg = Msg & "是 0"
        Case -1
            Msg = Msg & "是一个虚数"
        Case Else
            Msg = Msg & "是 " & SqrN
    End Select
    MsgBox Msg
End Sub
```

过程 SquareRoot 用来求平方根。该函数有一个参数，其类型为 Double，函数的返回值类型为 Double。在该过程中，用 Sgn 函数判断参数的符号，当参数为正数时，过程返回该参数的平方根，如果参数为 0，则返回 0 值；如果参数为负数，则返回 -1。在事件过程（主程序）中，用从键盘上输入的数调用 SquareRoot 过程，并根据返回的值进行不同的处理。图 9.5 是一种输出结果。

图 9.5 求平方根

以上介绍了过程的定义和调用。Visual Basic 应用程序的过程出现在窗体模块和标准模块中。在窗体模块中可以定义和编写子程序过程、函数过程及事件过程，而在标准模块中只能定义子程序过程和函数过程，其结构关系如图 9.6 所示。

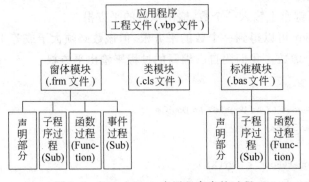

图 9.6 Visual Basic 应用程序中的过程

9.3 参数传送

在调用一个过程时,必须把实际参数传送给过程,完成形式参数与实际参数的结合,然后用实际参数执行调用的过程。

在 Visual Basic 中,通常把形式参数叫做"参数",而把实际参数叫做"自变量"(argument)。但是,"自变量"一词容易与数学中函数的"自变量"相混淆。为了与其他语言中使用的术语一致,本书仍称为形式参数(简称形参)和实际参数(简称实参)。

9.3.1 形参与实参

形参是在 Sub 和 Function 过程的定义中出现的变量名,实参则是在调用 Sub 或 Function 过程时传送给 Sub 或 Function 过程的常数、变量、表达式或数组。在 Visual Basic 中,可以通过两种方式传送参数,即按位置传送和指名传送。

1. 按位置传送

按位置传送是大多数语言处理子程序调用时所使用的方式,在前面的例子中,我们使用的就是按位置传送方式。当使用这种方式时,实际参数的次序必须和形式参数的次序相匹配,也就是说,它们的位置次序必须一致。例如,假定定义了下面一个过程:

```
Sub TestSub(p1 As Integer, p2 As Single, p3 As String)
   ⋮
End Sub
```

可以用下面的语句调用该过程:

```
Call TestSub(A%, B!, "Tset")
```

这样就完成了形参与实参的结合,其关系如图 9.7 所示。

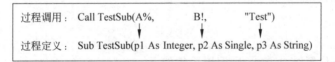

图 9.7 形参与实参

在传送参数时,形参表与实参表中对应变量的名字不必相同,但是它们所包含的参数的个数必须相同;同时,实参与相应形参的类型必须相同。

形式参数表中各个变量之间用逗号隔开,表中的变量可以是:
- 除定长字符串之外的合法变量名;
- 后面跟有左、右括号的数组名。

在形式参数表中只能使用形如 x $ 或 x As String 之类的变长字符串作为形参,不能用形如 x As String * 8 之类的定长字符串作为形参。但定长字符串可以作为实际参数传送给过程。

实际参数表中的各项用逗号隔开,实参可以是:

- 常数；
- 表达式；
- 合法的变量名；
- 后面跟有左、右括号的数组名。

假定有如下的过程定义：

Sub TestSub(A As Integer, Array() As Single, Recvar As Rectype, C As String)

这是带有形参表的 Sub 过程定义的第一行。形参表中的第一个参数是整型变量，第二个参数是单精度数组，第三个参数是一个 Rectype 类型的记录，第四个参数是一个字符串。在调用上述过程时，必须把所需要的实参传送给过程，取代相应的形参，执行过程的操作，实参与形参必须按位置次序传送。可以用下面的程序段调用过程 TestSub，并把 4 个实参传送给相应的形参：

```
Type Rectype
    Rand As String * 12
    SerialNum As Long
End Type
Dim Recv As Rectype
Call TestSub(x,A(),Recv,"Dephone")
```

2. 指名传送

Visual Basic 6.0 提供了与 Ada 语言类似的参数传送机制，即指名参数传送方式。

所谓指名参数传送，就是显式地指出与形参结合的实参，把形参用"：="与实参连接起来。和按位置传送方式不同，指名传送方式不受位置次序的限制。例如，假定建立了如下的通用过程：

```
Sub add_num (firstvar As Integer, secondvar As Integer, thirdvar As Integer)
    c = (firstvar + secondvar) * thirdvar
    Print c
End Sub
```

如果使用按位置结合方式，则调用语句如下：

add_num 4,6,8

如果使用指名参数传送方式，则下面 3 个调用语句

add_num firstvar：= 4, secondvar：= 6,thirdvar：= 8
add_num secondvar：= 6,firstvar：= 4, thirdvar：= 8
add_num thirdvar：= 8,secondvar：= 6,firstvar：= 4

是等价的。

从表面上看来，指名结合比按位置结合繁琐，因为要多写一些东西，但它能改善过程调用的可读性；此外，当参数较多，而且类型相似时，指名结合比按位置结合出错的可能性要小一些。

对于 Visual Basic 提供的方法,也可以通过指名参数进行调用。但应注意,有些方法的调用不能使用指名参数,在使用时请查阅相关的帮助信息。

9.3.2 引用

在 Visual Basic 中,参数通过两种方式传送,即传地址和传值,其中传地址习惯上称为引用,引用方式通过关键字 ByRef 来实现。也就是说,在定义通用过程时,如果形参前面有关键字 ByRef(通常省略),则该参数通过引用(即传地址)方式传送。

在默认情况下,变量(简单变量、数组或数组元素以及记录)都是通过"引用"传送给 Sub 或 Function 过程。在这种情况下,可以通过改变过程中相应的参数来改变该变量的值。这意味着,当通过引用来传送实参时,有可能改变传送给过程的变量的值。请看下面的例子。

【例 9.6】 编写程序,试验引用方式传送参数。

```
Sub tryout (x As Integer, y As Integer)
    x = x + 100
    y = y * 6
    Print "x = "; x, "y = "; y
End Sub

Sub Form_Click()
    Dim a As Integer, b As Integer
    a = 10: b = 20
    tryout a, b
    Print "a = "; a, "b = "; b
End Sub
```

通用过程 tryout 的操作很简单,即把传送过来的 x 参数加上 100,y 参数乘以 6,然后输出 x,y 的值。在事件过程中,通过"tryout a,b"语句调用过程 tryout,实参 a 和 b 的值分别为 10 和 20,传送给 tryout 后进行如下计算:

$$10 + 100 = 110$$
$$20 \times 6 = 120$$

这样,在通用过程中输出的 x 和 y 分别为 110 和 120,而在事件过程中输出的 a 和 b 同样为 110 和 120。因此,运行上述程序后,输出结果如下:

```
x = 110        y = 120
a = 110        b = 120
```

为什么会出现这种现象呢?这是因为,变量(即实参)的值存放在内存的某个地址中,当通过引用来调用一个过程时,向该过程传送变量,实际上是把变量的地址传送给该过程,因此,变量的地址和被调用过程中相应参数的地址是相同的。这样,如果通用过程中的操作修改了参数的值,则它同时也修改了传送给过程的变量的值。如果不希望在调用过程时改变变量的值,则应把变量的值传送给参数,即传值(见 9.3.3 节),而不要传送变量的地址。

可以看出,引用会改变实际参数的值。如果一个过程能改变实际参数的值,则称这样的过程是有副作用的过程,在使用这种过程时,很容易出现逻辑错误。下面再来看一个例子。

【例 9.7】 编写程序,试验过程的副作用。

在窗体上画一个命令按钮和 3 个文本框,然后编写如下通用过程和事件过程:

```
Function Fun(x As Integer, y As Integer) As Integer
    x = x + y
    If x <> 0 Then
        Fun = x
    Else
        Fun = y
    End If
End Function

Private Sub Command1_Click()
    Dim a As Integer, b As Integer
    a = 2
    b = 3
    Text1.Text = Fun(a, b)
    Text2.Text = Fun(a, b)
    Text3.Text = Fun(a, b)
End Sub
```

通用过程和事件过程的操作都很简单。程序运行后,单击命令按钮,将分 3 次调用通用过程,并把结果分别在 3 个文本框中显示出来。由于调用语句完全一样,结果也应当相同,但实际情况并非如此,3 个文本框中显示的内容不一样,如图 9.8 所示。

图 9.8 过程的副作用

为什么会出现这种情况呢?在事件过程 Command1_Click 中,当执行赋值语句 Text1.Text = Fun(a, b)时,用 Fun(a, b)调用通用过程,把实参 a 和 b 传送给 Fun 过程,执行 x = x + y,使 x 的值变为 5。由于 a 和 x 使用的是同一个地址,因而 a 的值也变为 5。后面两个赋值语句的执行情况与此类似,请读者自己分析。如果改为传值方式(见后),则 3 个文本框中的显示结果相同。

一般来说,传地址比下面将要介绍的传值更能节省内存和提高效率。因为在定义通用过程时,过程中的形参只是一个地址,系统不必为保存它的值而分配内存空间,只简单地记住它是一个地址。使用传地址可以使 Visual Basic 进行更有效的操作。对于整型数来说,这种效率不太明显,而对于字符串来说,传地址与传值的区别就比较大了。假定有下面一个过程:

```
Sub Aside(s As String)
    Print "(";
    Print s;
    Print ")"
End Sub
```

这个过程的操作很简单,即在调用时传送给该过程一个字符串,并把这个字符串放在括号中打印出来。如果使用传值方式,则每次调用 Aside 过程时,Visual Basic 都要为每一个字符串分配内存空间,并复制该字符串。如果字符串由几百、几千个字符组成,其传送效率是可以想见的。如果只传送字符串的地址,则效率要高得多。

9.3.3 传值

传值就是通过值传送实际参数,即传送实参的值而不是传送它的地址。在这种情况下,系统把需要传送的变量复制到一个临时单元中,然后把该临时单元的地址传送给被调用的通用过程。由于通用过程没有访问变量(实参)的原始地址,因而不会改变原来变量的值,所有的变化都是在变量的副本上进行的。

在 Visual Basic 中,传值方式通过关键字 ByVal 来实现。也就是说,在定义通用过程时,如果形参前面有关键字 ByVal,则该参数用传值方式传送,否则用引用(即传地址)方式传送。例如:

```
Sub Increment(ByVal x As Integer)
    x = x + 1
End Sub
```

这里的形参 x 前有关键字 ByVal,调用时以传值方式传送实参。在传值方式下,Visual Basic 为形参分配内存空间,并将相应的实参值复制给各形参。

在前面的例 9.6 中,如果用传值方式编写通用过程,则运行结果是不一样的。改为传值方式的通用过程如下:

```
Sub tryout (ByVal x As Integer, ByVal y As Integer)
    x = x + 100
    y = y * 6
    Print "x = "; x, "y = "; y
End Sub
```

事件过程 Form_click 不用做任何修改,与例 9.6 相同。程序运行后,输出结果如下:

```
x = 110      y = 120
a = 10       b = 20
```

如前所述,传地址比传值效率高。但在传地址方式中,形参不是一个真正的局部变量,有可能对程序的执行产生不必要的干扰。而在传值方式中,形参是一个真正的局部变量,当在程序的其他地方使用时,不会对程序产生干扰。在有些情况下,只有用传值方式才能得到正确的结果。假定有下面的过程:

```
Function power (x As Single, ByVal y As Integer)
    Dim result As Single
    result = 1
    Do While y > 0
        result = result * x
        y = y - 1
    Loop
    power = result
End Function
```

这是一个计算乘幂的过程,用来求 x 的 y 次幂,其中 y>0(正指数)。该函数过程用乘法求乘幂,例如 x 的立方等于 x*x*x。形参 y 指定了要执行乘法的次数,每执行一次乘法,y 值减 1,当 y 为 0 时结束。y 是传值方式参数,可以用下面的事件过程调用:

```
Sub Form_Click()
    For i = 1 To 5
        r = power(5, i)
        Print r
    Next i
End Sub
```

过程 Power 中的参数 y 使用了关键字 ByVal,因而事件过程可以顺利执行,5 次循环分别打印出 5,5*5,5*5*5,…的值。但是,如果去掉参数 y 前面的关键字 ByVal,则无法得到预期的结果。这是因为,第一次调用 Power 后,i 被重新设置为 0(参数 y 是 i 的地址),然后 For 语句使 i 加 1,再开始循环。由于调用 power 时总是将循环变量 i 设置为 0,所以 For 循环将不会停止,产生溢出。在这种情况下,ByVal 就不是可有可无的了。

究竟什么时候用传值方式,什么时候用传地址方式,没有硬性规定,下面几条规则可供参考:

(1) 对于整型、长整型或单精度参数,如果不希望过程修改实参的值,则应加上关键字 ByVal(值传送)。而为了提高效率,字符串和数组应通过地址传送。此外,用户定义的类型(记录)和控件只能通过地址传送。

(2) 对于其他数据类型,包括双精度型、货币型和变体数据类型,可以用两种方式传送。经验证明,此类参数最好用传值方式传送,这样可以避免错用参数。

(3) 如果没有把握,则最好能用传值方式来传送所有变量(字符串、数组和记录类型变量除外),在编写完程序并能正确运行后,再把部分参数改为传地址,以加快运行速度。这样,即使在删除一些 ByVal 后程序不能正确运行,也很容易查出错在什么地方。

(4) 用 Function 过程可以通过过程名返回值,但只能返回一个值;Sub 过程不能通过过程名返回值,但可以通过参数返回值,并可以返回多个值。当需要用 Sub 过程返回值时,其相应的参数要用传地址方式。例如:

```
Sub S(ByVal x As Integer, ByVal y As Integer, m As Integer, n As Integer)
    m = x + y
    n = x * y
```

```
End Sub

Private Sub Command1_Click()
    Dim Sum As Integer, Mul As Integer
    S 20, 30, Sum, Mul
    Print Sum, Mul
End Sub
```

在这个例子中,通用过程 S 有 4 个参数,后面两个参数用来存放计算结果。当在事件过程中调用该过程时,从通用过程 S 返回两个数的和(Sum)与积(Mul)。在这种情况下,S 过程中的参数 m 和 n 必须使用传地址方式。

9.3.4 数组参数的传送

Visual Basic 允许把数组作为实参传送到过程中。例如,假定定义了如下过程:

```
Sub S(a(), b())
  ⋮
End Sub
```

该过程有两个形参,这两个参数都是数组。注意,用数组作为过程的参数时,应在数组名的后面加上一对括号,以免与普通变量相混淆。可以用下面的语句调用该过程:

```
Call S(p(), q())
```

这样就把数组 p 和 q 传送给过程中的数组 a 和 b。当用数组作为过程的参数时,使用的是"传地址"方式,而不是"传值"方式,即不是把 p 数组中各元素的值一一传送给过程的 a 数组,而是把 p 数组的起始地址传给过程,使 a 数组也具有与 p 数组相同的起始地址,如图 9.9 所示。

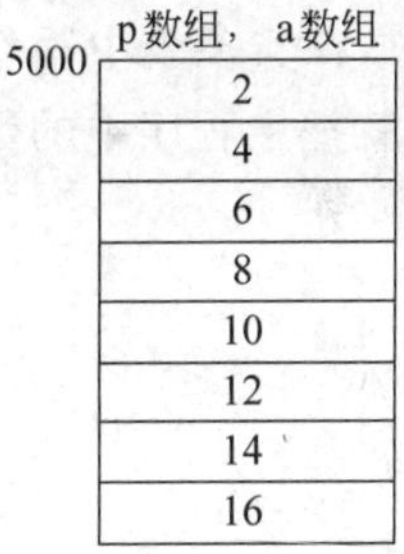

设 p 数组有 8 个元素,在内存中的起始地址为 5000。在调用过程 S 时,进行"形实结合",p 的起始地址 5000 传送给 a。因此,在执行该过程期间,p 和 a 同占一段内存单元,p 数组中的值与 a 数组共享,如 a(1)的值就是 p(1)的值,都是 2。如果在过程 S 中改变了 a 数组的值,例如:

p数组	a数组
5000	2
	4
	6
	8
	10
	12
	14
	16

图 9.9 实参数组与形参数组

```
a(4) = 20
```

则在执行完过程 S 后,主程序中数组 p 的第 4 个元素 p(4)的值也变为 20 了。也就是说,用数组作过程参数时,形参数组中各元素的改变将被带回到实参。这个特性是很有用的。

如前所述,数组一般通过传地址方式传送。在传送数组时,除遵守参数传送的一般规则外,还应注意以下几点:

(1) 为了把一个数组的全部元素传送给一个过程,应将数组名分别放入实参表和形参表中,并略去数组的上下界,但括号不能省略。

【例 9.8】 编写程序,实现数组传送。

在窗体层声明如下数组:

```
Dim Values() As Integer
```

编写如下通用过程：

```
Static Sub changeArray (Min%, Max%, p() As Integer)
    For i% = Min% To Max%
        p(i%) = i% ^ 3
    Next i%
End Sub

Static Sub PrintArray (Min%, Max%, p() As Integer)
    For i% = Min% To Max%
        Print p(i%)
    Next i%
    Print
End Sub
```

编写如下的事件过程：

```
Sub Form_Click()
    ReDim Values(1 To 5) As Integer
    Call changeArray(1, 5, Values())
    Call PrintArray(1, 5, Values())
End Sub
```

上述程序把整个数组传送到通用过程中。数组在事件过程（主程序）中定义，名为 Values，在实参表中写作 Values()；在通用过程的形参表中，数组名写作 p()。当调用过程时，就把主程序中的数组 Values() 作为实参传送给通用过程中的 p()。程序的输出结果为：

1
8
27
64
125

（2）如果不需要把整个数组传送给通用过程，可以只传送指定的单个元素，这需要在数组名后面的括号中写上指定元素的下标。例如：

```
Dim test_array() As Integer

Static Sub Sqval (a)
    a = Sqr(Abs(a))
End Sub

Sub Form_Click()
    ReDim test_array(1 To 5, 1 To 3)
```

```
        test_array(5, 3) = -36
        Print test_array(5, 3)
        Call Sqval(test_array(5, 3))
        Print test_array(5, 3)
    End Sub
```

该例中"Call Sqval(test_array(5,3))"语句把数组 test_Array 第 5 行第 3 列的元素送到过程 Sqval。在调用过程 Sqval 之后,改变了 test_Array(5,3)的值。程序的输出结果为:

-36
 6

(3) 第 8 章介绍的 LBound 和 UBound 函数常用来确定传送给过程的数组的大小。用 LBound 函数可以求出数组的最小下标值,而用 UBound 函数可以求出数组的最大下标值,这样就能确定传送给过程的数组中各维的上下界。例如:

```
Static Sub Printout (a())
    For row = LBound(a, 1) To UBound(a, 1)
        For col = LBound(a, 2) To UBound(a, 2)
            Print a(row, col)
        Next col
    Next row
End Sub
```

上述过程用 LBound 函数把 row 和 col 初始化为数组 a 中各维的下界,同时用 UBound 函数把 For 循环执行的次数限制为数组元素的个数。

【例 9.9】 编写一个 Function 过程,求数组的最大值。

求数组最大值的通用过程如下:

```
Private Function FindMax (a() As Integer)
    Dim Start As Integer, Finish As Integer, i As Integer
    Start = LBound(a)
    Finish = UBound(a)
    Max = a(Start)
    For i = Start To Finish
        If a(i) > Max Then Max = a(i)
    Next i
    FindMax = Max
End Function
```

该过程先求出数组的上界和下界,然后从整个数组中找出最大值。过程中的数组是一个形式参数,可以在下面的事件过程中调用该过程:

```
Sub Form_Click()
    ReDim b(4) As Integer
```

```
        b(1) = 30
        b(2) = 80
        b(3) = 234
        b(4) = 874
        c = FindMax(b())
        Print c
End Sub
```

程序执行后,单击窗体,输出结果为:

874

以上介绍了 Visual Basic 过程的参数传送,现补充说明以下几点:

(1) 当把常数和表达式作为实参传送给形参时,应注意类型匹配。通常有以下 3 种情况:

① 字符串常数和数值常数分别传送给字符串类型的形参和数值类型的形参。

② 当传送数值常数时,如果实参表中的某个数值常数的类型与 Function 或 Sub 过程形参表中相应的形参类型不一致,则这个常数被强制变为相应形参的类型。

③ 当作为实参的数值表达式与形参类型不一致时,通常也强制变为相应的形参的类型。

(2) 记录是用户定义的类型,传送记录实际上是传送记录类型的变量,一般步骤如下:

① 定义记录类型。例如:

```
Type StockItem
     PartNumber As String * 8
     Description As String * 20
     UnitPrice As Single
     Quantity As Integer
End Type
```

② 定义记录类型变量。例如:

```
Dim StockRecord As StockItem
```

③ 调用过程,并把定义的记录变量传送到过程。例如:

```
Call FindRecord(StockRecord)
```

④ 在定义过程时,要注意形参类型匹配。例如:

```
Sub FindRecord(RecordVar As StockItem)
```

(3) 单个记录元素的传送。传送单个记录元素时,必须把记录元素放在实参表中,写成"记录名.元素名"的形式。例如:

```
Sub PrintPriceTeg(Desc As String, Price As Single)
      ⋮
```

```
End Sub
```
⋮
```
Dim StickRecord As StockItem
Call PrintPriceTeg(StockRecord.description, StockRecord.UnitPrice)
```
⋮

【例 9.10】 用梯形法求定积分。

如图 9.10 所示,定积分

$$I = \int_a^b f(x)\mathrm{d}x$$

的几何意义就是求曲线 $f(x)$ 与 $y=0, x=a, x=b$ 所围成的曲顶矩形的面积。当能找到 $f(x)$ 的原函数 $F(x)$ 时,利用牛顿-莱布尼兹公式:

$$I = \int_a^b f(x)\mathrm{d}x = F(b) - F(a)$$

可以精确地求出 I 值。当 $f(x)$ 的原函数不容易找到时,便可借助数值方法近似地求出 I

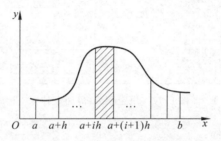

图 9.10　用梯形法求定积分

的值。

为了用数值方法计算定积分,首先应把连续的对象分割为容易求解的一些子对象,然后用迭代法对迭代表达式反复操作。在求定积分时,梯形法是一种常用的和容易理解的方法。

从图 9.10 可以看出,一个曲顶梯形可以分割为许多宽为 h 的小曲顶梯形,当 h 很小时,每个小的曲顶梯形都可以近似地看做是梯形,第 i 个小曲顶梯形的面积近似为:

$$S_i = \frac{h}{2}[f(a+ih) + f(a+(i+1)h)]$$

令:

$$h = (b-a)/n$$

于是有:

$$S = \sum_{i=0}^{n} \frac{h}{2}[f(a+ih) + f(a+(i+1)h)]$$

式中 a 为下限,b 为上限,n 为小曲顶矩形数。当 $n \to \infty$ 时,就能准确地求出定积分 S,但这是不可能的,只能使 n 是一个较大的数(n 愈大,误差愈小)。当 n 是一个有限值时,定积分可以近似认为:

$$S \approx \frac{h}{2}[f(a) + f(a+h) + f(a+2h) + \cdots + f(a+(n-1)h) + f(a+nh) + f(b)]$$

$$= \frac{h}{2}\left[f(a) + f(b) + h\sum_{i=1}^{n-1} f(a+i*h)\right]$$

可以把它改为迭代形式：

```
s = 0.5 * h * (f(a) + f(b))
s = s + h * (a + I * h)
```

根据以上分析,可以编写求如下定积分

$$\int_a^b \sqrt{4-x^2}\,\mathrm{d}x$$

的程序。

按以下步骤操作：

(1) 在窗体上画 4 个文本框、4 个标签、两个命令按钮,如图 9.11 所示。

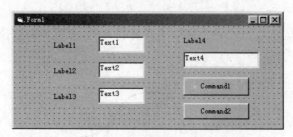

图 9.11　求定积分(界面设计)

(2) 编写如下通用过程：

```
Function f(ByVal x As Double) As Double
    f = Sqr(4# - x * x)
End Function

Function Integ(ByVal a, ByVal b As Single, ByVal n As Integer)
    Dim s As Double, h As Double
    Dim i As Integer
    h = (b - a) / n
    s = 0.5 * h * (f(a) + f(b))
    For i = 1 To n - 1
        s = s + f(a + i * h) * h
    Next i
    Integ = s
End Function
```

前一个过程用来定义积分函数,后一个过程用来求定积分,其算法内见前面的分析。

(3) 编写如下事件过程：

```
Private Sub Form_Load()
    Label1.Caption = "积分下限"
    Label2.Caption = "积分上限"
```

```
        Label3.Caption = "曲顶矩形数"
        Label4.Caption = "积分结果"
        Text1 = ""
        Text2 = ""
        Text3 = ""
        Text4 = ""
        Command1.Caption = "计算积分"
        Command2.Caption = "重新计算"
End Sub

Private Sub Command1_Click()
    a = Val(Text1.Text)
    b = Val(Text2.Text)
    n = Val(Text3.Text)
    Text4.Text = Integ(a, b, n)
End Sub

Private Sub Command2_Click()
    Text1 = ""
    Text2 = ""
    Text3 = ""
    Text4 = ""
End Sub
```

程序运行后,在3个文本框中分别输入积分的下限、上限和曲顶矩形数,然后单击"计算积分"按钮,即可在"积分结果"文本框中显示积分值。单击"重新计算"按钮,可在文本框中输入新的参数,重新进行计算。当下限和上限值固定时,曲顶矩形数越多,积分结果越精确。曲顶矩形数为10000时,结果如图9.12所示。

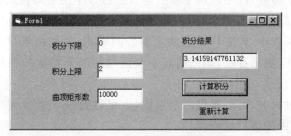

图9.12 求定积分(求值结果)

上述程序是一个通用程序,只要改变积分函数,即可求出不同函数的积分。例如,只要把通用过程f改为:

```
Function f(ByVal x As Double) As Double
    f = Sin(x)
End Function
```

就能求下述定积分：

$$\int_0^1 \sin x \mathrm{d}x$$

9.4 可选参数与可变参数

Visual Basic 6.0 提供了十分灵活和安全的参数传送方式，允许使用可选参数和可变参数。在调用一个过程时，可以向过程传送可选的参数或者任意数量的参数。

9.4.1 可选参数

在前面的例子中，一个过程中的形式参数是固定的，调用时提供的实参也是固定的。也就是说，如果一个过程有 3 个形参，则调用时必须按相同的顺序和类型提供 3 个实参。在 Visual Basic 6.0 中，可以指定一个或多个参数作为可选参数。例如，假定建立了一个计算两个数的乘积的过程，它能可选择地乘以第三个数。在调用时，既可以给它传送两个参数，也可以给它传送 3 个参数。

为了定义带可选参数的过程，必须在参数表中使用 Optional 关键字，并在过程体中通过 IsMissing 函数测试调用时是否传送可选参数。例如：

```
Sub Multi (fir As Integer, sec As Integer, Optional third)
    n = fir * sec
    If Not IsMissing(third) Then
        n = n * third
    End If
    Print n
End Sub
```

上述过程有 3 个参数，其中前两个参数与普通过程中的书写格式相同，最后一个参数没有指定类型（使用默认类型 Variant），而是在前面加上了"Optional"，表明该参数是一个可选参数。在过程体中，首先计算前两个参数的乘积，并把结果赋给变量 n，然后测试第三个参数是否存在，如果存在，则把第三个参数与前两个参数的乘积相乘，最后输出乘积（两个数或 3 个数）。

在调用上面的过程时，可以提供两个参数，也可以提供 3 个参数，都能得到正确的结果。例如，如果用下面的事件过程调用：

```
Private sub Form_click()
    Multi 10,20
End Sub
```

则结果为 200；而如果用下面的过程调用：

```
Private sub Form_click()
    Multi 10,20,30
End Sub
```

则结果为 6000。

上面的过程只有一个可选参数,也可以有两个或多个。但应注意,可选参数必须放在参数表的最后,而且必须是 Variant 类型。

可选参数过程通过 Optional 指定可选的参数,其类型必须是 Variant,通过 IsMissing 函数测试是否向可选参数传送实参值。IsMissing 函数有一个参数,它就是由 Optional 指定的形参的名字,其返回值为 Boolean 类型。在调用过程时,如果没有向可选参数传送实参,则 IsMissing 函数的返回值为 True,否则返回值为 False。

9.4.2 可变参数

在 C 语言中,通常用预定义函数 printf 输出数据。用该函数可以输出一个数据,也可以输出任意多个数据。输出的数据就是函数的参数,因此 printf 是一个可变参数函数。在 Visual Basic 6.0 中,可以建立与 printf 类似的过程。

可变参数过程通过 ParamArray 命令来定义,一般格式为:

Sub 过程名(ParamArray 数组名)

这里的"数组名"是一个形式参数,只有名字和括号,没有上下界。由于省略了变量类型,"数组"的类型默认为 Variant。

前面建立的 Multi 过程可以求两个或 3 个数的乘积。下面定义的是一个可变参数过程,用这个过程可以求任意多个数的乘积。

```
Sub Multi (ParamArray Numbers())
    n = 1
    For Each x In Numbers
        n = n * x
    Next x
    Print n
End Sub
```

在该过程中使用了 For Each…Next 语句,具体用法见第 8 章。

可以用任意个参数调用上述过程。例如:

```
Private Sub Form_Click()
    Multi 2,3,4,5,6
End Sub
```

输出结果为

720

由于可变参数过程中的参数是 Variant 类型,因此可以把任何类型的实参传送给该过程。例如:

```
Private Sub Form_Click()
    Dim a as integer,b As Long,c As Variant,d As Integer
```

```
        a = 6 : b = 8
        c = 12 : d = 2
        Multi a,b,c,d
End Sub
```

9.5 对象参数

和传统的程序设计语言一样,通用过程一般用变量作为形式参数。但是,和传统的程序设计语言不同,Visual Basic 还允许用对象,即窗体或控件作为通用过程的参数。在有些情况下,这可以简化程序设计,提高效率。本节将介绍用窗体和控件作为通用过程参数的操作。

前面介绍了用数值、字符串、数组作为过程的参数,以及如何把这些类型的实参传送到过程。实际上,在 Visual Basic 中,还可以向过程传送对象,包括窗体和控件。

用对象作为参数与用其他数据类型作为参数的过程没有什么区别,其格式为:

Sub 过程名(形参表)
  语句块
  [**Exit Sub**]
  ⋮
End Sub

"形参表"中形参的类型通常为 Control 或 Form。注意,在调用含有对象的过程时,对象只能通过传地址方式传送。因此在定义过程时,不能在其参数前加关键字 ByVal。

9.5.1 窗体参数

下面通过一个例子来说明窗体参数的使用。

假定要设计一个含有多个窗体的程序(第 13 章将介绍多窗体程序设计),该程序有 4 个窗体,要求这 4 个窗体的位置、大小都相同。

窗体的大小和位置通过 Left,Top,Width 及 Height 属性来设置。可以这样编写程序:

```
    ⋮
Form1.left = 2000
Form1.Top = 3000
Form1.Width = 5000
Form1.Height = 3000

Form2.left = 2000
Form2.Top = 3000
Form2.Width = 5000
Form2.Height = 3000
```

```
Form3.left = 2000
Form3.Top = 3000
Form3.Width = 5000
Form3.Height = 3000

Form4.left = 2000
Form4.Top = 3000
Form4.Width = 5000
Form4.Height = 3000
    ⋮
```

每个窗体通过4个语句确定其大小和位置,除窗体名称不同外,其他都一样。因此,可以用窗体作为参数,编写一个通用过程:

```
Sub FormSet(FormNum As Form)
    FormNum.left = 2000
    FormNum.Top = 3000
    FormNum.Width = 5000
    FormNum.Height = 3000
End Sub
```

上述通用过程有一个形式参数,该参数的类型为窗体(Form)。在调用时,可以用窗体作为实参。例如:

```
FormSet Form1
```

将按过程中给出的数值设置窗体Form1的大小和位置。

为了调用上面的通用过程,可以用"工程"菜单中的"添加窗体"命令建立4个窗体,即Form1,Form2,Form3和Form4。在默认情况下,第一个建立的窗体(这里是Form1)是启动窗体。

对Form1编写如下事件过程:

```
Private Sub Form_Load()
    FormSet Form1
    FormSet Form2
    FormSet Form3
    FormSet Form4
End Sub
```

对4个窗体分别编写如下的事件过程:

```
Private Sub Form_Click()
    Form1.Hide          '隐藏窗体Form1
    Form2.Show          '显示窗体Form2
End Sub
Private Sub Form_Click()
    Form2.Hide
```

```
        Form3.Show
    End Sub
    Private Sub Form_Click()
        Form3.Hide
        Form4.Show
    End Sub
    Private Sub Form_Click()
        Form4.Hide
        Form1.Show
    End Sub
```

上述程序运行后,首先显示 Form1,单击该窗体后,Form1 消失,显示 Form2,单击 Form2 窗体后,Form2 消失,显示 Form3……所显示的每个窗体的大小和位置均相同。

9.5.2 控件参数

和窗体参数一样,控件也可以作为通用过程的参数。即在一个通用过程中设置相同性质控件所需要的属性,然后用不同的控件调用此过程。

【例 9.11】 编写一个通用过程,在过程中设置字体属性,并调用该过程显示指定的信息。

通用过程如下:

```
Sub Fontout(TestCtrl1 As Control, TestCtrl2 As Control)
    TestCtrl1.FontSize = 18
    TestCtrl1.FontName = "幼圆"
    TestCtrl1.FontItalic = True
    TestCtrl1.FontBold = True
    TestCtrl1.FontUnderline = True

    TestCtrl2.FontSize = 24
    TestCtrl2.FontName = "Times new Roman"
    TestCtrl2.FontItalic = False
    TestCtrl2.FontUnderline = False
End Sub
```

上述过程有两个参数,其类型均为 Control。该过程用来设置控件上所显示的文字的各种属性。为了调用该过程,在窗体上建立两个文本框,然后编写如下的事件过程:

```
Private Sub Form_Load()
    Text1.Text = "欢迎使用"
    Text2.Text = "Visual Basic 6.0"
End Sub

Private Sub Form_Click()
    Fontout Text1, Text2
End Sub
```

运行上面的程序,单击窗体,执行结果如图9.13所示。

控件参数的使用比窗体参数要复杂一些,因为不同的控件所具有的属性也不一样。在用指定的控件调用通用过程时,如果通用过程中的属性不属于这种控件,则会发生错误。对于上面例子中的通用过程 Fontout,如果用文本框控件作为实参调用,则可顺利通过,但如果用图片框调用,即:

图 9.13　控件参数示例

```
Private Sub Picture1_Click()
    Fontout Picture1
End Sub
```

则会出现错误,因为图片框没有文本(Text)属性。

这就是说,在用控件作为参数时,必须考虑到作为实参的控件是否具有通用过程中所列的控件的属性。为此,Visual Basic 提供了一个 TypeOf 语句,其格式为:

{If | ElseIf} TypeOf 控件名称 Is 控件类型

TypeOf 语句放在通用过程中,"控件名称"实际上指的是控件参数(形参)的名字,即"As Control"前面的参数名。"控件类型"是代表各种不同控件的关键字,这些关键字是：CheckBox(复选框),Frame(框架),ComboBox(组合框),HScrollBar(水平滚动条),CommandButton(命令按钮),Label(标签),ListBox(列表框),DirListBox(目录列表框),DriveListBox(驱动器列表框),Menu(菜单),FileListBox(文件列表框),OptionButton(单选按钮),PictureBox(图片框),TextBox(文本框),Timer(时钟),VScrollBar(垂直滚动条)。

在通用过程中,TypeOf 语句用来限定控件参数的类型。加上 TypeOf 测试后,前面的例子改为:

```
Sub Fontout(TestCtrl1 As Control, TestCtrl2 As Control)
    TestCtrl1.FontSize = 18
    TestCtrl1.FontName = "System"
    TestCtrl1.FontItalic = True
    TestCtrl1.FontBold = True
    TestCtrl1.FontUnderline = True
    If TypeOf TestCtrl1 Is TextBox Then
        TestCtrl1.Text = "Microsoft Visual Basic"
    End If

    TestCtrl2.FontSize = 24
    TestCtrl2.FontName = "Times new Roman"
    TestCtrl2.FontItalic = False
    TestCtrl2.FontUnderline = False
    If TypeOf TestCtrl2 Is TextBox Then
```

```
        TestCtrl2.Text = "Microsoft Visual Basic"
    End If
End Sub
```

上述过程加上了 TypeOf 测试,只有用文本框(TextBox)作为实参调用该过程时,才会把字符串"Microsoft Visual Basic"赋给 Text 属性。如果用没有 Text 属性的控件作为实参调用该过程,也不会产生错误。

在窗体上建立一个文本框和一个命令按钮,然后编写如下事件过程:

```
Private Sub Form_Click()
    Fontout text1, Command1
End Sub
```

上述过程中的第一个语句用文本框作为实参,可以顺利调用通用过程 Fontout。第二个语句用命令按钮(CommandButton)作为实参调用,它没有 Text 属性,类型不符。但由于 Fontout 过程内已有 TypeOf 测试,因而不会出错。程序的执行结果如图 9.14 所示。

【例 9.12】 在窗体上建立两个命令按钮,单击某个命令按钮后,该按钮移到窗体上的某个随机位置。

首先在窗体上画两个标签和两个命令按钮,各控件及窗体的属性设置见表 9.1。

表 9.1 对象属性设置

对象	Name	Caption
窗体	Form1	"控件移动演示"
标签 1	Label1	"单击某个控件"
标签 2	Label2	"可使该控件移动到窗体的某随机位置"
命令按钮 1	Command1	"移动该命令按钮"
命令按钮 2	Command2	"移动该命令按钮"

设计完之后的窗体如图 9.15 所示。

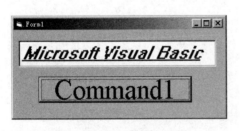

图 9.14 TypeOf 语句示例

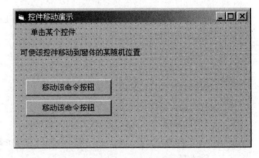

图 9.15 控件移动(界面设计)

编写如下两个通用过程:

```
Function RandInt (Inmin As Integer, InMax As Integer)
    RandInt = Int(InMax - Inmin + 1) * Rnd + Inmin
End Function
```

```
Sub Jump (ctl As Control)
    Dim Horiz As Integer, vert As Integer
    Horiz = RandInt(0, Width - ctl.Width)
    vert = RandInt(0, Height - ctl.Height)
    ctl.Move Horiz, vert
End Sub
```

过程 RandInt 用来产生整型随机数,在过程 Jump 中调用该过程,随机确定控件的位置。过程 Jump 有一个形参,该参数的类型为控件。在这个过程中,调用 RandInt 过程产生水平和垂直方向的位置,然后用 Move 方法移到这个位置。

编写如下的事件过程:

```
Private Sub Form_Load()
    Label1.FontName = "宋体"
    Label1.FontBold = True
    Label1.FontSize = 16
    Label2.FontName = "魏碑"
    Label2.FontBold = True
    Label2.FontSize = 14
    Command1.FontSize = 12
    Command2.FontSize = 12
End Sub
```

在下面的事件过程中调用过程 Jump:

```
Private Sub Command1_Click()
    Jump Command1
End Sub


Private Sub Command2_Click()
    Jump Command2
End Sub
```

程序运行后,单击某个命令按钮,该命令按钮即跳到窗体的某个随机位置。程序的执行情况如图 9.16 所示。

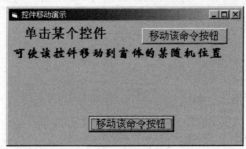

图 9.16 控件移动(运行情况)

9.6 局部内存分配

在运行应用程序时，Visual Basic 知道程序中有多少全局变量，并为它们分配内存。但是，Visual Basic 不知道有多少局部变量，甚至不知道是否会调用程序中的某个过程。只有在调用一个过程时才建立该过程所包含的局部变量和参数，并为其分配内存，而在过程结束后清除这些局部变量。如果再次调用该过程，则重新建立这些变量。也就是说，局部变量的内存在需要时分配，释放后可以被其他过程的变量使用。

有时候，在过程结束时，可能不希望失去保存在局部变量中的值。如果把变量声明为全局变量或模块级变量，则可解决这个问题。但如果声明的变量只在一个过程中使用，则这种方法并不好。为此，Visual Basic 提供了一个 Static 语句，其格式如下：

Static 变量表

其中"变量表"的格式如下：

变量[()][As 类型][,变量[()][As 类型]]…

可以看出，Static 语句的格式与 Dim 语句完全一样，但 Static 语句只能出现在事件过程、Sub 过程或 Function 过程中。在过程中的 Static 变量只有局部的作用域，即只在本过程中可见，但可以和模块级变量一样，即使过程结束后，其值仍能保留。

在程序设计中，Static 语句常用于以下两种情况：

(1) 记录一个事件被触发的次数，即程序运行时事件发生的次数。例如：

```
Sub Command1_Click()
    Static counter As Integer
    counter = counter + 1
    MsgBox "This Button has been pressed " + Str$(counter) + " times"
End Sub
```

该事件过程用来记录命令按钮被按（单击）了多少次，在过程中用 Static 语句定义计数器 counter，执行完过程后，该变量的值仍能保留，从而可以记录下单击命令按钮的次数。如果用 Dim 代替过程中的 Static，则程序不能正常运行，有兴趣的读者不妨一试。

(2) 用于开关切换，即原来为开，将其改为关，反之亦然。例如：

```
Sub Command1_Click()
    Static Toggle
    Toggle = Not Toggle
    If Toggle = 0 Then
        Text1.FontBold = True
    Else
        Text1.FontBold = False
    End If
End Sub
```

该过程用来切换文本框中的字体。假定文本框中的文本为普通字体,则单击一次命令按钮将变为粗体;如果再单击一次命令按钮,则又变为普通字体;再单击一次又变为粗体……如此反复,每次单击命令按钮切换其粗体特性。

Static 语句有以下几种用法:

(1) 把一个数值变量定义为静态变量。例如:

Static abc As Integer

(2) 把一个字符串变量定义为静态变量。例如:

Static strvar As string

(3) 使一个通用过程中的所有变量成为静态变量。例如:

Static Sub MyRoutine()

(4) 使一个事件过程中的所有变量成为静态变量。例如:

Static Sub Form_Click()

(5) 定义静态数组。例如:

Static emplo_name(25)

说明:

(1) 用 Static 语句定义的变量可以和在模块级定义的变量或全局变量重名,但用 Static 语句定义的变量优先于模块级或全局变量,因此不会发生冲突。

(2) 前面我们已经看到,Static 可以作为属性(关键字)出现在过程定义行中。在这种情况下,该过程内的局部变量都默认为 Static。对于 Static 变量来说,调用过程后其值被保存下来。如果省略 Static,则过程中的变量默认为自动变量。在这种情况下,每次调用过程时,自动变量都被初始化为 0 或空字符串。

(3) 当数组作为局部变量放在 Static 语句中时,在使用之前应标出其维数。例如:

```
Sub Subpro()
    Static Arr() As Integer
    Dim Arr( - 5 To 5) As Integer
    ⋮
End Sub
```

(4) 可以用下面的程序试验 Static 变量的作用:

```
Sub Form_Click()
    Print " x ", " y "
    Print
    For i% = 1 To 5
        testsub
    Next i%
End Sub
```

```
Sub testsub()
    Static y
    x = x + 1
    y = y + 1
    Print x, y
End Sub
```

在上面的程序中,x 和 y 都是过程 Testsub 中的局部变量。其中 x 是一个自动变量,每次调用 Testsub 时都被重新初始化为 0;而 y 是 Static 变量,可以保持上次调用的值。这样,每次调用过程 Testsub 时,x 的值不会发生变化,而 y 的值每次都要改变。程序运行结果如下:

```
    x        y

    1        1
    1        2
    1        3
    1        4
    1        5
```

9.7 递　　归

简单地说,递归就是一个过程调用过程本身。在递归调用中,一个过程执行的某一步要用到它自身的上一步(或上几步)的结果。

Visual Basic 的过程具有递归调用功能。递归调用在完成阶乘运算、级数运算、幂指数运算等方面特别有效。递归分为两种类型,一种是直接递归,即在过程中调用过程本身;一种是间接递归,即间接地调用一个过程。例如第一个过程调用了第二个过程,而第二个过程又回过头来调用第一个过程。Visual Basic 支持上述两种类型的递归。

在执行递归操作时,Visual Basic 把递归过程中的信息保存在堆栈中。16 位版本的 Visual Basic 把堆栈限制在 40KB 内,而在 32 位的 Visual Basic 中,堆栈空间可达 1MB。16 位版本中的递归次数最多不能超过 240 次,而 32 位版本中几乎没有限制。如果超过规定的递归次数,则产生"堆栈溢出"错误。

下面通过一个例子来说明 Visual Basic 的递归操作。

【例 9.13】 编程序计算 $n!$。

根据数学知识,负数的阶乘没有定义,0 的阶乘为 1,正数 n 的阶乘为:
$$n \times (n-1) \times (n-2) \times \cdots \times 2 \times 1$$

可以用下式表示:
$$n! = \begin{cases} 1, & n = 0 \\ n \times (n-1)!, & n > 0 \end{cases}$$

利用此式,求 n 的阶乘可以转换为求 $n\times(n-1)!$。

在 Visual Basic 中,这种运算可以用递归过程实现。程序如下:

```
Function Factorial (N As Integer) As Double
    If N > 0 Then
        Factorial = N * Factorial(N - 1)
    Else
        Factorial = 1
    End If
End Function

Sub Form_Click()
    Dim num As Integer
    msg$ = "Factorial is: "
    NL = Chr$(13) & Chr$(10)
    Do
        num = InputBox("Enter a number from 0 to 20(or -1 to end:")
        If num > 0 And num <= 20 Then
            r = Factorial(num)
            msg1$ = Str$(num) & msg$ & NL & Str$(r)
            MsgBox msg1$
        End If
        msg1$ = ""
    Loop While num >= 0
End Sub
```

上述程序把输入值限制在 0 到 20 范围内,因为即使对于双精度数来说,当输入的值太大时,也会产生溢出错误。当 N>0 时,调用 Factorial 过程,传送的实参为 N－1,这种操作一直持续到 N＝1 为止。

例如,当 N＝5 时,求 Factorial(5)的值变为求 5*Factorial(4);求 Factorial(4)又可变为求 4*Factorial(3)……当 N＝1 时,递归调用停止,其执行结果为 5*4*3*2*1,即 5!。如果把第一次调用 Factorial 过程称为 0 级调用,以后每调用一次,级别增加 1,过程参数(N)减 1,则递归调用操作如图 9.17 所示。

可以看出,递归求解分为两个阶段。第一个阶段是"递推",即把求 n 的阶乘表示为求 $(n-1)$ 阶乘的函数,而 $(n-1)$ 的阶乘仍然不知道,还要"递推"到 $(n-2)$ 的阶乘……直到 1 的阶乘。此时 Factorial(1)已知,不必再"推"了。然后开始第二个阶段,采用"回推"方法,从 1 的阶乘(1)推算出 2 的阶乘(2),从 2 的阶乘推算出 3 的阶乘(6)……一直到推算出 5 的阶乘(120)为止。也就是说,递归的操作可以分为"递推"和"回推"两个阶段,要经过许多步才能求出最后的值。显而易见,如果不是要求递归过程无限制地进行下去,则必须有一个结束递归过程的条件。在上面的例子中,结束递归的条件是 Factorial(1)＝1。

递归级别	执行操作
0	Factorial(5)
1	Factorial(4)
2	Factorial(3)
3	Factorial(2)
4	Factorial(1)
4	返回 1　Factorial(1)
3	返回 2　Factorial(2)
2	返回 6　Factorial(3)
1	返回 24　Factorial(4)
0	返回 120　Factorial(5)

图 9.17　递归调用操作

【例 9.14】 用递归过程求两个整数的最大公约数。

前面已举过求最大公约数的例子,这里通过递归来求最大公约数。

所谓最大公约数,是指能同时除尽两个整数的最大的整数,例如:

gcd(4,6) = 2　'因为 2 是能除尽 4 或 6 的最大整数

两千年前,欧几里得(Euclid)给出了求两个整数 a 和 b 的最大公约数的方法:如果 b 能除尽 a,则这两个数的最大公约数就是 b,否则 gcd(a,b) = gcd(b,a Mod b)。例如:

gcd(126,12) = gcd(12,126 Mod 12) = gcd(12,6) = 6

根据这一方法,编写递归过程如下:

```
Function gcd (p As Long, q As Long) As Long
    If q Mod p = 0 Then
        gcd = p
    Else
        gcd = gcd(q, p Mod q)
    End If
End Function
```

可以在下面的事件过程中调用该过程:

```
Sub Form_Click()
    a = gcd(126, 12)
    Print a
End Sub
```

程序输出结果为 6。

在某些运算中,递归有着十分重要的作用。但是,不能不分场合地随意使用递归,因为有时它会降低运算速度,甚至产生错误的结果。

【例 9.15】 用递归过程计算组合 C_m^n。

计算组合时,通常使用以下两个公式:
$$C_m^n = C_m^{m-n}$$
$$C_m^n = C_{m-1}^{n-1} + C_{m-1}^n$$

前一个公式常用于 $m < 2n$ 的情况,例如 C_8^5 可以化为:
$$C_8^5 = C_8^{8-5} = C_8^3$$

后一个公式用来计算组合,不断递归执行,直到满足条件
$$C_m^0 = 1 \quad 和 \quad C_m^1 = m$$

为止。

程序如下:

```
Dim w As Integer
Function comp(ByVal x, ByVal y, w As Integer)
    If x < 2 * y Then y = x - y
    w = w + 1
    If y = 0 Then
        comp = 1
    ElseIf y = 1 Then
        comp = x
    Else
        comp = comp(x - 1, y - 1, w) + comp(x - 1, y, w)
    End If
End Function

Private Sub Form_Click()
        m = InputBox("Enter a value of M: ")
        n = InputBox("Enter a value of N: ")
        z = comp(m, n, w)
        Print "Number of recursion is "; w
        Print "final result is "; z
End Sub
```

在上面的程序中,comp 是一个递归过程,它在执行部分多次调用本身,即直接调用。程序运行后,从键盘上输入 m 和 n 的值,然后调用 comp 过程求出结果。程序运行后,单击窗体,在输入对话框中分别输入 8 和 5,则执行结果如下:

```
Number of recursion is 29
final result is 56
```

假定输入的 m 和 n 的值分别为 8 和 5,即计算 C_8^5,则递归调用操作如下:
由于 $8 < 2 \times 5$,根据公式 $C_m^n = C_m^{m-n}$,有:
$$C_8^5 = C_8^{8-5} = C_8^3$$

根据公式 $C_m^n = C_{m-1}^{n-1} + C_{m-1}^n$,有:
$$C_8^3 = C_7^2 + C_7^3$$

其中：
$$C_7^2 = C_6^1 + C_6^2$$
$$= 6 + C_5^1 + C_5^2$$
$$= 6 + 5 + C_4^1 + C_4^2$$
$$= 6 + 5 + 4 + C_3^1 + C_3^2$$
$$= 6 + 5 + 4 + 3 + C_3^1$$
$$= 21$$

同理：
$$C_7^3 = C_6^2 + C_6^3$$
$$C_6^2 = 15$$
$$C_6^3 = 20$$

因此：
$$C_8^3 = 21 + 15 + 20 = 56$$

习 题

9.1 编写一个求 3 个数中最大值 Max 和最小值 Min 的过程，然后用这个过程分别求 3 个数和 5 个数、7 个数中的最大值和最小值。

9.2 编写程序，求 $S=A!+B!+C!$，阶乘的计算分别用 Sub 过程和 Function 过程两种方法来实现。

9.3 编写一个过程，以整型数作为形参，当该参数为奇数时输出 False，而当该参数为偶数时输出 True。

9.4 设 a 为一整数，如果能使 a^2 的低位与 a 相同，则称 a 为"守形数"。例如 $5^2 = 25, 25^2 = 625$，则 5 和 25 都是守形数。试编写一个 Function 过程 Automorphic，其形参为一正整数，判断其是否为守形数，然后用该过程查找 1~1000 内的所有守形数。

9.5 编写求解一元二次方程
$$ax^2 + bx + c = 0$$
的过程，要求 a,b,c 及解 x_1,x_2 都以参数传送的方式与主程序交换数据，输入 a,b,c 和输出 x_1,x_2 的操作放在主程序中。

9.6 斐波纳契(Fibonacci)数列的第一项是 1，第二项是 1，以后各项都是前两项的和，试用递归算法和非递归算法各编写一个程序，求斐波纳契数列前 n 项的值。

9.7 编写八进制数与十进制数相互转换的过程：

(1) 过程 ReadOctal　读入八进制数，然后转换为等值的十进制数。

(2) 过程 WriteOctal　将十进制正整数以等值的八进制形式输出。

9.8 编写一个过程，用来计算并输出：
$$S = 1 + \frac{1}{2} + \frac{1}{3} + \cdots + \frac{1}{100}$$
的值。

9.9 编写过程,用下面的公式计算 π 的近似值:

$$\frac{\pi}{4} = 1 - \frac{1}{3} + \frac{1}{5} - \frac{1}{7} + \cdots + (-1)^{n-1}\frac{1}{2n-1}$$

在事件过程中调用该过程,并输出当 $n=100,500,1000,5000$ 时 π 的近似值。

9.10 在本章中介绍了用梯形法求定积分的方法(例 9.10),请编写用矩形法求定积分的程序。矩形法与梯形法的区别是:梯形法以一个小梯形(曲顶矩形)的面积近似代替小区间内曲顶梯形的实际面积,而矩形法则是以一个矩形来代替。例如,$\sin x$ 曲线在 $[a,b]$ 区间里可分为 n 个区间,每一个区间的宽为 $h=(b-a)/n$,高为 $\sin a$。

编写用矩形法求定积分:

$$\int_a^b \cos x \, \mathrm{d}x$$

的程序,用 $a=0$;$b=1$;$n=10,100,1000,10000$ 进行试验。

9.11 用随机数函数 Rnd 生成一个 8 行 8 列的数组(各元素值在 100 以内),然后找出某个指定行内值最大的元素所在的列号。要求:查找指定行内值最大的元素所在列号的操作要通过一个过程来实现。

9.12 某商场有一个价目表(见表 9.2),该表有两项内容,即商品名和商品价格。有 4 种商品的价格。

表 9.2 商品价目表

商 品 名	价 格	商 品 名	价 格
电冰箱	2340	洗衣机	3320
电视机	5300	自行车	890

编写程序,把上面的价目表存入一个数组,然后把新的商品名及其价格插入数组中。

第 10 章 键盘与鼠标事件

前面已介绍过通用过程和一些常用的事件,本章将介绍与键盘和鼠标有关的事件。使用键盘事件,可以处理当按下或释放键盘上某个键时所执行的操作,而鼠标事件可用来处理与鼠标光标的移动和位置有关的操作。

10.1 KeyPress 事件

按下键盘上的某个键时,将发生 KeyPress 事件。该事件可用于窗体、复选框、组合框、命令按钮、列表框、图片框、文本框、滚动条及与文件有关的控件。严格地说,当按下某个键时,所触发的是拥有焦点的那个控件的 KeyPress 事件。在某一时刻,焦点只能位于某一个控件上,如果窗体上没有活动的或可见的控件,则焦点位于窗体上。当一个控件或窗体拥有焦点时,该控件或窗体将接收从键盘上输入的信息。例如,假定一个文本框拥有焦点,则从键盘上输入的任何字符都将在该文本框中回显。

在窗体上画一个控件(指上面所讲的可以发生 KeyPress 事件的控件),并双击该控件,进入程序代码窗口后,从"过程"框中选取 KeyPress,即可定义 KeyPress 事件过程。一般格式为:

```
Private Sub Text1_KeyPress(KeyAscii As Integer)

End Sub
```

KeyPress 事件带有一个参数,这个参数有两种形式。第一种形式是:Index As Integer,只用于控件数组;第二种形式是:KeyAscii As Integer,用于单个控件。上面列出的是第二种形式。KeyPress 事件用来识别按键的 ASCII 码。参数 KeyAscii 是一个预定义的变量,执行 KeyPress 事件过程时,KeyAscii 是所按键的 ASCII 值。例如,按下 A 键,KeyAscii 的值为 65;如果按下 a 键,则 KeyAscii 的值为 97;等等。注意,在一般情况下,按下大键盘上的字母键输入的是小写字母,只有按住 Shift 键或者锁定大写(Caps Lock)时按下的字母键所输入的才是大写字母。

利用 KeyPress 事件,可以对输入的值进行限制。假定在窗体上建立了一个文本框(Text1),然后双击该文本框进入程序代码窗口,并从"过程"框中选择 KeyPress,编写如下事件过程:

```
Private Sub Text1_KeyPress (KeyAscii As Integer)
    If KeyAscii<48 Or KeyAscii>57 Then
       Beep
       KeyAscii = 0
```

```
        End If
         ⋮
End Sub
```

该过程用来控制输入值,它只允许输入 0(ASCII 码 48)到 9(ASCII 码 57)的阿拉伯数字。如果输入其他字符,则响铃(beep),并消除该字符。

用 KeyPress 可以捕捉击键动作。例如,用下面的事件过程可以模拟打字机:

```
Private Sub Text1_KeyPress(KeyAscii As Integer)
    If KeyAscii = 13 Then
        Printer.Print Text1.Text
    End If
    KeyAscii = 0
End Sub
```

程序中的 KeyAscii=0 用来避免输入的字符在文本框中回显。

运行上面的程序,在文本框中输入一行字符,按回车键后,这行字符即在打印机上打印出来。

在 KeyPress 事件过程中可以修改 KeyAscii 变量的值。如果进行了修改,则 Visual Basic 在控件中输入修改后的字符,而不是用户输入的字符。例如:

```
Private Sub Text1_KeyPress (keyAscii As Integer)
    If keyAscii >= 65 And keyAscii <= 122 Then
        keyAscii = 42
    End If
End Sub
```

上述过程对输入的字符进行判断,如果其 ASCII 码大于等于 65(字母 A),并小于等于 122(小写字母 z),则用星号(ASCII 码为 42)代替,运行上面的过程,如果从键盘上输入 Testing,则在文本框中显示"＊＊＊＊＊＊＊"。利用类似的操作,可以编写口令程序。请看下面的例子。

【例 10.1】 编写口令程序。

用文本框的 Password 属性可以编写口令程序,下面的口令程序是用 KeyPress 事件编写的。

首先在窗体上画一个标签和一个文本框,如图 10.1 所示。

编写如下两个事件过程:

```
Private Sub Form_Load()
    Text1.Text = ""
    Text1.FontSize = 10
    Label1.FontSize = 12
    Label1.FontBold = True
    Label1.FontName = "隶书"
    Label1.Caption = "请输入口令..."
```

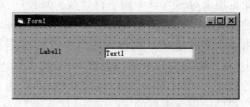

图 10.1　口令程序窗体设计

```
    End Sub
    Private Sub Text1_KeyPress(KeyAscii As Integer)
        Static PWord As String
        Static Counter As Integer
        Static Numberoftries As Integer
        Numberoftries = Numberoftries + 1
        If Numberoftries = 12 Then End
        Counter = Counter + 1
        PWord = PWord + Chr $ (KeyAscii)
        KeyAscii = 0
        Text1.Text = String $ (Counter, " * ")
        If LCase $ (PWord) = "abcd" Then
          Text1.Text = ""
          PWord = 0
          MsgBox "口令正确，继续…"
          Counter = 0
          Print "Continue..."
        ElseIf Counter = 4 Then
          Counter = 0
          PWord = ""
          Text1.Text = ""
          MsgBox "口令不对，请重新输入"
        End If
    End Sub
```

程序运行后，在文本框中输入口令，如果口令正确，则显示相应的信息，单击"确定"按钮后，将显示一个信息框。如果口令不正确，则要求重新输入(见图10.2)，3次输入的口令都不正确，则停止输入，并结束程序。

上面的 Form_Load 过程用来清除文本框中的信息，设置文本框和标签的字体属性，设置标签的标题。Text1_KeyPress 过程用来测试输入的口令是否正确。在该过程中，定义了 3 个静态变量，其中 Numberoftries 变量用来对输入口令的字符计数。每按一次

图 10.2　口令程序执行结果

键，触发一次 KeyPress 事件，Numberoftries 变量加 1，当该值达到 12 时结束程序。口令由 4 个字符组成，3 次输入的口令(12 个字符)都不正确则程序结束。在输入口令的过程中，程序随时对口令进行测试，一旦接收到正确口令，立即显示相应的信息。在这里，正确的口令为 abcd，输入 abc，再按 d 键，即认为口令正确。因此，用 KeyPress 事件编写的口令程序比用文本框的 Password 属性编写的口令程序更实用。

在第二个事件过程中，如果把过程开头的 Private 改为 Static，则可去掉 3 个静态变量的定义，其结果相同。

注意，在默认情况下，控件的键盘事件优先于窗体的键盘事件，因此在发生键盘事件时，总是先激活控件的键盘事件。如果希望窗体先接收键盘事件，则必须把窗体的

KeyPreview 属性设置为 True,否则不能激活窗体的键盘事件。这里所说的键盘事件包括 KeyPress,KeyDown 和 KeyUp。例如：

```
Private Sub Form_KeyPress(KeyAscii As Integer)
    Print Chr(KeyAscii)
End Sub
```

在该例中,如果把窗体的 KeyPreview 属性设置为 True,则程序运行后,当在键盘上按下某个键时,相应的字符将在窗体上输出,否则不显示任何信息。

10.2 KeyDown 和 KeyUp 事件

和 KeyPress 事件不同,KeyDown 和 KeyUp 事件返回的是键盘的直接状态,而 KeyPress 并不反映键盘的直接状态。换言之,KeyDown 和 KeyUp 事件返回的是"键",而 KeyPress 事件返回的是"字符"的 ASCII 码。例如,当按字母键 A 时,KeyDown 所得到的 KeyCode 码(KeyDown 事件过程的参数)与按字母键 a 是相同的;而对 KeyPress 来说,所得到的 ASCII 码不一样。

KeyDown 和 KeyUp 事件的参数也有两种形式,其中

Index As Integer

只用于控件数组,而

KeyCode As Integer, Shift As Integer

用于单个控件。下面只讨论这种形式。

KeyDown 和 KeyUp 事件都有两个参数,即 Keycode 和 Shift,例如：

```
Private Sub Form_KeyDown(KeyCode As Integer, Shift As Integer)

End Sub
```

或

```
Private Sub Form_KeyUp(KeyCode As Integer, Shift As Integer)

End Sub
```

两个参数的含义如下：

1. KeyCode

按键的实际的 ASCII 码。该码以"键"为准,而不是以"字符"为准。也就是说,大写字母与小写字母使用同一个键,它们的 KeyCode 相同(使用大写字母的 ASCII 码),但大键盘上的数字键与数字键盘上相同的数字键的 KeyCode 是不一样的。对于有上档字符和下档字符的键,其 KeyCode 为下档字符的 ASCII 码。表 10.1 列出了部分字符的 KeyCode 和 KeyAscii 码。

表 10.1 KeyCode 与 KeyAscii 码

键(字符)	KeyCode	KeyAscii	键(字符)	KeyCode	KeyAscii
A	&H41	&H41	5	&H35	&H35
a	&H41	&H61	%	&H35	&H25
B	&H42	&H42	1(大键盘上)	&H31	&H31
b	&H42	&H62	1(数字键盘上)	&H61	&H31

KeyCode 可以通过程序求出,见后面的例子。

2. Shift

该参数用于转换键。它指的是 3 个转换键的状态,包括 Shift,Ctrl 和 Alt 键,这 3 个键分别以二进制方式表示,每个键用 3 位,即:Shift 键为 001,Ctrl 键为 010,Alt 键为 100。当按下 Shift 键时,Shift 参数的值为 001(十进制数 1);当按下 Ctrl 键时,Shift 参数的值为 010(十进制数 2);而按下 Alt 键时,Shift 参数的值为 100(十进制数 4)。如果同时按下两个或 3 个转换键,则 Shift 参数的值即为上述两者或三者之和。因此,Shift 参数共可取 8 种值,见表 10.2。

表 10.2 Shift 参数的值

十进制数	二进制数	作用	十进制数	二进制数	作用
0	000	没有按下转换键	4	100	按下一个 Alt 键
1	001	按下一个 Shift 键	5	101	按下 Alt+Shift 键
2	010	按下一个 Ctrl 键	6	110	按下 Alt+Ctrl 键
3	011	按下 Ctrl+Shift 键	7	111	按下 Alt+Ctrl+Shift 键

和 KeyPress 事件一样,对于 KeyDown 和 KeyUp 事件,可以建立形如下面所示的事件过程:

```
Sub Text1_KeyDown(KeyCode As Integer,Shift As Integer)
    ⋮
End Sub


Sub Text1_KeyUp(KeyCode As Integer,Shift As Integer)
    ⋮
End Sub
```

KeyDown 是当一个键被按下时所产生的事件,而 KeyUp 是松开被按下的键时所产生的事件。为了说明这一点,可以在窗体上建立一个标签,然后编写下面两个事件过程:

```
Private Sub Form_KeyDown(KeyCode As Integer, Shift As Integer)
    Label1.Caption = Str $ (KeyCode)
End Sub


Private Sub Form_KeyUp(KeyCode As Integer, Shift As Integer)
    Label1.Caption = ""
End Sub
```

程序运行后,如果按下某个键,则在标签内显示该键的扫描码;而当松开该键时,标签内所显示的扫描码即被清除。

利用逻辑运算符 And,可以判断是否按下了某个转换键。例如,先定义下面 3 个符号常量:

```
Const Shift = 1
Const Ctrl = 2
Const Alt = 4
```

则可用下面的语句判断是否按下 Shift,Ctrl 或 Alt 键:
- 如果　Shift And Shift>0,则按下了 Shift 键。
- 如果　Shift And Ctrl>0,则按下了 Ctrl 键。
- 如果　Shift And Alt>0,则按下了 Alt 键。

这里的 Shift 是 KeyDown 事件的第二个参数。利用这一原理,可以在事件过程中通过判断是否按下了某个或某几个键来执行指定的操作。例如,在窗体上画一个文本框,然后编写如下事件过程:

```
Private Sub Text1_KeyDown(KeyCode As Integer, Shift As Integer)
    Const Alt = 4
    Const Key_F2 = &H71
    ShiftDown% = (Shift And Shift)>0
    AltDown% = (Shift And Alt)>0
    F2Down% = (KeyCode = Key_F2)
    If AltDown% And F2Down% Then
        Text1.Text = "AAAAAA"
    End If
End Sub
```

上述程序运行后,如果按 Alt+F2 键,则文本框中显示的字符串为 AAAAAA。

窗体上的每个对象都有自己的键盘处理程序。在一般情况下,一个键盘处理程序是针对某个对象(包括窗体和控件)进行的,而有些操作可能具有通用性,即适用于多个对象。在这种情况下,可以编写一个适用于各个对象的通用键盘处理程序。对于某个对象来说,当发生某个键盘事件时,只要通过传送 KeyCode 和 Shift 参数调用通用键盘处理程序就可以了。例如:

```
Sub KeyDownHandler(KeyCode As Integer, Shift As Integer)
    Const Key_F2 = &H71
    If KeyCode = Key_F2 Then
        End
    End If
End Sub
```

这是一个通用过程,它的功能是:程序运行后,如果按下 F2 键(KeyCode=&H71),则结束程序。假定在窗体上建立了一个文本框和一个图片框,则可在其键盘事件过程中调用上述通用过程：

```
Private Sub Picture1_KeyDown(KeyCode As Integer, Shift As Integer)
    KeyDownHandler KeyCode, Shift
End Sub

Private Sub Text1_KeyDown(KeyCode As Integer, Shift As Integer)
    KeyDownHandler KeyCode, Shift
End Sub
```

程序运行后，不管焦点位于哪个控件内，只要按下 F2 键就可以退出程序。

Visual Basic 中已把键盘上的功能键定义为常量，即 vbKeyFX，这里的 X 可以是 1 到 12 的值。例如，vbKeyF5 表示功能键 F5。这些常量可以直接在程序中使用。

【例 10.2】 编写一个程序，当按下键盘上的某个键时，输出该键的 KeyCode 码。

在实际应用中，KeyCode 码有着重要的作用，利用它可以根据按下的键采取相应的操作。这个程序用来输出每个键的 KeyCode 码。

首先把窗体的 KeyPreview 属性设置为 True，然后编写如下程序：

```
Private Sub Form_KeyDown(KeyCode As Integer, Shift As Integer)
    Static i
    i = i + 1
    If i Mod 10 = 0 Then
        Print Chr $ (KeyCode); " - - "; Hex $ (KeyCode); "   ";
        Print: Print
    ElseIf KeyCode = 13 Then
        i = 0
        Print: Print: Print
    Else
        Print Chr $ (KeyCode); " - - "; Hex $ (KeyCode); "   ";
    End If
End Sub
```

上述程序运行后，每按一个键，将输出该键及其 KeyCode 码（十六进制）。对于数字键和字母键，可以正常输出；对于功能键和其他键，输出的 KeyCode 码是正确的，但输出的键是小写字母或上档字符，结果如图 10.3 所示。

图中前 4 行为字母键和数字键，第五行为功能键，自左至右分别为 F1，F2，F3，…，F10。第六行为光标移动键，从左到右分别为↑、↓、←、→，最后一行是小键盘上的键，分别为 Home，End，PgUp，PgDn。

上面的程序是针对窗体编写的，必须把窗体的 KeyPreview 属性设置为 True。如果针对其他对象编写，则该对象必须为活动对象（即拥有焦点）。

【例 10.3】 编写程序，演示 KeyDown 和 KeyUp 事件的功能。

首先在窗体内建立一个文本框，然后编写如下两个事件过程：

```
Private Sub Text1_KeyDown(KeyCode As Integer, Shift As Integer)
```

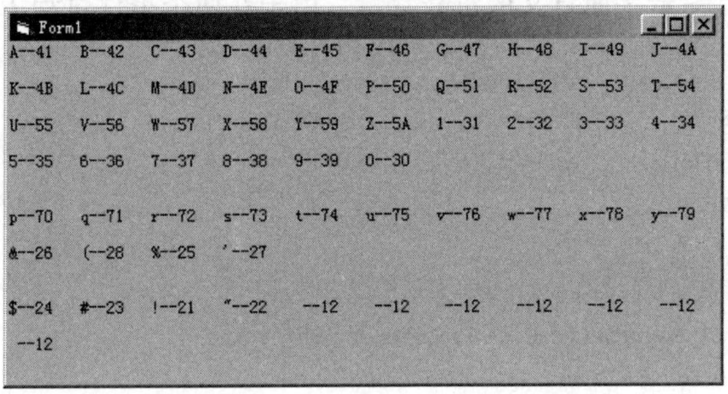

图 10.3　部分键的 KeyCode 码

```
        If KeyCode = &H70 Then
            Print "压下功能键 F1"
        End If
        If KeyCode = &H75 Then
            Print "压下功能键 F6"
        End If
        If KeyCode = &H78 Then
            Print "压下功能键 F9"
        End If
End Sub

Private Sub Text1_KeyUp(KeyCode As Integer, Shift As Integer)
        If KeyCode = &H70 Then
            Print "松开功能键 F1"
        End If
        If KeyCode = &H75 Then
            Print "松开功能键 F6"
        End If
        If KeyCode = &H78 Then
            Print "松开功能键 F9"
        End If
End Sub
```

　　程序运行后,如果按 F1 键,则在窗体上输出"压下功能键 F1",当松开时输出"松开功能键 F1"。按 F6 键和 F9 键输出结果类似,如图 10.4 所示。

　　在试验上面的程序时,按下 F1(或 F6,F9)键应立即松开,如果按住不放,将连续显示"压下功能键 F1"(或 F6,F9)。此外,焦点必须位于文本框 Text1 内。如果窗体上还有其他控件,例如有一个文本框 Text2,并且输入焦点位于该文本框内,则得不到上面的运行结果。

　　为了提高程序的可读性,可以把 &H70,&H75

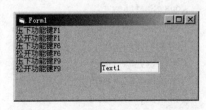

图 10.4　KeyDown 和 KeyUp 事件示例

和 &H78 定义为有一定字面意义的符号常量。由于在两个事件过程中使用,这些常量应在窗体层定义:

```
Const Key_F1 = &H70
Const Key_F6 = &H75
Const Key_F9 = &H78
```

两个事件过程修改如下:

```
Private Sub Text1_KeyDown(KeyCode As Integer, Shift As Integer)
    If KeyCode = Key_F1 Then
        Print "压下功能键 F1"
    End If
    If KeyCode = Key_F6 Then
        Print "压下功能键 F6"
    End If
    If KeyCode = Key_F9 Then
        Print "压下功能键 F9"
    End If
End Sub

Private Sub Text1_KeyUp(KeyCode As Integer, Shift As Integer)
    If KeyCode = Key_F1 Then
        Print "松开功能键 F1"
    End If
    If KeyCode = Key_F6 Then
        Print "松开功能键 F6"
    End If
    If KeyCode = Key_F9 Then
        Print "松开功能键 F9"
    End If
End Sub
```

上面两个例子都是单个键的键盘事件,也可以把转换键与功能键(及其他键)配合使用,完成指定的操作。请看下面的例子。

【例 10.4】 编写程序,当同时按下转换键和功能键时,输出相应的信息。

首先在窗体上建立一个文本框,在窗体层定义以下常量:

```
Const ShiftKey = 1
Const CtrlKey = 2
Const AltKey = 4
Const Key_F5 = &H74
Const Key_F6 = &H75
Const Key_F7 = &H76
```

编写如下事件过程:

```
Private Sub Text1_KeyDown(KeyCode As Integer, Shift As Integer)
    If KeyCode = Key_F5 And Shift = ShiftKey Then
        Print "压下 Shift + F5"
    End If
    If KeyCode = Key_F6 And Shift = CtrlKey Then
        Print "压下 Ctrl + F6"
    End If
    If KeyCode = Key_F7 And Shift = AltKey Then
        Print "压下 Alt + F7"
    End If
End Sub
```

上述事件过程测试两个参数（KeyCode 和 Shift）是否同时满足给定的条件，如果满足，则输出相应的信息。程序运行结果如图 10.5 所示。

第 6 章介绍过滚动条，用鼠标可以移动滚动条上的滚动框。实际上，使用 KeyDown 事件，可以通过键盘上指定的键来移动滚动框。请看下面的例子。

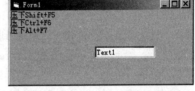

图 10.5 KeyDown 事件示例

【例 10.5】 编写程序，通过键盘移动滚动条上的滚动框，并显示移动情况。

首先在窗体上建立一个滚动条和一个标签，并把窗体设成适当大小，其属性设置见表 10.3。

表 10.3 对象属性设置

对象	属性	设置值	对象	属性	设置值
窗体	Left	1095	滚动条	Max	100
	Top	1545		LargeChange	10
	Width	4485	标签	Alignment	2-Center
	Height	1905		BorderStyle	1-Fixed Single
				Fontsize	12

编写如下的事件过程：

```
Private Sub HScroll1_KeyDown(KeyCode As Integer, Shift As Integer)
    Select Case KeyCode
        Case 48              '数字"0"键
            If HScroll1.Min <= HScroll1.Value - HScroll1.LargeChange Then
                HScroll1.Value = HScroll1.Value - HScroll1.LargeChange
            End If
        Case 189             '"-"键
            If HScroll1.Min <= HScroll1.Value - HScroll1.SmallChange Then
                HScroll1.Value = HScroll1.Value - HScroll1.SmallChange
```

```
            End If
        Case 187                '"="键
            If HScroll1.Max >= HScroll1.Value + HScroll1.SmallChange Then
                HScroll1.Value = HScroll1.Value + HScroll1.SmallChange
            End If
        Case 220                '"\"键
            If HScroll1.Max >= HScroll1.Value + HScroll1.LargeChange Then
                HScroll1.Value = HScroll1.Value + HScroll1.LargeChange
            End If
    End Select
    Label1.Caption = Str$(HScroll1.Value)
End Sub
```

该过程通过 Select Case 语句移动滚动框。在每个 Case 子句中，首先用 If 语句检查在指定的方向上是否有足够的空间来移动滚动框。如果有，则把 HScroll1.SmallChange 或 HScroll1.LargeChange 的值加到 HScroll1.Value，而 HScroll1.Value 代表了滚动框的当前位置。SmallChange 和 LargeChange 值的变化决定了滚动框的位置，通过 4 个键来实现，见表 10.4。

用表中所列的 4 个键可以移动滚动条上的滚动框，滚动框的位置值在标签中显示出来。执行情况如图 10.6 所示。

表 10.4 通过键盘移动滚动框

KeyCode 值	键	作 用
48	0	向左移动 LargeChange
189	—	向左移动 SmallChange
187	=	向右移动 SmallChange
220	\	向右移动 LargeChange

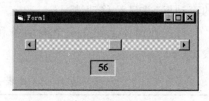

图 10.6 通过键盘移动滚动框

注意，只有通过上面 4 个键移动滚动框时才能在标签中显示其位置，如果用鼠标移动滚动框，则不能显示。

实际上，对于上面这样的问题，用 KeyPress 事件来编写程序会更直观、更容易。

10.3 鼠标事件

在以前的例子中，曾多次使用过鼠标事件，即单击（Click）和双击（DblClick）事件，这些事件是通过快速按下并放开鼠标按钮产生的。实际上，在 Visual Basic 中，还可以识别按下或放开某个鼠标按钮而触发的事件。

为了实现鼠标操作，Visual Basic 提供了 3 个过程模板：

1. 按下鼠标按钮事件过程

```
Sub Form_MouseDown(Button As Integer, Shift As integer, x As single, y As Single)

End Sub
```

2. 松开鼠标按钮事件过程

Sub Form_MouseUp(Button As Integer, Shift As integer, x As single, y As Single)

End Sub

3. 移动鼠标光标事件过程

Sub Form_MouseMove(Button As Integer, Shift As integer, x As single, y As Single)

End Sub

上述事件过程适用于窗体和大多数控件，包括：复选框、命令按钮、单选按钮、框架、文本框、目录框、文件框、图像框、图片框、标签、列表框等。

3个鼠标事件过程具有相同的参数，含义如下：

（1）Button 被按下的鼠标按钮，其取值见表10.5。

（2）Shift 表示 Shift，Ctrl 或 Alt 键的状态。

表 10.5 Button 参数取值

常量	值	作用
LEFT_BUTTON	1	按下鼠标左按钮
RIGHT_BUTTON	2	按下鼠标右按钮
MIDDLE_BUTTON	4	按下鼠标中间按钮

（3）x，y 鼠标光标的当前位置。

上述参数的具体用法将在下面介绍。

10.3.1 鼠标位置

鼠标位置由参数 x，y 确定。这里的 x，y 不需要给出具体的数值，它随鼠标光标在窗体或控件上的移动而变化。当移到某个位置时，如果按下按钮，则产生 MouseDown 事件，如果松开按钮则产生 MouseUp 事件。(x, y)通常指接收鼠标事件的窗体或控件上的坐标。

下面通过一个简单例子说明3个鼠标事件的功能。

在窗体上建立一个命令按钮，然后编写如下的事件过程：

```
Private Sub Form_MouseDown(Button As Integer, Shift As Integer, x As Single, y As Single)
    Command1.Move x, y
End Sub
```

这是一个窗体的 MouseDown 事件过程，当在窗体上按下鼠标按钮时触发该事件。在这个过程中，用 Move 方法把控件移到(x, y)处。这里的 x，y 是 MouseDown 事件过程的参数。执行上面的过程，在窗体内移动鼠标光标，如果按下鼠标按钮，则把窗体内的命令按钮移到当前鼠标光标位置(x, y)，这个位置是命令按钮左上角的位置。

当松开鼠标按钮时，产生 MouseUp 事件，例如：

```
Private Sub Form_MouseUp(Button As Integer, Shift As Integer, x As Single, y As Single)
    Command1.Move x, y
```

End Sub

上述过程是松开鼠标按钮时发生的反应。按下鼠标按钮,在窗体上移动鼠标光标,如果在某个位置松开鼠标光标,则把命令按钮移到该位置。

前面两个过程是当按下或松开鼠标时可以把命令按钮移到指定的位置,而如果使用 MouseMove 事件过程,则可"拖"着控件在窗体内移动。例如:

```
Private Sub Form_MouseMove(Button As Integer, Shift As Integer, x As Single, y As Single)
    Command1.Move x, y
End Sub
```

运行上面的过程,不用按鼠标按钮,只要移动鼠标光标,就能"拖"着命令按钮在窗体内到处移动。在移动的过程中,鼠标光标始终指在命令按钮的左上角。

【例 10.6】 用鼠标事件在窗体上画图。

首先在窗体层定义如下变量:

```
Dim PaintNow As Boolean
```

编写如下事件过程:

```
Sub Form_MouseDown(Button As Integer, Shift As Integer, x As Single, y As Single)
    PaintNow = True                '允许画图
End Sub

Sub Form_MouseUp(Button As Integer, Shift As Integer, x As Single, y As Single)
    PaintNow = False               '禁止画图
End Sub

Sub Form_MouseMove(Button As Integer, Shift As Integer, x As Single, y As Single)
    If PaintNow Then
        PSet (x, y)                '画一个点
    End If
End Sub

Sub Form_Load()
    DrawWidth = 2                  '使用加宽的刷子
    ForeColor = RGB(0, 0, 255)     '设置画图颜色
End Sub

Private Sub Form_DblClick()
    Cls
End Sub
```

上述程序定义了一个布尔型变量 PaintNow,当按下鼠标左按钮(触发 MouseDown 事件)时,该变量的值为 True;而当松开鼠标左按钮(触发 MouseUp 事件)时,该变量为 False。如果变量 PaintNow 为 True,则移动鼠标(触发 MouseMove 事件)将在窗体上画

出一个点,如图 10.7 所示。除鼠标事件外,上述程序还含有一个 Load 事件过程和一个 DblClick 事件过程。其中 Load 事件过程用来设置所画点的大小和颜色,DblClick 事件过程用来清除所画的图形。

函数 PSet 是画点语句,用它可以在(x,y)处画一个点。

10.3.2 鼠标按钮

鼠标按钮状态由参数 Button 来设定,该参数是一个整数(16 位),在设置按钮状态时实际上只使用了低 3 位(见图 10.8)。其中最低位表示左按钮,右数第二位表示右按钮,第三位表示中间按钮。当按下某个按钮时,相应的位被置 1,否则为 0。

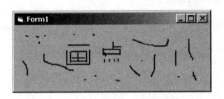

图 10.7 用鼠标事件画图

图 10.8 Button 参数

用 3 个二进制位可以表示按钮的不同状态,见表 10.6。

表 10.6 按钮状态

Button 参数值	作　用	Button 参数值	作　用
000(十进制 0)	未按任何按钮	100(十进制 4)	中间按钮被按下
001(十进制 1)	左按钮被按下(默认)	101(十进制 5)	同时按下中间和左按钮
010(十进制 2)	右按钮被按下	110(十进制 6)	同时按下中间和右按钮
011(十进制 3)	左、右按钮同时被按下	111(十进制 7)	3 个按钮同时被按下

注意,有些鼠标器只有两个按钮,或者虽有 3 个按钮但 Windows 鼠标驱动程序不能识别中间按钮。在这种情况下,表 10.6 中的后 4 个参数值不能使用。

说明:

(1) 对于 MouseDown 和 MouseUp 事件来说,只能用鼠标的按钮参数判断是否按下或松开某一个按钮,不能检查两个按钮被同时按下或松开。因此 Button 参数的取值只有 3 种,即 001(十进制 1)、010(十进制 2)和 100(十进制 4)。例如:

```
Private Sub Form_MouseDown(Button As Integer, Shift As Integer, x As Single, y As Single)
    If Button = 1 Then Print "按下左按钮"
    If Button = 2 Then Print "按下右按钮"
    If Button = 4 Then Print "按下中间按钮"
End Sub
```

上述过程用来测试按下了鼠标的哪一个按钮。按下某个按钮后,将显示相应的信息。

(2) 对于 MouseMove 事件来说,可以通过 Button 参数判断按下一个或同时按下两个、3 个按钮。例如:

① 下面程序用来判断在移动鼠标时是否按着右按钮:

```
Private Sub Form_MouseMove(Button As Integer, Shift As Integer, x As Single, y As Single)
    If Button = 2 Then Print "按着右按钮"
End Sub
```

② 如果只想判断某一个按钮(不管其他按钮)是否被按下,则可用逻辑运算符 And 来实现。例如:

```
Private Sub Form_MouseMove (Button As Integer, Shift As Integer, x As Single, y As Single)
    If Button And 2 Then Print "按着右按钮"
End Sub
```

③ 用类似的方法可以判断是否同时按下了左、右按钮:

```
Private Sub Form_MouseMove (Button As Integer, Shift As Integer, x As Single, y As Single)
    If (Button And 3) = 3 Then
        Print "同时按着左、右按钮"
    End If
End Sub
```

④ 用下面的语句可以判断是否同时按下了 3 个按钮:

```
If (Button And 7) = 7 Then
    Print "同时按着左、中、右按钮"
End If
```

(3) 在判断是否按下多个按钮时,要注意避免二义性。例如,下面语句的判断不很严密:

```
If (Button And 1) And (Button And 2) Then…
```

用该语句判断时,按下 3 个按钮和按下两个按钮的效果相同。再如:

```
If Button And 3 Then…
```

该语句判断"Button And 3"的结果是否为 True。实际上,有 3 种情况使它为 True,即按下左按钮、按下右按钮或同时按下左、右两个按钮。

(4) 为了提高可读性,可以把 3 个按钮定义为符号常量:

```
Const LEFT_BUTTON = 1
Const RIGHT_BUTTON = 2
Const MIDDLE_BUTTON = 4
```

在前面的例子中,3 种鼠标事件(MouseDown、MouseUp 和 MouseMove)独立产生,利用 Button 函数,可以把 3 种鼠标事件结合起来使用。请看下面的例子。

【例 10.7】 编写程序,在窗体上画圆。要求:按着右按钮移动鼠标,则可画圆,否则不能画圆。

Visual Basic 中用 Circle 方法画圆,其格式为:

```
Circle (x,y), R
```

将以(x,y)为圆心,以 R 为半径画一个圆。

按以下步骤操作:

(1) 首先在窗体层定义一个布尔变量:

Dim Trace As Boolean

变量 Trace 是一个开关,当它为 True 时画圆,为 False 时停止画圆。

(2) 编写如下两个事件过程:

Private Sub Form_MouseDown(Button As Integer, Shift As Integer, x As Single, y As Single)
    Trace = True
End Sub

Private Sub Form_MouseUp(Button As Integer, Shift As Integer, x As Single, y As Single)
    Trace = False
End Sub

前一个过程的功能是:当按下鼠标按钮时,变量 Trace 被设置为 True,后一个过程则是当松开鼠标按钮时将变量 Trace 设置为 False。

(3) 编写 MouseMove 事件过程:

Private Sub Form_MouseMove(Button As Integer, Shift As Integer, x As Single, y As Single)
    R = Rnd * 800
    If R<200 Then R = 200
    If Trace And (Button And 2) Then
        Circle (x, y), R
    End If
End Sub

上述过程判断鼠标按钮是否被按下(Trace = True),并且按下的是否是右按钮(Button And 2)。按下右按钮移动鼠标,每移动一个位置,以鼠标光标的当前位置为圆心,以 200~800Twip 之间的随机数为半径画一个圆,如图 10.9 所示。

10.3.3 转换参数

和按钮参数 Button 一样,转换参数 Shift 也是一个整数值,并用其低 3 位表示 Shift,Ctrl 和 Alt 键的状态,某键被按下使得一个二进制位被设置,如图 10.10 所示。

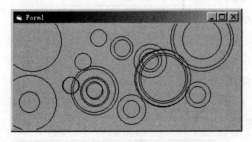

图 10.9 按下鼠标右按钮画圆

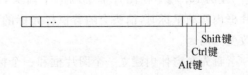

图 10.10 Shift 参数

Shift 参数反映了当按下指定的鼠标按钮时,键盘上转换键(Shift,Ctrl 和 Alt 键)的当前状态。该参数的设置值见表 10.7。

表 10.7 Shift 参数设置值

Shift 值	作 用	Shift 值	作 用
000(十进制 0)	未按转换键	100(十进制 4)	按下一个 Alt 键
001(十进制 1)	按下一个 Shift 键	101(十进制 5)	按下 Alt 和 Shift 键
010(十进制 2)	按下一个 Ctrl 键	110(十进制 6)	按下 Alt 和 Ctrl 键
011(十进制 3)	同时按下 Shift 和 Ctrl 键	111(十进制 7)	同时按下 Shift,Ctrl 和 Alt 键

【例 10.8】 Shift 参数和 Button 参数测试程序。

```
Private Sub Form_MouseDown(Button As Integer, Shift As Integer, x As Single, y As Single)
    If Shift = 1 And Button = 1 Then
        Print "同时按下 Shift 键和鼠标左按钮"
    End If
    If Shift = 2 And Button = 2 Then
        Print "同时按下 Ctrl 键和鼠标右按钮"
    End If
    If Shift = 4 And Button = 1 Then
        Print "同时按下 Alt 键和鼠标左按钮"
    End If
    If Shift = 3 And Button = 2 Then
        Print "同时按下 Ctrl、Shift 键和鼠标右按钮"
    End If
    If Shift = 5 And Button = 1 Then
        Print "同时按下 Shift、Alt 键和鼠标左按钮"
    End If
    If Shift = 6 And Button = 2 Then
        Print "同时按下 Alt、Ctrl 键和鼠标右按钮"
    End If
    If Shift = 7 And Button = 1 Then
        Print "同时按下 Alt、Ctrl、Shift 键和鼠标左按钮"
    End If
End Sub
```

上述过程把 Shift 参数和 Button 参数结合起来进行测试。当按下转换键和鼠标按钮时,显示相应的信息。

【例 10.9】 在图片框中画一个箭头,当在图片框内移动鼠标时,箭头会随着鼠标光标的移动而改变方向。

首先在窗体内建立一个图片框和一个标签,其属性设置见表 10.8。

表 10.8 对象属性设置

对象	属性	设置值
窗体	Left	1035
	Top	1200
	Width	2850
	Height	2400
	Caption	Mouse Vane
图片框	Name	Vane
标签	Alignment	2-Center
	Caption	空白

然后编写如下事件过程：

```
Private Sub Vane_MouseMove(Button As Integer, Shift As Integer, x As Single, y As Single)
    Static LastX As Integer
    Static LastY As Integer
    If x>LastX Then xaxis = 1
    If x<LastX Then xaxis = -1
    If y>LastY Then yaxis = 1
    If y<LastY Then yaxis = -1
    Label1.Caption = Str$(xaxis) + " " + Str$(yaxis)
    Select Case True
        Case (xaxis = 1 And yaxis = 1)
            Vane.Picture = LoadPicture("c:\vb60\graphics\icons\Arrows\arw10se.ico")
        Case (xaxis = 1 And yaxis = -1)
            Vane.Picture = LoadPicture("c:\vb60\graphics\icons\Arrows\arw10ne.ico")
        Case (xaxis = -1 And yaxis = 1)
            Vane.Picture = LoadPicture("c:\vb60\graphics\icons\Arrows\arw10sw.ico")
        Case (xaxis = -1 And yaxis = -1)
            Vane.Picture = LoadPicture("c:\vb60\graphics\icons\Arrows\arw10nw.ico")
        Case (xaxis = 1 And yaxis = 0)
            Vane.Picture = LoadPicture("c:\vb60\graphics\icons\Arrows\arw07rt.ico")
        Case (xaxis = -1 And yaxis = 0)
            Vane.Picture = LoadPicture("c:\vb60\graphics\icons\Arrows\arw07lt.ico")
        Case (xaxis = 0 And yaxis = 1)
            Vane.Picture = LoadPicture("c:\vb60\graphics\icons\Arrows\arw07dn.ico")
        Case (xaxis = 0 And yaxis = -1)
            Vane.Picture = LoadPicture("c:\vb60\graphics\icons\Arrows\arw07up.ico")
    End Select
    LastX = x
    LastY = y
End Sub
```

在上面的过程中，用变量 xaxis 和 yaxis 来确定箭头的方向。其中负值表示坐标轴的坐标值变小。如果 xaxis 的值为 -1，则移动方向向左；如果 yaxis 的值为 -1，则移动方向向上。类似地，正值表示移动方向向右和向下，0 值表示没有变化。这两个变量的值在标签中实时显示出来。

只有在鼠标光标进入图片框后，才能识别 MouseMove 事件。变量 LastX 和 LastY 中记录了上一次的 x 和 y 值，退出过程后，x 和 y 值保存在这两个变量中。由于这两个变量被定义为静态变量，其值在退出过程后仍能保留。如果 x 的当前值大于 LastX 的值，就可以知道鼠标光标已移向右方；同样，如果 y 的当前值小于 LastY 的值，就能判定鼠标光标已移向上方。

过程中用 Select Case 语句把箭头图标装入图片框 Vane，箭头的方向与鼠标的移动方向相一致。程序的执行情况如图 10.11 所示。

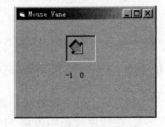

图 10.11 鼠标"瞄准"

10.4 鼠标光标的形状

在使用 Windows 及其应用程序时,读者可能已经注意到,当鼠标光标位于不同的窗口内时,其形状是不一样的:有时候呈箭头状,有时候是十字,有时候是竖线,等等。在 Visual Basic 中,可以通过属性设置来改变鼠标光标的形状。

10.4.1 MousePointer 属性

鼠标光标的形状通过 MousePointer 属性来设置。该属性可以在属性窗口中设置,也可以在程序代码中设置。

MousePointer 属性是一个整数,可以取 0~15 的值,其含义见表 10.9。

表 10.9 鼠标光标形状

常量	值	形状
vbDefault	0	(默认值)形状由对象决定
VbArrow	1	箭头
VbCrosshair	2	十字线(crosshair 指针)
VbIbeam	3	I 型
VbIconPointer	4	图标(嵌套方框)
VbSizePointer	5	尺寸线(指向上、下、左和右 4 个方向的箭头)
VbSizeNESW	6	右上—左下尺寸线(指向右上和左下方向的双箭头)
VbSizeNS	7	垂直尺寸线(指向上下两个方向的双箭头)
VbSizeNWSE	8	左上—右下尺寸线(指向左上和右下方向的双箭头)
VbSizeWE	9	水平尺寸线(指向左右两个方向的双箭头)
VbUpArrow	10	向上的箭头
VbHourglass	11	沙漏(表示等待状态)
VbNoDrop	12	没有入口:一个圆形记号,表示控件移动受限
VbArrowHourglass	13	箭头和沙漏
vbArrowQuestion	14	箭头和问号
vbSizeAll	15	4 向尺寸线
vbCustom	99	通过 MouseIcon 属性所指定的自定义图标

当某个对象的 MousePointer 属性被设置为上表中的某个值时,鼠标光标在该对象内就以相应的形状显示。例如,假定一个文本框的 MousePointer 属性被设置为 3,则当鼠标光标进入该文本框时,鼠标光标为"I"形,而在文本框之外,鼠标光标保持为默认形状。

10.4.2 设置鼠标光标形状

MousePointer 属性可以通过代码设置,也可以通过属性窗口设置。

1. 在程序代码中设置 MousePointer 属性

在程序代码中设置 MousePointer 属性的一般格式为:

对象.Mousepointer = 设置值

这里的"对象"可以是窗体、复选框、组合框、命令按钮、目录列表框、驱动器列表框、文件列表框、窗体、框架、图像、标签、列表框、图片框、滚动条、文本框、屏幕等。"设置值"是上面表中的一个值。

例如,在窗体上建立一个图片框,然后编写如下的事件过程:

```
Private Sub Picture1_MouseMove(Button As Integer, Shift As Integer, _
                               x As Single, y As Single)
    Picture1.MousePointer = 4
End Sub
```

上述过程运行后,移动鼠标,当鼠标光标位于图片框内时,鼠标光标变为一个方块;移出图片框后,鼠标光标变为默认形状(箭头)。

【例 10.10】 编写程序,显示鼠标光标的形状。

```
Private Sub Form_Click()
    Static x As Integer
    Cls
    Print "Mousepointer Property is now   "; x
    Form1.MousePointer = x
    x = x + 1
    If x = 15 Then x = 0
End Sub
```

上述程序运行后,把鼠标光标移到窗体内,每单击一次变换一种鼠标光标的形状,将依次显示鼠标光标的 15 个属性。

2. 在属性窗口中设置 MousePointer 属性

单击属性窗口中的 MousePointer 属性条,然后单击设置框右端向下的箭头,将下拉显示 MousePointer 的 15 个属性值,如图 10.12 所示。单击某个属性值,即可把该值设置为当前活动对象的属性。

3. 自定义鼠标光标

如果把 MousePointer 属性设置为 99,则可通过 MouseIcon 属性定义自己的鼠标光标。有以下两种方法:

(1) 如果在属性窗口中定义,可首先选择所需要的对象,再把 MousePointer 属性设置为"99-Custom",然后设置 MouseIcon 属性,把一个图标文件赋给该属性(与设置 Picture 属性的方法相同)。

图 10.12 MousePointer 属性

(2) 如果用程序代码设置,则可先把 MousePointer 属性设置为 99,然后再用 LoadPicture 函数把一个图标文件赋给 MouseIcon 属性。例如:

```
Form1.MousePointer = 99
Form1.MouseIcon = LoadPicture("c:\vb60\graphics\icons\arrows\point02.ico")
```

4. 鼠标光标形状的使用

在 Windows 中,鼠标光标的应用有一些约定俗成的规则。为了与 Windows 环境相

适应,在应用程序中应遵守这些规则,主要有:

(1) 表示用户当前可用的功能,如 I 形鼠标光标(属性值 3)表示插入文本,十字架形状(属性值 2)表示画线或圆,或者选择可视对象以进行复制或存取。

(2) 表示程序状态的用户可视线索,如沙漏鼠标(属性值 11)表示程序忙,一段时间后将控制权交给用户。

(3) 当坐标(x,y)值为(0,0)时,改变鼠标光标形状,如画图或从图形中"拾取"颜色。

注意,与屏幕对象(Screen)一起使用时,鼠标光标的形状在屏幕的任何位置都不会改变。不论鼠标光标移到窗体还是控件内鼠标形状都不会改变,超出程序窗口后,鼠标形状将变为默认箭头。如果设置 Screen.Mousepointer=0,则可激活窗体或控件的属性所设定的局部鼠标形状。

10.5 拖 放

通俗地说,所谓拖放,就是在屏幕上用鼠标把一个对象从一个地方"拖拉"(Dragging)到另一个地方再放下(Dropping)。在 Windows 中,经常要使用这一操作,Visual Basic 提供了让用户自由拖放某个控件的功能。

拖放的一般过程是:把鼠标光标移到一个控件对象上,按下鼠标按钮,不要松开,然后移动鼠标,对象将随鼠标的移动而在屏幕上拖动,松开鼠标按钮后,对象即被放下。通常把原来位置的对象叫做源对象,而拖动后放下的位置的对象叫做目标对象。在拖动的过程中,被拖动的对象变为灰色。

10.5.1 与拖放有关的属性、事件和方法

除了菜单、计时器和通用对话框外,其他标准控件均可在程序运行期间被拖放。下面介绍与拖放有关的属性、事件和方法。

1. 属性

有两个属性与拖放有关,即 DragMode 和 DragIcon。

(1) DragMode 该属性用来设置自动或人工(手动)拖放模式。在默认情况下,该属性值为 0(人工方式)。为了能对一个控件执行自动拖放操作,必须把它的 DrogMode 属性设置为 1。该属性可以在属性窗口中设置(1-Automatic),也可以在程序代码中设置,例如:

    Picture1.DragMode = 1

注意,DragMode 的属性是一个标志,不是逻辑值,不能把它设置为 True(-1)。

如果把一个对象的 DragMode 属性设置为 1,则该对象不再接收 Click 事件和 MouseDown 事件以及 MouseUp 事件。

(2) DragIcon 在拖动一个对象的过程中,并不是对象本身在移动,而是移动代表对象的图标。也就是说,一旦要拖动一个控件,这个控件就变成一个图标,等放下后再恢复成原来的控件。DragIcon 属性含有一个图片或图标的文件名,在拖动时作为控件的图

标。例如：

> Picture1.DragIcon = LoadPicture("c:\vb60\graphics\icons\computer\disk06.ico")

用图标文件"disk06.ico"作为图片框 Picture1 的 DragIcon 属性。当拖动该图片框时，图片框变成由 disk06.ico 所表示的图标。

2. 事件

与拖放有关的事件是 DragDrop 和 DragOver。当把控件（图标）拖到目标对象之后，如果松开鼠标按钮，则产生一个 DragDrop 事件。该事件的事件过程格式如下：

> **Sub 对象名_DragDrop (Source As Control, X As Single, Y As Single)**
>
> **End Sub**

该事件过程含有 3 个参数。其中 Source 是一个对象变量，其类型为 Control，该参数含有被拖动对象的属性。例如：

> If Source.Name = "Folder" Then…

用来判断被拖动对象的 Name 属性是否为"Folder"。

参数 x,y 是松开鼠标按钮放下对象时鼠标光标的位置。

DragOver 事件用于图标的移动。当拖动对象越过一个控件时，产生 DragOver 事件。其事件过程格式如下：

> **Sub 对象名_DragOver (Source As Control, x As Single, y As Single, State As Integer)**
>
> **End Sub**

该事件过程有 4 个参数，其中 Source 参数的含义同前，x,y 是拖动时鼠标光标的坐标位置。State 参数是一个整数值，可以取以下 3 个值：

- 0　鼠标光标正进入目标对象的区域。
- 1　鼠标光标正退出目标对象的区域。
- 2　鼠标光标正位于目标对象的区域之内。

3. 方法

与拖放有关的方法有 Move 和 Drag。其中 Move 方法我们已比较熟悉，下面介绍 Drag 方法。

Drag 方法的格式为：

> **控件.Drag　整数**

不管控件的 DragMode 属性如何设置，都可以用 Drag 方法来人工地启动或停止一个拖放过程。"整数"的取值为 0,1 或 2，其含义分别为：

- 0　取消指定控件的拖放。
- 1　当 Drag 方法出现在控件的事件过程中时，允许拖放指定的控件。
- 2　结束控件的拖动，并发出一个 DragDrop 事件。

10.5.2 自动拖放

下面通过一个简单例子说明如何实现自动拖放操作。

(1) 在窗体上建立一个图片框,并把图标文件 Phone02.ico 装入该图片框中(图标文件 Phone02.ico 在\vb60\graphics\icons\comm 目录下),如图 10.13 所示。

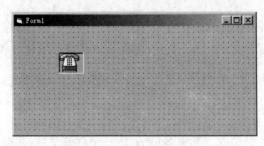

图 10.13 装入图标文件

(2) 在属性窗口中找到 DragMode 属性,将其值由默认的"0-Manual"改为"1-Automatic"。

设置完上述属性后,运行该程序,即可自由地拖动图片框。但是,当松开鼠标按钮时,被拖动的控件又回到原来位置。其原因是:Visual Basic 不知道把控件放到什么位置。

(3) 在程序代码窗口中的"对象"框中选择"Form",在"过程"框中选择 DragDrop,编写如下事件过程:

```
Private Sub Form_DragDrop (Source As Control, x As Single, y As Single)
    Picture1.Move x, y
End Sub
```

上述过程中"Picture1.Move x, y"语句的作用是:将源对象(Picture1)移到(Move)鼠标光标(x,y)处。

经过以上 3 步,就可以拖动控件了。不过在拖动时,整个 Picture1 控件都随着鼠标移动。按照拖放的一般要求,拖动过程中应把控件变成图标,放下时再恢复为控件。这可以通过以下两种方法来实现:

(1) 在设计阶段,不要用 Picture 属性装入图像,而是用 DragIcon 属性装入图像,其操作与用 Picture 属性装入类似。即在建立图像框后,在属性窗口中找到并单击 DragIcon 属性条,然后利用 Load Picture 对话框把图像装入图片框内。不过,这样装入后,图片框看上去仍是空白,只有在拖动时才能显示出来。

(2) 在执行阶段,通过程序代码设置 DragIcon 属性。一般有以下 3 种形式:

```
Picture1.DragIcon = LoadPicture("c:\vb60\graphics\icons\comm\phone02.ico")
Picture1.DragIcon = Picture1.Picture
Picture2.DragIcon = Picture1.DragIcon
```

【例 10.11】 在窗体上建立两个控件,拖拉其中一个控件,当把它放到第二个控件上时,该控件消失,单击窗体后再度出现。

首先在窗体上建立两个图片框,并在第一个图片框中装入一个图标(例如 Phone02.ico)。然后编写如下过程:

```
Private Sub Form_Load()
    Picture1.DragIcon = Picture1.Picture
    Picture1.DragMode = 1
End Sub
```

上述过程把图片框 Picture1 的 Picture 属性赋给其 DragIcon 属性,这样就可以在拖动时只显示图标而不显示整个控件。同时把拖放设置为自动方式。

下面的过程可以使 Picture1 消失在 Picture2 上:

```
Private Sub Picture2_DragDrop(Source As Control, x As Single, y As Single)
    Source.Visible = False
End Sub
```

该过程是当把 Picture1 放到 Picture2 上时发生的事件,此时 Picture1 的 Visible 属性被设置为 False,即消失不见。而下面的过程可以在单击窗体时使 Picture1 再度出现:

```
Private Sub Form_Click()
    picture1.Visible = True
End Sub
```

用下面的过程可以把 Picture1 拖到窗体上的(x,y)处:

```
Sub Form_DragDrop(Source As Control, x As Single, y As Single)
    Source.Move x, y
End Sub
```

运行上面的程序,可以把 Picture1 拖到窗体的任何位置。当拖到 Picture2 上时,图形消失,此时如果单击窗体,则 Picture1 的图形重新出现。

如果希望某个控件在被拖过一个特定区域时能有某种不同的显示,则可以用 DragOver 事件过程来实现。例如在上面的例子中,当拖动图片框 Picture1 经过 Picture2 时,为了使 Picture2 改变颜色,则可按如下步骤修改:

首先设置 Picture1 的 DragIcon 属性和 Picture2 的颜色:

```
Private Sub Form_Load()
    picture1.DragIcon = picture1.Picture
    picture1.DragMode = 1
    Picture2.ForeColor = RGB(255, 0, 0)    '设置前景色
    Picture2.BackColor = RGB(0, 0, 255)    '设置背景色
End Sub
```

过程中的 RGB 函数用来设置颜色。

下面的过程通过 DragDrop 事件,在拖动 Picture1 经过 Picture2 时,改变 Picture2 的颜色:

```
Private Sub Picture2_DragOver(Source As Control, x As Single, _
                              y As Single, State As Integer)
```

```
        Dim temp As Long
    If State = 0 Or State = 1 Then
        Beep
        Beep
        temp = Picture2.BackColor
        Picture2.BackColor = Picture2.ForeColor
        Picture2.ForeColor = temp
    End If
End Sub
```

该过程是用鼠标拖动 Picture1 经过 Picture2 时产生的反应。State 参数为 0 表示进入 Picture2,而 State 参数为 1 则表示离开 Picture2。在进入或离开 Picture2 时,响铃(Beep),并使 Picture2 的前景色与背景色交换。

其余 3 个事件过程不变:

```
Private Sub Form_Click()
        Picture1.Visible = True
End Sub

Private Sub Form_DragDrop (Source As Control, x As Single, y As Single)
        Source.Move x, y
End Sub

Private Sub Picture2_DragDrop (Source As Control, x As Single, y As Single)
        Source.Visible = 0
End Sub
```

10.5.3 手动拖放

前面介绍的拖放称为自动拖放,因为 DragMode 属性被设置为"1-Automatic"。只要不改变该属性,随时都可以拖拉每个控件。与自动拖放不同,手动拖放不必把 DragMode 属性设置为"1-Automatic",仍保持默认的"0-Manual",而且可以由用户自行决定何时拖拉,何时停止。例如当按下鼠标按钮时开始拖拉,松开按钮时停止拖拉。如前所述,按下和松开鼠标按钮分别产生 MouseDown 和 MouseUp 事件。

前面介绍的 Drag 方法可以用于手动拖放。该方法的操作值为 1 时可以拖放指定的控件,为 0 或 2 时停止,如为 2 则在停止拖放后产生 DragDrop 事件。Drag 方法与 MouseDown,MouseUp 事件过程结合使用,可以实现手动拖放。

为了试验手动拖放,可以按如下步骤操作:

(1) 在窗体上建立一个图片框,装入一个图标(例如 Phone02.ico)。

(2) 设置图片框的 DragIcon 属性:

```
Private Sub Form_Load()
    Picture1.DragIcon = Picture1.Picture
End Sub
```

(3) 用 MouseDown 事件过程打开拖拉开关：

```
Private Sub Picture1_MouseDown (Button As Integer, _
                    Shift As Integer, x As Single, y As Single)
    Picture1.Drag 1
End Sub
```

上述过程是当按下鼠标按钮时所产生的操作，即用 Drag 方法打开拖拉开关，产生拖拉操作。

(4) 关闭拖拉开关，停止拖拉并产生 DragDrop 事件：

```
Private Sub Picture1_MouseUp (Button As Integer, Shift As Integer, x As Single, y As Single)
    Picture1.Drag 2
End Sub
```

(5) 编写 DragDrop 事件过程：

```
Private Sub Form_DragDrop (source As Control, x As Single, y As Single)
    Source.Move (x - source.Width / 2), (y - source.Height / 2)
End Sub
```

关闭拖拉开关(用 Drag 2)后，将停止拖拉并产生 DragDrop 事件。即在松开鼠标按钮后，把控件放到鼠标光标位置。在一般情况下，鼠标光标所指的是控件的左上角，而在该过程中，鼠标光标所指的是控件的中心。

【例 10.12】用手动拖放模拟文件操作：从文件夹中取出文件，放入文件柜中，在放入前，先打开文件柜的抽屉，放入后再关上。

首先执行"文件"菜单中的"新建工程"命令，建立一个新的工程，在窗体上画两个图片框、一个命令按钮和一个标签，窗体及各控件的属性设置见表 10.10。

表 10.10 对象属性设置

对象	属性	设置值	对象	属性	设置值
窗体	Width	4650	图片框2	Name	Cabinet
	Height	2175		Tag	Cabinet
	Name	DragStrip		Picture	Files03a.ico
	Caption	Drag Strip		DragMode	1-Automatic
图片框1	Name	Folder		BorderStyle	0-None
	Tag	Folder	标签	Caption	空白
	Picture	Folder02.ico		Alignment	1-Right Justify
	DragMode	1-Automatic	命令按钮	Caption	Quit
	BorderStyle	0-None			
	DragIcon	Folder01.ico			

在上面的属性设置中，图片框的 Picture 和 DragIcon 属性所需要的图标文件在\vb60\graphics\icons\office 目录下。

设计好的窗体如图 10.14 所示。

编写如下事件过程：

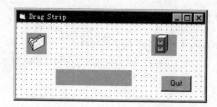

图 10.14　手动拖放窗体设计

```
Private Sub Cabinet_DragDrop(Source As Control, x As Single, y As Single)
    If Source.Tag = "Folder" Then
        Cabinet.Picture = LoadPicture("c:\vb60\graphics\icons\office\files03a.ico")
         Label1.Caption = "Folder recieved"
    End If
End Sub

Private Sub Cabinet_DragOver(Source As Control, x As Single, y As Single, State As Integer)
    If Source.Tag = "Folder" Then
        Cabinet.Picture = LoadPicture("c:\vb60\graphics\icons\office\files03b.ico")
    End If
    If State = 1 Then
        Cabinet.Picture = LoadPicture("c:\vb60\ graphics\icons\office\files03a.ico")
    End If
End Sub

Private Sub Command1_Click()
    End
End Sub
```

程序运行后,把鼠标光标移到文件夹上,按下鼠标左按钮,文件夹上将出现一个"文件袋",将这个文件袋拖到文件柜上,文件柜下面的抽屉即被打开(见图 10.15);松开鼠标按钮,文件袋放入文件柜后,将关上文件柜的抽屉,并显示相应的信息(见图 10.16)。如果把文件袋拖到文件柜上后,不松开鼠标,而是拖到其他地方,则表示不把文件袋放入文件柜,文件柜的抽屉也被关上。

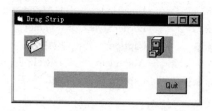

图 10.15　当文件拖到文件柜上时打开抽屉　　　　图 10.16　文件袋装入文件柜

第一个图片框(Picture1)中被装入了两个图标文件:一个是文件夹,另一个是文件袋。文件夹用 Picture 属性装入,文件袋用 DragIcon 属性装入。程序运行后,文件袋不显示,把鼠标光标移到图片框上,按下左按钮,文件袋即显示出来,给人一种从文件夹中取文件的感觉,然后即可将其拖走。

该程序有一定的动画效果,这种效果是通过几个处于不同状态的图标文件来实现的。

习　题

10.1　编写如下两个事件过程:

```
Private Sub Form_KeyDown(KeyCode As Integer, Shift As Integer)
    Print Chr(KeyCode)
End Sub

Private Sub Form_KeyPress(KeyAscii As Integer)
    Print Chr(KeyAscii)
End Sub
```

在一般情况下(即不按住 Shift 键和锁定大写),运行程序,如果按 A 键,则程序的输出结果是什么?

10.2　在窗体上画一个命令按钮和一个文本框,并把窗体的 KeyPreview 属性设置为 True,然后编写如下代码:

```
Dim SaveAll As String
Private Sub Command1_Click()
    Text1.Text = UCase(SaveAll)
End Sub

Private Sub Form_KeyPress(KeyAscii As Integer)
    SaveAll = SaveAll + Chr(KeyAscii)
End Sub
```

程序运行后,在键盘上输入 abcdefg,单击命令按钮,则文本框中显示的内容是什么?

10.3　在窗体上画一个文本框,然后编写如下事件过程:

```
Private Sub Text1_KeyPress(KeyAscii As Integer)
    Dim char As String
    char = Chr(KeyAscii)
    KeyAscii = Asc(UCase(char))
    Text1.Text = String(6, KeyAscii)
End Sub
```

程序运行后,如果在键盘上输入字母 a,则文本框中显示的内容是什么?

10.4　把窗体的 KeyPreview 属性设置为 True,然后编写如下过程:

```
Private Sub Form_KeyDown(KeyCode As Integer, Shift As Integer)
    Print Chr(KeyCode)
End Sub

Private Sub Form_KeyUp(KeyCode As Integer, Shift As Integer)
    Print Chr(KeyCode + 2)
```

End Sub

程序运行后,如果按 A 键,则输出结果是什么?

10.5　假定编写了如下事件过程:

```
Private Sub Form_KeyMove(KeyCode As Integer, Shift As Integer)
    If (Button And 3) = 3 Then
        Print "AAAA"
    End If
End Sub
```

程序运行后,为了在窗体上输出 AAAA,应按下什么鼠标按钮?

10.6　在窗体上画两个文本框,其名称分别为 Text1 和 Text2,然后编写如下事件过程:

```
Private Sub Form_Load()
    Show
    Text1.Text = ""
    Text2.Text = ""
    Text2.SetFocus
End Sub

Private Sub Text2_KeyDown(KeyCode As Integer, Shift As Integer)
    Text1.Text = Text1.Text + Chr(KeyCode - 4)
End Sub
```

程序运行后,如果在 Text2 文本框中输入 efghi,则 Text1 文本框中的内容是什么?

10.7　在窗体上画一个文本框,然后编写程序。程序运行后,如果按下键盘上的 A,B,C,D 键,则在文本框中显示 EFDH。

10.8　编写一个程序,当同时按下 Alt 键、Shift 键和 F6 键时,在窗体上显示"再见!",并终止程序的运行。

10.9　在窗体上画一个文本框、一个图片框和一个命令按钮。编写程序,使得当鼠标光标位于不同的控件或窗体上时,鼠标光标具有不同的形状,此时如果按下鼠标右按钮,则显示相应的信息。例如,当鼠标光标移到图片框上时,如果按下鼠标右按钮,则用一个信息框显示:"现在鼠标光标位于图片框中"。要求:在文本框和窗体上的鼠标光标使用系统提供的光标形状,而图片框和命令按钮上的鼠标光标使用自定义的形状。

10.10　编写一个类似于"回收站"的程序。用适当的图形作为"回收站",程序运行后,把窗体上其他的对象拖到"回收站"上;松开鼠标按钮后,显示一个信息框,询问是否确实要把该对象放入"回收站",此时单击"是"按钮即放入"回收站",对象从窗体上消失;单击"否"按钮则对象仍回到原来位置。

10.11　在窗体上画若干个控件,然后画两个列表框,其中一个列表框用来列出当前窗体上控件的名称,另一个列表框列出 15 种鼠标光标的形状。程序运行后,从第一个列表框中选择控件或窗体,从第二个列表框中选择鼠标光标形状,为选择的控件或窗体设置所需要的鼠标光标形状。要求:两个列表框隐藏,只在需要时显示出来。

第11章 菜单程序设计

在 Windows 环境下,几乎所有的应用软件都通过菜单实现各种操作。而对于 Visual Basic 应用程序来说,当操作比较简单时,一般通过控件来执行;而当要完成较复杂的操作时,使用菜单具有十分明显的优势。

本章将介绍 Visual Basic 的菜单程序设计技术。

11.1 Visual Basic 中的菜单

菜单的基本作用有两个:一是提供人机对话的界面,以便让使用者选择应用系统的各种功能;二是管理应用系统,控制各种功能模块的运行。一个高质量的菜单程序,不仅能使系统美观,而且能使操作者使用方便,并可避免由于误操作而带来的严重后果。

在实际应用中,菜单可分为两种基本类型,即弹出式菜单和下拉式菜单。在使用 Windows 和 Visual Basic 的过程中,我们已多次见过这两种菜单。例如,启动 Visual Basic 后,单击"文件"菜单所显示的就是下拉式菜单,而用鼠标右键单击窗体时所显示的菜单就是弹出式菜单。

下拉式菜单是一种典型的窗口式菜单。窗口是指屏幕上一个特定的矩形区域。它可以从屏幕上消失,也可以重新显示在屏幕上,各个窗口之间也允许覆盖。下拉式菜单自上而下在屏幕上"下拉"一个个窗口菜单供用户选择或输入信息。在 Windows 及各种语言软件中,下拉式菜单得到了广泛的应用。

在下拉式菜单系统中,一般有一个主菜单,其中包括若干个选择项。主菜单的每一项又可"下拉"出下一级菜单,这样逐级下拉,用一个个窗口的形式弹出在屏幕上,操作完毕即可从屏幕上消失,并恢复原来的屏幕状态。

下拉式菜单具有很多优点,例如:

(1)整体感强,操作一目了然,界面友好、直观,使用方便,易于学习和掌握。

(2)具有导航功能,为用户在各个菜单的功能间导航。在下拉式菜单中,用户能方便地选择所需要的操作,随时可以灵活地转向另一功能。

(3)占用屏幕空间小。通常只占用屏幕(窗体)最上面一行,在必要时下拉出一个子菜单。这样可以使屏幕(窗体)有较大的空间,用来显示计算过程、处理过程等各种图、表、控制及数字信息。

在 Visual Basic 中,下拉式菜单在一个窗体上

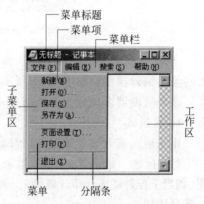

图 11.1 下拉式菜单结构

设计,窗体被分为3部分:第一部分为菜单栏(或主菜单行),它是菜单的常驻行,位于窗体的顶部(窗体标题的下面),由若干个菜单标题组成;第二部分为子菜单区,这一区域为临时性的弹出区域,只有在用户选择了相应的主菜单项后才会弹出子菜单,以供用户进一步选择菜单的子项,子菜单中的每一项是一个菜单命令或分隔条,称为菜单项;第三部分为工作区,程序运行时可以在此区域内进行输出输入操作。图11.1示出了下拉式菜单的一般结构。

在用 Visual Basic 设计下拉式菜单时,把每个菜单项(主菜单或子菜单项)看作是一个图形对象,即控件,并具备与某些控件相同的属性。

11.2 菜单编辑器

对于可视语言来说,菜单的设计要简单和直观得多,因为它省去了屏幕位置的计算,也不需要保存和恢复屏幕区域。全部设计都在一个窗口内完成。利用这个窗口,可以建立下拉式菜单,最多可达6层。

Visual Basic 中的菜单通过菜单编辑器,即菜单设计窗口建立。可以通过以下4种方式进入菜单编辑器:

(1) 执行"工具"菜单中的"菜单编辑器"命令。
(2) 使用热键 Ctrl+E 键。
(3) 单击工具栏中的"菜单编辑器"按钮。
(4) 在要建立菜单的窗体上单击鼠标右键,将弹出一个菜单,如图11.2所示,然后单击"菜单编辑器"命令。

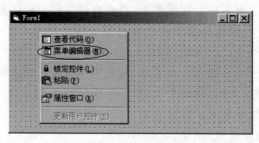

图 11.2 用弹出菜单打开菜单编辑器窗口

注意,只有当某个窗体为活动窗体时,才能用上面的方法打开菜单编辑器窗口。打开后的菜单编辑器窗口如图 11.3 所示。

菜单编辑器窗口分为3个部分,即数据区、编辑区和菜单项显示区(见图11.3)。

1. 数据区

用来输入或修改菜单项,设置属性。分为若干栏,各栏的作用如下:

(1) 标题　是一个文本框,用来输入所建立的菜单的名字及菜单中每个菜单项的标题(相当于控件的 Caption 属性)。如果在该栏中输入一个减号(—),则可在菜单中加入一条分隔线。

(2) 名称　也是一个文本框,用来输入菜单名及各菜单项的控制名(相当于控件的

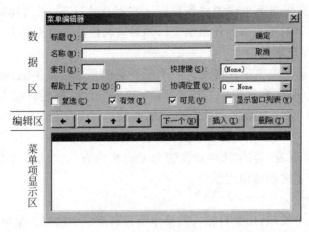

图 11.3 菜单编辑器窗口

Name 属性),它不在菜单中出现。菜单名和每个菜单项都相当于一个控件,都要为其取一个控制名。

(3) 索引　用来为用户建立的控件数组设立下标。

(4) 快捷键　是一个列表框,用来设置菜单项的快捷键(热键)。单击右端的箭头,将下拉显示可供使用的热键,可选择输入与菜单项等价的热键,具体方法见后。

(5) 帮助上下文　是一个文本框,可在该框中输入数值,这个值用来在帮助文件(用HelpFile 属性设置)中查找相应的帮助主题。

(6) 协调位置　是一个列表框,用来确定菜单或菜单项是否出现或在什么位置出现。单击右端的箭头,将下拉显示一个列表,如图 11.4 所示。

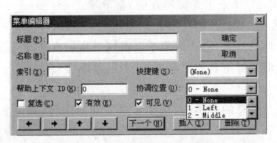

图 11.4 选择菜单项显示位置

该列表有 4 个选项,作用如下:

- 0-None　菜单项不显示。
- 1-Left　菜单项靠左显示。
- 2-Middle　菜单项居中显示。
- 3-Right　菜单项靠右显示。

(7) 复选　当选择该项时,可以在相应的菜单项旁加上指定的记号(例如"√")。它不改变菜单项的作用,也不影响事件过程对任何对象的执行结果,只是设置或重新设置菜单项旁的符号。利用这个属性,可以指明某个菜单项当前是否处于活动状态。

(8) 有效　用来设置菜单项的操作状态。在默认情况下,该属性被设置为 True,表明相应的菜单项可以对用户事件作出响应。如果该属性被设置为 False,则相应的菜单项会"变灰",不响应用户事件。

(9) 可见　确定菜单项是否可见。一个不可见的菜单项是不能执行的,在默认情况下,该属性为 True,即菜单项可见。当一个菜单项的"可见"属性设置为 False 时,该菜单项将暂时从菜单中去掉;如果把它的"可见"属性改为 True,则该菜单项将重新出现在菜单中。

(10) 显示窗口列表　当该选项被设置为 On(框内有"√")时,将显示当前打开的一系列子窗口。用于多文档应用程序。

2. 编辑区

编辑区共有 7 个按钮,用来对输入的菜单项进行简单的编辑。菜单在数据区输入,在菜单项显示区显示。

(1) 左、右箭头　用来产生或取消内缩符号。单击一次右箭头可以产生 4 个点,单击一次左箭头则删除 4 个点。4 个点被称为内缩符号,用来确定菜单的层次。

(2) 上、下箭头　用来在菜单项显示区中移动菜单项的位置。把条形光标移到某个菜单项上,单击上箭头将使该菜单项上移,单击下箭头将使该菜单项下移。

(3) 下一个　开始一个新的菜单项(与回车键作用相同)。

(4) 插入　用来插入新的菜单项。当建立了多个菜单项后,如果想在某个菜单项前插入一个新的菜单项,可先把条形光标移到该菜单项上(单击该菜单项即可),然后单击"插入"按钮,条形光标覆盖的菜单项将下移一行,上面空出一行,可在这一行插入新的菜单项。

(5) 删除　删除当前(即条形光标所在的)菜单项。

3. 菜单项显示区

位于菜单设计窗口的下部,输入的菜单项在这里显示出来,并通过内缩符号"...."表明菜单项的层次。条形光标所在的菜单项是"当前菜单项"。

说明:

(1) "菜单项"是一个总的名称,它包括 4 个方面的内容:菜单名(菜单标题)、菜单命令、分隔线和子菜单。

(2) 内缩符号由 4 个点组成,它表明菜单项所在的层次,一个内缩符号(4 个点)表示一层,两个内缩符号(8 个点)表示两层……最多为 20 个点,即 5 个内缩符号,它后面的菜单项为第六层。如果一个菜单项前面没有内缩符号,则该菜单为菜单名,即菜单的第一层。

(3) 只有菜单名没有菜单项的菜单称为"顶层菜单"(Top-level menu),在输入这样的菜单项时,通常在后面加上一个叹号"!"。

(4) 如果在"标题"栏内只输入一个"一",则表示产生一个分隔线。

(5) 除分隔线外,所有的菜单项都可以接收 Click 事件。

(6) 在输入菜单项时,如果在字母前加上"&",则显示菜单时在该字母下加上一条下划线,可以通过 Alt+带下划线的字母键打开菜单或执行相应的菜单命令。

11.3 用菜单编辑器建立菜单

本节中将通过一个例子来看一看如何编写菜单程序。这个例子很简单,但它说明了菜单程序设计的基本方法和步骤,因而具有通用性。不管多复杂的菜单,都可以用这里介绍的方法设计出来。

【例 11.1】 设计一个具有算术运算(+、-、×、/)及清除功能的菜单。从键盘上输入两个数,利用菜单命令求出它们和、差、积或商,并显示出来。

11.3.1 界面设计

根据题意,可以分为 3 个主菜单项,分别为"计算加、减"、"计算乘、除"和"清除与退出",它们各有两个子菜单项,即:

(1) 计算加、减　子菜单项为加、减。
(2) 计算乘、除　子菜单项为乘、除。
(3) 清除与退出　子菜单项为清除、退出。

为了输入数据和显示计算结果,还要建立两个文本框(用来输入数据)和一个标签(输出结果),此外,还要用标签标注简单的说明信息,如图 11.5 所示。

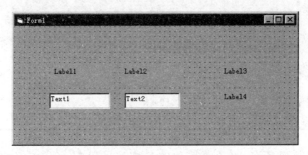

图 11.5　菜单设计举例(1)

从图中可以看出,共需要建立 6 个控件,包括 4 个标签和两个文本框,其属性设置见表 11.1。

表 11.1　控件属性设置

控　件	Name	Caption	Text	BorderStyle
标签 1	Label1	第一个数	无	默认
标签 2	Label2	第二个数	无	默认
标签 3	Label3	计算结果	无	默认
标签 4	Result	空白	无	1-Fixed single
文本框 1	Num1	无	空白	默认
文本框 2	Num2	无	空白	默认

除上述属性设置外,还要把各控件的 Fontsize 属性设置为 12。设计完成后的窗体如图 11.6 所示。

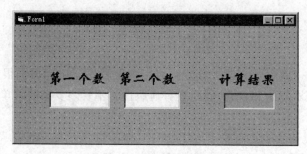

图 11.6 菜单设计举例(2)

如前所述,每个菜单项都可以接收 Click 事件,因此可以把菜单项看成是一个控件。对这种控件来说,在设计时应提供 3 种属性,即标题、名称和内缩符号。一个内缩符号"...."表示一层子菜单,没有内缩符号表示主菜单项。在这个例子中,有 3 个主菜单项,每个主菜单有两个子菜单,这些菜单项的属性设置见表 11.2。

表 11.2 菜单项属性设置

分　类	标　题	名　称	内缩符号	热　键
主菜单项 1	计算加、减	Calc1	无	无
子菜单项 1	加	Add	1	Ctrl+A
子菜单项 2	减	Min	1	Ctrl+B
主菜单项 2	计算乘、除	Calc2	无	无
子菜单项 1	乘	Mul	1	Ctrl+C
子菜单项 2	除	Div	1	Ctrl+D
主菜单项 3	清除与退出	Calc3	无	无
子菜单项 1	清除	Clean	1	Ctrl+E
子菜单项 2	退出	Quit	1	Ctrl+F

菜单项都有标题和名称,每个菜单项的名称都可以配上 Click 组成一个 Click 事件过程。

有了以上数据,就可以来设计菜单了。按以下步骤操作:

(1) 执行"工具"菜单中的"菜单编辑器"命令,打开"菜单编辑器"窗口。

(2) 在"标题"栏中输入"计算加、减"(主菜单项 1),在菜单项显示区中出现同样的标题名称。

(3) 按 Tab 键(或用鼠标)把输入光标移到"名称"栏。

(4) 在"名称"栏中输入 Calc1,此时菜单项显示区中没有变化。

(5) 单击编辑区中的"下一个"按钮,菜单项显示区中的条形光标下移,同时数据区的"标题"栏及"名称"栏被清为空白,光标回到"标题"栏。

(6) 在"标题"栏中输入"加",该信息同时在菜单项显示区中显示出来。

(7) 用 Tab 键或鼠标把输入光标移到"名称"栏,输入"Add",菜单项显示区中没有变化。

(8) 单击编辑区的右箭头"→",菜单显示区中的"加"右移,同时其左侧出现一个内缩符号"...."，表明"加"是"计算加、减"的下一级菜单。

（9）单击"快捷键"右端的箭头，显示出各种复合键供选择，从中选出"Ctrl＋A"作为"加"菜单项的热键，此时，在该菜单项右侧出现"Ctrl＋A"。

（10）单击编辑区的"下一个"按钮，菜单项显示区的条形光标下移，左端自动出现内缩符号"...."。

（11）在"标题"栏内输入"减"，然后在"名称"栏内输入 Min 作为菜单项（控件）名称。

（12）单击"快捷键"栏右端的箭头，从中选出"Ctrl＋B"作为"减"菜单项的热键。

（13）单击编辑区的"下一个"按钮，菜单项显示区的条形光标下移，并带有内缩符号"...."。由于要建立的是主菜单项，因此应消除内缩符号。单击编辑区的左箭头"←"，内缩符号"...."消失，即可建立主菜单项。

建立主菜单"计算乘、除"和两个子菜单以及建立主菜单"清除与退出"和两个子菜单的操作与前面各步骤类似，不再重复。读者可模仿建立主菜单"计算加、减"及其两个子菜单的操作，建立另外两个主菜单及其子菜单。设计完成后的窗口如图 11.7 所示。此时单击右上角的"确定"按钮，菜单的全部建立工作即告结束。

设计完成后，窗体的顶行显示主菜单项，单击某个主菜单项，即可下拉显示其子菜单。如图 11.8 所示。

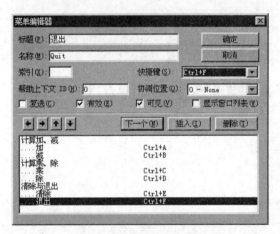

图 11.7　菜单设计举例（3）

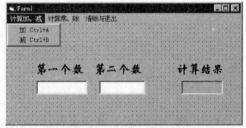

图 11.8　菜单设计举例（4）

11.3.2　编写程序代码

每个菜单项（主菜单项、子菜单项）都可以接收 Click 事件。每个菜单项都有一个名字（Name 属性），把这个名字与 Click 放在一起，就可以组成该菜单项的 Click 事件过程。也就是说，程序运行后，只要单击与名字相对应的菜单项，就可以执行事件过程中所定义的操作。

菜单的事件过程以菜单项区分，可以把每个菜单项看成是一个控件。菜单设计完成后，窗体上显示出如图 11.8 所示的菜单项，此时只要单击某个菜单项，即可编写该菜单项的过程。例如，完成菜单设计后，单击菜单项"计算加、减"，将下拉显示子菜单项"加"和

"减",如果单击子菜单"加",则进入程序代码窗口,并显示

```
Private Sub Add_Click()

End Sub
```

可以像普通事件过程一样输入程序:

```
Private Sub Add_Click()
    x = Val(Num1.Text) + Val(Num2.Text)
    Result.Caption = Str$(x)
End Sub
```

该事件过程用来作加法,即把 Num1 和 Num2 两个文本框中的值相加,并把结果 x 作为标签 Result 的 Caption 属性,即在标签内显示出来。这个事件过程是对用户单击"加"菜单项所作的反应。用类似的方法,可以编写其他几个事件过程。

减法事件过程:

```
Private Sub Min_Click()
    x = Val(Num1.Text) - Val(Num2.Text)
    Result.Caption = Str$(x)
End Sub
```

该事件过程把两个文本框内的值相减,其结果作为标签 Result 的 Caption 属性值。当用户单击菜单项"减"时,发生上述事件。

单击主菜单项"计算乘、除",下拉显示子菜单项"乘"和"除",此时单击"乘",编写事件过程如下:

```
Private Sub Mul_Click()
    x = Val(Num1.Text) * Val(Num2.Text)
    Result.Caption = Str$(x)
End Sub
```

单击"除",编写如下事件过程:

```
Private Sub Div_Click()
    x = Val(Num1.Text) / Val(Num2.Text)
    Result.Caption = Str$(x)
End Sub
```

上面两个过程分别用来对两个文本框中的值进行乘、除运算,并把结果在 Result 标签内显示出来。

单击第三个主菜单项"清除与退出",显示子菜单"清除"和"退出",编写两个子菜单项的事件过程如下:

```
Private Sub Clean_Click()
    Num1.Text = ""
    Num2.Text = ""
```

```
        Result.Caption = ""
        Num1.SetFocus        '输入光标移到文本框 Num1 内
End Sub
Private Sub Quit_Click()
        End
End Sub
```

上面两个事件过程分别用来清除文本框、标签中的信息和结束程序。执行事件过程 Clean 后,输入光标位于第一个文本框 Num1 内。

至此,所有的事件过程均已编写完毕。程序运行后,分别在文本框 Num1 和 Num2 内输入一个数值,然后就可以通过菜单命令进行加、减、乘、除及清除操作。每单击一个子菜单项,结果标签内都会显示相应的结果。如果单击子菜单项"退出",则结束程序。假定在两个文本框内分别输入 50 和 10,并单击"乘"子菜单项(或按热键 Ctrl+C 键),则执行结果如图 11.9 所示。

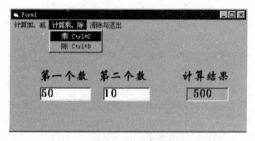

图 11.9　菜单设计举例(5)

从上面的过程中可以看出,为了用菜单编辑器建立一个菜单,必须提供菜单项的"标题"和"名称"属性,"有效"属性和"可见"属性一般默认为 True,只有在必要时才设置其他属性(见后面的介绍)。

11.4　菜单项的控制

在使用 Windows 或 Visual Basic 菜单时,读者想必已见过"与众不同"的菜单项。例如有些菜单项呈灰色,在单击这类菜单项时不执行任何操作;有的菜单项前面有"√"号;或者在菜单项的某个字母下面有下划线;等等。本节就来介绍如何在菜单中增加这些属性。

11.4.1　有效性控制

菜单中的某些菜单项应能根据执行条件的不同进行动态变化,即当条件满足时可以执行,否则不能执行。例如,为了复制一段文本,必须先把它定义成文本块,然后才能执行相应的复制命令(菜单项),否则执行这些命令是没有意义的。因此,应当根据条件的不同设置某些菜单项的有效性。

前面已经讲过菜单项的"有效"属性,菜单项的有效性就是通过该属性来控制的。实际上,只要把一个菜单项的"有效"属性设置为 False,就可以使其失效,运行后该菜单项变为灰色;为了使一个失效的菜单项变为有效,只要把它的"有效"属性重新设置为 True 即可实现。例如在 11.3 节的例子中,用

        Add.Enabled = False

可以使子菜单"加"失效,而

```
        Add.Enabled = True
```
可以使子菜单"加"重新有效。

　　失效的菜单项呈灰色显示,单击时不产生任何操作。为了能使程序正常运行,有时候需要使某些菜单项失效,以防止出现误操作。例如在前一节的例子中,只有在文本框内输入运算数之后才能进行加、减、乘、除操作,否则运算是没有意义的。因此,如果尚未输入数据,则应使执行加、减、乘、除的菜单项失效,输入数据后生效。为此,可增加下面两个事件过程:

```
    Private Sub Num1_Change()
        If Num1.Text = "" Then
            Add.Enabled = False
            Min.Enabled = False
            Mul.Enabled = False
            Div.Enabled = False
        Else
            Add.Enabled = True
            Min.Enabled = True
            Mul.Enabled = True
            Div.Enabled = True
        End If
    End Sub

    Private Sub Num2_Change()
        If Num2.Text = "" Then
            Add.Enabled = False
            Min.Enabled = False
            Mul.Enabled = False
            Div.Enabled = False
        Else
            Add.Enabled = True
            Min.Enabled = True
            Mul.Enabled = True
            Div.Enabled = True
        End If
    End Sub
```

　　除增加上述两个事件过程外,还要取消 Add,Min,Mul,Div 等 4 个菜单项的"有效"属性设置。其方法是,启动 Visual Basic,装入前面例子中的文件,然后执行"工具"菜单中的"菜单编辑器"命令,打开"菜单编辑器"窗口,把菜单项显示区的条形光标移到菜单项"加"上,把数据区中的"有效"属性变为 Off(单击该复选框,去掉框中的"√")。用同样的操作把"减"、"乘"和"除"3 个菜单项的"有效"属性改为 Off。

　　经过上面的修改后,如果运行程序,单击主菜单项"计算加、减"或"计算乘、除",其子菜单项均为灰色,表示不能执行与其有关的事件。如果在文本框 Num1 中输入一个数值,然后在文本框 Num2 中输入一个数值,则上述子菜单项均呈正常显示,此时单击某个菜单项,即可执行相应的操作。

11.4.2 菜单项标记

所谓菜单项标记,就是在菜单项前加上一个"√"。它有两个作用:一是可以明显地表示当前某个(或某些)命令状态是 On 或 Off;二是可以表示当前选择的是哪个菜单项。如前所述,菜单项标记通过菜单设计窗口中的"复选"属性设置,当该属性为 True 时,相应的菜单项前有"√"标记;如果该属性为 False,则相应的菜单项前没有"√"标记。但是,菜单项标记通常是动态地加上或取消的,因此应在程序代码中根据执行情况设置。下面用一个例子说明它的用法。

【例 11.2】 设计一个菜单,该菜单含有一个主菜单项和若干个子菜单项。当单击子菜单项时,分别显示十进制数、八进制数和十六进制数,并在相应的菜单项前面加上"√"标记。

根据题意,菜单由一个主菜单和若干个子菜单组成。主菜单叫做"显示数制",它含有 5 个子菜单,分别为"十进制"、"八进制"、"十六进制"、"清除"和"退出"。此外,在窗体上建立一个文本框,用来输入数值;建立 3 个标签,分别显示十进制、八进制和十六进制数,并有相应的说明信息。

按以下步骤操作:

(1) 在窗体上建立控件。

在窗体上建立一个文本框,6 个标签,其属性设置见表 11.3。

表 11.3 控件属性设置

控件	Name	Caption	Text	BorderStyle
文本框	TxtBox	无	空白	默认
标签 1	Label1	十进制	无	默认
标签 2	Label2	八进制	无	默认
标签 3	Label3	十六进制	无	默认
标签 4	Label4	空白	无	1-Fixed Single
标签 5	Label5	空白	无	默认
标签 6	Label6	空白	无	默认

设计完成后的窗体如图 11.10 所示。

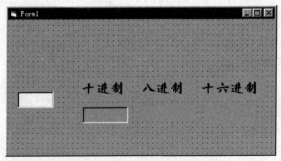

图 11.10 菜单程序举例

(2) 设计菜单。

菜单中有 1 个主菜单项和 5 个子菜单项。在设计菜单时,子菜单项"清除"有标记"√",其他子菜单项均没有标记。各菜单项的属性设置见表 11.4。

按上面所列的属性建立菜单。建立完以后的菜单设计窗口如图 11.11 所示。

表 11.4 菜单项属性设置

标题	名称	内缩符号	复选
显示数制	Numsys	无	无
八进制	Octv	1	无
十进制	Dec	1	无
十六进制	Hexv	1	无
清除	Clean	1	有
退出	Quit	1	无

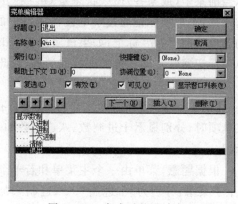

图 11.11 完成后的设计窗口

(3) 编写程序代码。

菜单项 Octv 的事件过程如下:

```
Private Sub Octv_Click()
    Answer = Val(txtBox.Text)
    Octv.Checked = True
    Dec.Checked = False
    Hexv.Checked = False
    Clean.Checked = False
    Quit.Checked = False
    Label5.Caption = Oct $ (Answer)
End Sub
```

该过程首先取出文本框中的值,并把它赋给变量 Answer,然后把子菜单项 Octv 的 Checked 属性设置为 True,其余子菜单项的 Checked 属性设置为 False。最后用 Oct $ 函数把文本框中的十进制数值转换为八进制数,并在第 5 个标签中显示出来。

另外两个子菜单项的事件过程与上面的事件过程类似:

```
Private Sub Dec_Click()
    Answer = Val(txtBox.Text)
    Octv.Checked = False
    Dec.Checked = True
    Hexv.Checked = False
    Clean.Checked = False
    Quit.Checked = False
    Label4.Caption = Format(Answer)
End Sub
```

```
Private Sub Hexv_Click()
    Answer = Val(txtBox.Text)
    Octv.Checked = False
    Dec.Checked = False
    Hexv.Checked = True
    Clean.Checked = False
    Quit.Checked = False
    Label6.Caption = Hex $ (Answer)
End Sub
```

子菜单项 Clean 的事件过程如下：

```
Private Sub Clean_Click()
    txtBox.Text = ""
    Octv.Checked = False
    Dec.Checked = False
    Hexv.Checked = False
    Clean.Checked = True
    Quit.Checked = False
    Label4.Caption = ""
    Label5.Caption = ""
    Label6.Caption = ""
End Sub
```

最后一个子菜单项的事件过程如下：

```
Private Sub Quit_Click()
    End
End Sub
```

上述程序运行后，首先在文本框中输入一个数值，然后单击主菜单项"显示数制"，下拉显示 5 个子菜单项，单击前 3 个子菜单项，可以在相应的标签内以不同的进制显示输入的数值，并在菜单前加上标记"√"。单击子菜单项"清除"将清除显示结果。单击"退出"将退出程序。运行结果如图 11.12 所示。

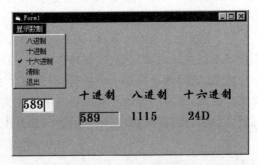

图 11.12 执行结果

11.4.3 键盘选择

在一般情况下，菜单项通过鼠标选择，即单击某个菜单项，执行相应的操作。在 Visual Basic 中，也可以通过键盘选择所需要的菜单项。

用键盘选取菜单通常有两种方法，即热键和访问键（access key）。前面已介绍过热键的设置方法。用热键可以直接执行菜单命令，不必一级一级地下拉菜单，速度较快，适合熟悉键盘的用户使用。

所谓访问键,就是菜单项中加了下划线的字母,只要按 Alt 键和加了下划线的字母键,就可以选择相应的菜单项。用访问键选择菜单项时,必须一级一级地选择。也就是说,只有在下拉显示下一级菜单后,才能用 Alt 键和菜单项中有下划线的字母键选择。

热键和访问键都在设计菜单时直接指定,设置热键的方法见 11.3 节。为了设置访问键,必须在准备加下划线的字母的前面加上一个"&",例如:

&Additin

在设计菜单时,如果按上面的格式输入菜单项的标题,则程序运行后,就可在字母 A 的下面加上一个下划线,按 Alt+A 键,即可选取这个菜单项。在设置访问键时,应注意避免重复。按照使用习惯,通常把第一个字母设置为访问键,这就有可能出现重复,例如,有 Clean 和 Copy 两个菜单项,如果都用第一个字母作为访问键,就会出现二义性,当用 Alt+C 键执行菜单命令时,系统无法判断执行 Clean 还是 Copy。在这种情况下,可以用其他字母作为访问键,例如可以设置为

&Clean
C&opy

这样设置后,就可以用 Alt+C 键和 Alt+O 键分别选择 Clean 和 Copy 菜单项。

任何一个控件(菜单项也是控件),只要它有 Caption(标题)属性,就可以为其指定访问键。也就是说,访问键是对控件的 Caption 属性设置的。对于一般控件(即非菜单项),可以在设计阶段通过属性窗口在 Caption 属性中加"&"设置访问键,也可以在程序代码中设置。但是,有些控件没有 Caption 属性,或者 Caption 属性被设置为空白,对于这样的控件,可以通过 Tab 键依照空位顺序选取(见第 6 章),但也可以通过访问键选取。

假定有一个文本框(或图片框),框内为空白,则可用下面的方法设置访问键:

(1) 建立一个标签,在标签后紧接着建立一个文本框,即让文本框紧跟在标签的后面。

(2) 标签有 Caption 属性,因此可以对标签设置访问键。当用访问键选取标签时,由于标签不接收输入,因而把控制转移到位于其后的文本框。

注意,访问键只能是一个字符,而且这个字符必须是键盘上的某个键,否则没有实际意义。因此,通常用键盘上有的西文字符作为访问键。如果用汉字作为菜单项或控件的标题,则通常把访问键放在标题后面的括号中。例如:

清除(&C)

11.5 菜单项的增减

用前面的方法建立的菜单是固定的,菜单项不能自动增减。为了增加或减少菜单项,必须打开菜单设计窗口,对原来的菜单进行增删。

在 Word 的"窗口"菜单中,其子菜单可以根据当前打开文件的多少而动态变化。也就是说,每打开一个文档,在"窗口"菜单中就增加一个子菜单项。每关闭一个文档,"窗

口"菜单中就减少一个子菜单项。在实际应用中,有时候需要这种自动增减菜单项的操作。下面介绍如何实现这种操作。

菜单项的增减通过控件数组来实现。一个控件数组含有若干个控件,这些控件的名称相同,所使用的事件过程相同,但其中的每个元素可以有自己的属性。和普通数组一样,通过下标(Index)访问控件数组中的元素。控件数组可以在设计阶段建立,也可以在运行时建立。

第8章已介绍过控件数组。利用控件数组,可以实现菜单项的增减。

【例 11.3】 编写程序,实现菜单项的增减操作。

假定有一个刚刚建立尚未执行的菜单,如图 11.13 所示。它有一个主菜单项"应用程序",在该主菜单项下有两个子菜单项"增加应用程序"和"减少应用程序"及分隔线。要求:单击"增加应用程序"时在分隔线下面增加一个新的菜单项,单击"减少应用程序"时删除分隔线下面一个指定的菜单项。如果单击新增加的菜单项,则可以执行指定的应用程序。

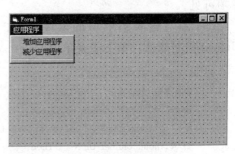

图 11.13 原来菜单

按以下步骤操作:

(1) 执行"工具"菜单中的"菜单编辑器"命令,打开菜单编辑器窗口。

(2) 各菜单项的属性设置见表 11.5。

表 11.5 菜单项属性设置

标 题	名 称	内缩符号	可 见 性	下 标
应用程序	Apps	无	True	无
增加应用程序	AddAp	1	True	无
减少应用程序	DelAp	1	True	无
-	SepBar	1	True	无
空白	AppName	1	False	0

最后一项的"标题"属性为空白,"可见性"属性为 False,其下标为 0。在菜单编辑器窗口中按上述属性输入最后一项,它是一个子菜单项,但暂时是看不见的。AppName(0) 是控件数组的第一个元素。

(3) 在窗体层定义如下变量:

Dim Menucounter As Integer

该变量用作控件数组的下标。

(4) 编写增加新菜单项的程序代码。根据题意,当单击 AddAp 时增加新菜单项,编写如下的事件过程:

```
Private Sub Addap_Click()
    msg$ = "Enter file path: "
    Temp$ = InputBox$(msg$, "Add Application")
```

```
        Menucounter = Menucounter + 1
        Load AppName(Menucounter)
        AppName(Menucounter).Caption = Temp $
        AppName(Menucounter).Visible = True
End Sub
```

上述过程是单击子菜单项 AddAp 时产生的操作。它首先显示一个输入对话框,让用户输入应用程序的名字,接着下标值增 1,用 Load 语句建立控件数组的新元素,并把输入的应用程序的名字设置为该元素的 Caption 属性(即菜单项),用 Visible=True 使该菜单项可见。

(5) 编写删除菜单项的事件过程。用 Load 语句建立的控件数组元素,可以用 Unload 语句删除。单击子菜单项 DeleteAp 时产生的事件过程如下:

```
Private Sub DelAp_Click()
    Dim N As Integer, I As Integer
    msg $ = "Enter number to delete:"
    N = InputBox(msg $ , "Delete Application")
    If N>Menucounter Or N<1 Then
        MsgBox "超出范围!"
        Exit Sub
    End If
    For I = N To Menucounter - 1
        AppName(I).Caption = AppName(I + 1).Caption
    Next I
    Unload AppName(Menucounter)
    Menucounter = Menucounter - 1
End Sub
```

上述事件过程是单击菜单项 DeleteAp 时所执行的操作。它首先显示一个对话框,要求用户输入要删除的应用程序文件名的编号,即下标,接着检查该下标是否在指定的范围内。如果不在此范围内,则用 MsgBox 语句显示"超出范围!",并退出过程。如果在此范围内,则将其所对应的文件名删除。

从过程中可以看出,删除指定菜单项的操作并不是直接进行的,而是从被删除的菜单项开始,用后面的菜单项覆盖前面的菜单项,然后再删除最后一个菜单项。假定新建 6 个菜单项,其标题分别为 Menu1,Menu2,…,Menu6。如果要删除第 4 个菜单项(Menu4),即 N=4,则在 For 循环中从 Menu4 开始,依次用其后的菜单项(Caption 属性)覆盖其前面的菜单项。执行过程见表 11.6。

表 11.6 删除菜单项的执行过程

下标(Index)	删 除 前	执行 For 循环后	最 后 结 果
1	Menu1	Menu1	Menu1
2	Menu2	Menu2	Menu2
3	Menu3	Menu3	Menu3

续表

下标(Index)	删 除 前	执行 For 循环后	最 后 结 果
4	Menu4	Menu5	Menu5
5	Menu5	Menu6	Menu6
6	Menu6	Menu6	

经过移动和覆盖之后，Menu4 被去掉，但 Menu6 变成了两个，所以应删除一个 Menu6。用 Unload 语句删除该数组元素，控件数组的元素个数由 6 个变为 5 个，因此计数器 MenuCounter 应减 1。

新增加的菜单项是一些应用程序的名字（包括路径）。为了执行这些应用程序，应编写如下的 AppName 的 Click 事件过程：

```
Private Sub AppName_Click(Index As Integer)
    x = Shell(AppName(Index).Caption, 1)
End Sub
```

至此，增加、删除菜单项和执行应用程序的事件过程已全部编写完毕。运行上面的程序，输入 pbrush，即可在分隔线下面增加一个菜单项。用同样的方法，输入 calc 和 notepad，则可新增加 3 个菜单项，如图 11.14 所示。此时如果单击 calc，则显示"计算器"。

在输入上面新增加的应用程序时，可以加上扩展名.exe。此外，如果应用程序不在系统指定的路径下，则应加上完整的路径。

每单击一次"增加应用程序"，在对话框中输入应用程序文件名，就可以把一个菜单项加到菜单中。而如果单击减少应用程序，并输入相应的下标，就可以删除一个新增加的菜单项。

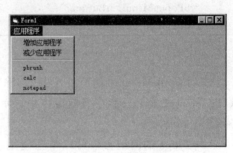

图 11.14 增加菜单项

11.6 弹出式菜单

前面较为详细地介绍了下拉式菜单的功能和建立方法。在实际应用中，除下拉式菜单外，Windows 还广泛使用弹出式菜单，几乎在每一个对象上单击鼠标右键都可以显示一个弹出式菜单。

弹出式菜单是一种小型的菜单，它可以在窗体的某个地方显示出来，对程序事件作出响应。通常用于对窗体中某个特定区域有关的操作或选项进行控制，例如用来改变某个文本区的字体属性等。与下拉式菜单不同，弹出式菜单不需要在窗口顶部下拉打开，而是通过单击鼠标右键在窗口（窗体）的任意位置打开，因而使用方便，具有较大的灵活性。

建立弹出式菜单通常分两步进行：首先用菜单编辑器建立菜单，然后用 PopupMenu 方法弹出显示。第一步的操作与前面介绍的基本相同，唯一的区别是，必须把菜单名（即主菜单项）的"可见"属性设置为 False（子菜单项不要设置为 False）。

PopupMenu 方法用来显示弹出式菜单,其格式为:

对象.PopupMenu 菜单名, Flags, x, y, BoldCommand

其中"对象"是窗体名,"菜单名"是在菜单编辑器中定义的主菜单项名,x,y 是弹出式菜单在窗体上的显示位置(与 Flags 参数配合使用,见后),BoldCommand 用来在弹出式菜单中显示一个菜单控制。Flags 参数是一个数值或符号常量,用来指定弹出式菜单的位置及行为,其取值分为两组,一组用于指定菜单位置(见表 11.7),另一组用于定义特殊的菜单行为(见表 11.8)。

表 11.7 指定菜单位置

定位常量	值	作用
vbPopupMenuLeftAlign	0	x 坐标指定菜单左边位置
vbPopupMenuCenterAlign	4	x 坐标指定菜单中间位置
vbPopupMenuRighAlign	8	x 坐标指定菜单右边位置

表 11.8 定义菜单行为

行为常量	值	作用
vbPopupMenuLeftButton	0	通过单击鼠标左键选择菜单命令
vbPopupMenuRighButton	8	通过单击鼠标右键选择菜单命令

说明:

(1) PopupMenu 方法有 6 个参数,除"菜单名"外,其余参数均是可选的。当省略"对象"时,弹出式菜单只能在当前窗体中显示。如果需要弹出式菜单在其他窗体中显示,则必须加上窗体名。

(2) Flags 的两组参数可以单独使用,也可以联合使用。当联合使用时,每组中取一个值,两个值相加;如果使用符号常量,则两个值用 Or 连接。

(3) x 和 y 分别用来指定弹出式菜单显示位置的横坐标和纵坐标,如果省略,则弹出式菜单在鼠标光标的当前位置显示。

(4) 弹出式菜单的"位置"由 x,y 及 Flags 参数共同指定。如果省略这几个参数,则在单击鼠标右键弹出菜单时,鼠标光标所在位置为弹出式菜单左上角的坐标。在默认情况下,以窗体的左上角为坐标原点。如果省略 Flags 参数,不省略 x,y 参数,则 x,y 为弹出式菜单左上角的坐标;如果同时使用 x,y 及 Flags 参数,则弹出式菜单的位置分为以下几种情况:

- Flags=0   x,y 为弹出式菜单左上角的坐标。
- Flags=4   x,y 为弹出式菜单顶边中间的坐标。
- Flags=8   x,y 为弹出式菜单右上角的坐标。

(5) 为了显示弹出式菜单,通常把 PopupMenu 方法放在 MouseDown 事件中,该事件响应所有的鼠标单击操作。按照惯例,一般通过单击鼠标右键显示弹出式菜单,这可以用 Button 参数来实现。对于两个键的鼠标来说,左键的 Button 参数值为 1,右键的 Button 参数值为 2。因此,可以用下面的语句强制通过单击鼠标右键来响应 MouseDown

事件,显示弹出式菜单:

```
If Button = 2 Then PopupMenu 菜单名
```

下面通过一个例子来具体说明建立弹出式菜单的一般过程。

【例 11.4】 建立一个弹出式菜单,用来改变文本框中字体的属性。

按以下步骤操作:

(1) 执行 File 菜单中的"新建工程"命令,建立一个新的工程。

(2) 设置各菜单项的属性(见表 11.9)。

(3) 执行"工具"菜单中的"菜单编辑器"命令,进入菜单编辑器窗口。

(4) 按表 11.9 所设置的属性建立菜单,如图 11.15 所示。注意,主菜单项 popFormat 的"可见"属性应设置为 False,其余菜单项的"可见"属性设置为 True。

表 11.9 菜单项属性设置

标题	Name	内缩符号	可见性
字体格式化	popFormat	无	False
粗体	popBold	1	True
斜体	popItalic	1	True
下划线	popUnder	1	True
20	font20	1	True
隶书	fontLs	1	True
退出	Quit	1	True

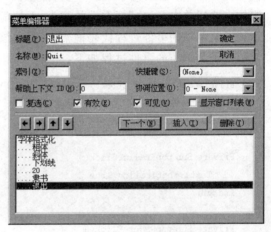

图 11.15 建立弹出式菜单

(5) 编写窗体的 MouseDown 事件过程:

```
Private Sub Form_MouseDown(Button As Integer, Shift As Integer, x As Single, y As Single)
    If Button = 2 Then
        PopupMenu popFormat
    End If
End Sub
```

MouseDown 事件过程带有多个参数,其含义请查阅该事件的帮助信息。上述过程中的条件语句用来判断所按下的是否是鼠标右键,如果是,则用 PopupMenu 方法弹出菜单。PopupMenu 方法省略了对象参数,指的是当前窗体。运行程序,然后在窗体内的任意位置单击鼠标右键,将弹出一个菜单,如图 11.16 所示。

图 11.16 显示弹出式菜单

至此,建立弹出式菜单的操作就算完成了。根据题意,要用这个弹出式菜单来改变文本框的属性,因而要继续下面的操作。

(6) 在窗体中画一个文本框,并编写如下窗体事件过程:

```
Private Sub Form_Load()
    Text1.Text = "可视化高级程序设计语言"
End Sub
```

(7) 对各个子菜单项编写事件过程。前面已经看到,为了编写下拉式菜单的事件过程,通常是在窗体中单击主菜单项,下拉显示子菜单,然后双击某个子菜单项,进入代码窗口,编写该菜单项的事件过程。对于弹出式菜单来说,由于主菜单项的"可见"属性为False,不能在窗体顶部显示,因而不能像下拉式菜单那样通过双击子菜单项的方式进入代码窗口,必须先进入代码窗口(执行"视图"菜单中的"代码窗口"命令、按F7键或双击窗体),然后单击"对象"框右端的箭头,下拉显示各子菜单项,再单击某个子菜单项,将显示该子菜单项的事件过程代码框架,即可在该框架内编写代码。

各子菜单项的事件过程如下:

```
Private Sub popBold_Click()
    Text1.FontBold = True
End Sub

Private Sub popItalic_Click()
    Text1.FontItalic = True
End Sub

Private Sub popUnder_Click()
    Text1.FontUnderline = True
End Sub

Private Sub font20_Click()
    Text1.FontSize = 20
End Sub

Private Sub fontLs_Click()
    Text1.FontName = "隶书"
End Sub

Private Sub Quit_Click()
    End
End Sub
```

运行上面的程序,用弹出式菜单设置文本框的属性,显示结果如图11.17所示。

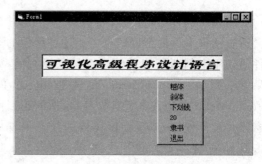

图11.17　程序执行结果

习 题

11.1 在 Visual Basic 中可以建立几种菜单？下拉式菜单有什么优点？
11.2 可以通过哪几种方法打开菜单编辑器？
11.3 菜单编辑器由哪几部分组成？每一部分的功能是什么？
11.4 建立下拉式菜单的一般步骤是什么？
11.5 如何建立弹出式菜单？
11.6 在窗体上画一个文本框，把它的 Multiline 属性设置为 True，通过菜单命令向文本框中输入信息并对文本框中的文本进行格式化。按下述要求建立菜单程序：

(1) 菜单程序含有 3 个主菜单，分别为"输入信息"、"显示信息"和"格式"。
- "输入信息"包括两个菜单命令："输入"、"退出"。
- "显示信息"包括两个菜单命令："显示"、"清除"。
- "格式"包括 5 个菜单命令："正常"、"粗体"、"斜体"、"下划线"和"Font20"。

(2) "输入"命令的操作是：显示一个输入对话框，在该对话框中输入一段文字。
(3) "退出"命令的操作是：结束程序运行。
(4) "显示"命令的操作是：在文本框中显示输入的文本。
(5) "清除"命令的操作是：清除文本框中所显示的内容。
(6) "正常"命令的操作是：文本框中的文本用正常字体（非粗体、非斜体、无下划线）显示。
(7) "粗体"命令的操作是：文本框中的文本用粗体显示。
(8) "斜体"命令的操作是：文本框中的文本用斜体显示。
(9) "下划线"命令的操作是：给文本框中的文本加上下划线。
(10) "font20"命令的操作是：把文本框中文本字体的大小设置为 20。

要求：新输入的文本添加到原有文本的后面。

11.7 "三十六计"中前 4 计的内容如表 11.10 所示。

表 11.10 "三十六计"前 4 计

序 号	标 题	内 容
1	瞒天过海	备周则意怠，常见则不疑。阴在阳之内，不在阳之外。太阳，太阴。
2	围魏救赵	共敌不如分敌，敌阳不如敌阴。
3	借刀杀人	敌已明，友未定，引友杀敌，不自出力，以损推演。
4	以逸待劳	困敌之势，不以战，损则益柔。

建立一个弹出式菜单，该菜单包括 4 个命令，分别为"瞒天过海"、"围魏救赵"、"借刀杀人"和"以逸待劳"。程序运行后，单击弹出的菜单中的某个命令，在标签中显示相应的"计"的标题，而在文本框中显示相应的"计"的内容。

第12章 对话框程序设计

用 InputBox 函数和 MsgBox 函数可以建立简单的对话框,即输入对话框和信息框。在有些情况下,这样的对话框可能无法满足实际需要,为此,Visual Basic 允许用户根据需要设计较复杂的对话框。本章将介绍如何用 Visual Basic 进行对话框程序设计。

12.1 概　　述

在 Visual Basic 中,对话框(Dialog Box)是一种特殊的窗口(窗体),它通过显示和获取信息与用户进行交流。尽管对话框有自己的特性,但从结构上来说,对话框与窗体是类似的。

一个对话框可以很简单,也可以很复杂。简单的对话框可用于显示一段信息,并从用户那里得到简短的反馈信息。利用较复杂的对话框,可以得到更多的信息,或者设置整个应用程序的选项。使用过字处理软件(如 Word)或电子表格软件(如 Excel)的读者想必见过较为复杂的对话框,很多选项都可以用这些对话框设置。

12.1.1 对话框的分类与特点

1. 对话框的分类

Visual Basic 中的对话框分为 3 种类型,即预定义对话框、自定义对话框和通用对话框。

预定义对话框也称预制对话框,是由系统提供的。Visual Basic 提供了两种预定义对话框,即输入对话框和信息框(或消息框),前者用 InputBox 函数建立,后者用 MsgBox 函数建立,具体用法请参见第 5 章。

自定义对话框也称定制对话框,这种对话框由用户根据自己的需要进行定义。输入对话框和信息框尽管很容易建立,但在应用上有一定的限制,很多情况下无法满足需要,用户可以根据具体需要建立自己的对话框。

通用对话框是一种控件,用这种控件可以设计较为复杂的对话框。

本章将介绍后两种对话框,即自定义对话框和通用对话框。

2. 对话框的特点

如前所述,对话框与窗体是类似的,但它是一种特殊的窗体,具有区别于一般窗体的不同的属性,主要表现在以下几个方面:

(1) 在一般情况下,用户没有必要改变对话框的大小,因此其边框是固定的。

(2) 为了退出对话框,必须单击其中的某个按钮,不能通过单击对话框外部的某个地方关闭对话框。

（3）在对话框中不能有最大化按钮（Max Button）和最小化按钮（Min Button），以免被意外地扩大或缩成图标。

（4）对话框不是应用程序的主要工作区，只是临时使用，然后就关闭。

（5）对话框中控件的属性可以在设计阶段设置，但在有些情况下，必须在运行时（即在代码中）设置控件的属性，因为某些属性设置取决于程序中的条件判断。

Visual Basic 的预定义对话框体现了前面 4 个特点，在定义自己的对话框时，也必须考虑到上述特点。

12.1.2 自定义对话框

如前所述，预定义对话框（信息框和输入框）很容易建立，但在应用上有一定的限制。例如，对于信息框来说，只能显示简单信息、一个图标和有限的几种按钮，程序设计人员不能改变按钮的说明文字，也不能接收用户输入的任何信息。用输入框可以接收输入的信息，但只限于使用一个输入区域，而且只能使用"确定"和"取消"两种按钮。

如果需要比输入对话框或信息框功能更多的对话框，则只能由用户自己建立。我们通过一个例子，说明如何建立用户自己的对话框。

这个例子由两个窗体组成，其中第二个窗体作为对话框。按以下步骤操作：

（1）执行"文件"菜单中的"新建工程"命令，建立一个新的工程。屏幕上将出现一个窗体，该窗体作为工程的第一个窗体。

（2）把第一个窗体的名称和标题设置为 Form1（默认），然后在该窗体内建立两个命令按钮，其标题分别为"设置数据"和"退出"，Fontsize 属性值为 20，名称分别为 Command1 和 Command2，如图 12.1 所示。

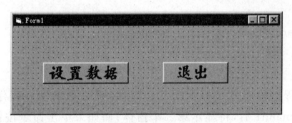

图 12.1 第一个窗体

（3）执行"工程"菜单中的"添加窗体"命令，建立第二个窗体。该窗体作为对话框使用，其属性设置见表 12.1。

窗体的控制框（系统菜单）、最大化、最小化按钮被设置为 False，但在设计阶段窗体不会发生变化，只有在程序运行后，控制框及最大、最小化按钮才会消失。

（4）在窗体内建立控件，其属性设置见表 12.2。

表 12.1 窗体属性设置

属性	设置值
（名称）	Form2
Caption	Form2
ControlBox	False
MaxButton	False
MinButton	False

表 12.2　控件属性设置

控　件	Name	Caption	Text	Fontsize	FontName
框架	Frame1	"选择"	无	默认	默认
单选按钮 1	Option1	"数值"	无	12	宋体
单选按钮 2	Option2	"字符串"	无	12	宋体
标签	Label1	"请输入数据"	无	20	隶书
文本框	Text1	无	空白	默认	默认
命令按钮 1	Command1	"确定"	无	默认	默认
命令按钮 2	Command2	"取消"	无	默认	默认

设计完成后的窗体如图 12.2 所示。

图 12.2　第二个窗体

(5) 为第一个窗体中的两个命令按钮编写如下事件过程：

```
Private Sub Command1_Click()
    Form2.Show 1
End Sub

Private Sub Command2_Click()
    End
End Sub
```

第一个事件过程以模态方式显示第二个窗体，第二个事件过程用来结束程序运行。单击命令按钮 Command1 后，将显示第二个窗体；而如果单击命令按钮 Command2，则将结束程序。

(6) 为第二个窗体中的两个命令按钮编写如下事件过程：

```
Private Sub Command1_Click()
    If Option1 Then
       Enter_dat = Val(Text1.Text)
    End If
    If Option2 Then
       Enter_dat = Text1.Text
    End If
    Print Enter_dat
```

End Sub

Private Sub Command2_Click()
    Form2.Hide
End Sub

第二个窗体是一个对话框,可以在该对话框中输入数据。如果框架中的第一个单选按钮被选中,则表示输入数值数据;如果第二个单选按钮被选中,则表示输入字符串数据。在默认情况下输入数值数据。为了输入某种类型的数据,应先单击相应的单选按钮。选择输入的数据类型后,再单击文本框,即可输入数据。输入后单击"确定"按钮,所输入的值即被存入变量 Enter_dat,并在窗体上显示出来。在该命令按钮的事件过程中,根据选择第一个或第二个单选按钮对输入的数据进行不同的处理(即转换为数值或直接作为字符串保存),Enter_dat 是一个变体类型变量,既可存放数值数据,也可存放字符串数据。如果单击第二个命令按钮("取消"),则关闭对话框(第二个窗体)。

程序运行后,单击第一个窗体"设置数据"命令按钮,显示如图 12.3 所示的对话框。在这个窗体上,没有控制框,也没有最大化、最小化按钮,而且是一个模态窗口。

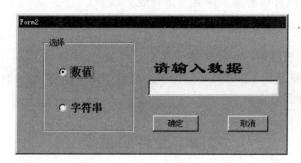

图 12.3　自定义对话框

12.1.3　通用对话框控件

用 MsgBox 和 InputBox 函数可以建立简单的对话框,即信息框和输入对话框。如果需要,也可以用上面介绍的方法,定义自己的对话框。当要定义的对话框较复杂时,将会花费较多的时间和精力。为此,Visual Basic 6.0 提供了通用对话框控件,用它可以定义较为复杂的对话框。

通用对话框是一种 ActiveX 控件,它随同 Visual Basic 提供给程序设计人员。在一般情况下,启动 Visual Basic 后,在工具箱中没有通用对话框控件。为了把通用对话框控件加到工具箱中,可按如下步骤操作:

(1) 执行"工程"菜单中的"部件"命令,打开"部件"对话框。

(2) 在对话框中选择"控件"选项卡,然后在控件列表框中选择"Microsoft Common Dialog Control 6.0"。

(3) 单击"确定"按钮,通用对话框即被加到工具箱中,如图 12.4 所示。

图 12.4　通用对话框

通用对话框的默认名称(Name 属性)为 CommonDialog$x$(x 为 $1,2,3,\cdots$)。

通用对话框控件为程序设计人员提供了几种不同类型的对话框,利用这些对话框,可以获取所需要的信息,诸如取得文件名、打开文件、将文件存盘、打印等。这些对话框与 Windows 本身及商业应用程序具有相同的风格。对话框的类型可以通过 Action 属性设置,也可以用相应的方法设置。表 12.3 列出了各类对话框所需要的 Action 属性值和方法。

表 12.3 对话框类型

对话框类型	Action 属性值	方法
	0	
打开文件	1	ShowOpen
保存文件	2	ShowSave
选择颜色	3	ShowColor
选择字体	4	ShowFont
打印	5	ShowPrinter
调用 Help 文件	6	ShowHelp

在设计阶段,通用对话框控件以图标形式显示,不能调整其大小(与计时器类似),程序运行后消失。

如前所述,通用对话框 Name 属性的默认值为 CommonDialog$x$(x 为 $1,2,3,\cdots$),在实际应用中,为了提高程序的可读性,最好能使 Name 属性具有一定的意义,如 GetFile、SaveFile 等。此外,每种对话框都有自己的默认标题,如"打开"、"保存"等,如果需要,可以通过 DialogTitle 属性设置有实际意义的标题。例如:

```
GetFile.DialogTitle = "选择要打开的位图文件"
```

当然,也可以在属性窗口中设置该属性。

下面将介绍如何建立 Visual Basic 提供的几种通用对话框,即文件对话框、颜色对话框、字体对话框和打印对话框。

12.2 文件对话框

文件对话框分为两种,即打开(Open)文件对话框和保存(Save As)文件对话框。

通用对话框的重要用途之一,就是从用户那里获得文件名信息。打开文件对话框可以让用户指定一个文件,由程序使用;而用保存文件对话框可以指定一个文件,并以这个文件名保存当前文件。

12.2.1 文件对话框的结构

从结构上来说,"打开"和"保存"对话框是类似的。图 12.5 所示的是一个"加载图片"对话框,它属于"打开"对话框,图中各部分的作用如下:

(1) 对话框标题 通用对话框的标题,通过 DialogTitle 属性设置。

(2) 文件夹 用来显示文件夹。单击右端的箭头,将显示驱动器和文件夹的列表,可以在该列表中选择所需要的文件夹。

(3) 选择文件夹级别 单击一次该按钮回退一个文件夹级别。

(4) 新文件夹 用来建立新文件夹。

(5) 文件列表模式 以列表方式显示文件和文件夹。

(6) 文件细节 显示文件的详细情况,包括文件名、文件大小、建立(修改)日期、时间

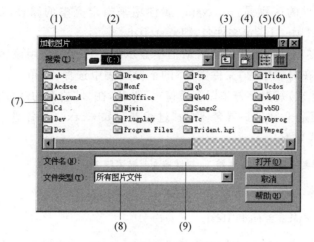

图 12.5 打开文件对话框

及属性等。

(7) 文件列表　在该区域显示的是"文件夹"栏内文件夹的子目录,列出了准备使用的文件或文件夹,单击其中的文件名将选择该文件,所选择的文件名将在"文件名"栏(见(9))内显示出来。如果当前显示的文件列表中没有所需要的文件,可双击其中的文件夹显示下一级的文件或文件夹。

(8) 文件类型　指定要打开或保存的文件的类型,该类型由通用对话框的 Filter 属性确定。

(9) 文件名　所选择的或输入的文件名。用"打开"或"保存"对话框都可以指定一个文件名,所指定的文件名在该栏内显示,单击"打开"或"保存"按钮后,将以该文件名打开或保存文件。

在对话框的右下部还有两个按钮,即"打开"和"取消"。在"保存"对话框中,"打开"按钮用"保存"取代。

12.2.2　文件对话框的属性

打开(Open)和保存(Save)对话框共同的属性如下:

(1) DefaultEXT　该属性设置对话框中默认文件类型,即扩展名。该扩展名出现在"文件类型"栏内。如果在打开或保存的文件名中没有给出扩展名,则自动将 DefaultEXT 属性值作为其扩展名。

(2) DialogTitle　该属性用来设置对话框的标题。在默认情况下,"打开"对话框的标题是"打开","保存"对话框的标题是"保存"。

(3) FileName　该属性用来设置或返回要打开或保存的文件的路径。在文件对话框中显示一系列文件名,如果选择了一个文件并单击"打开"或"保存"按钮(或双击所选择的文件),所选择的文件即作为属性 FileName 的值,然后即可把该文件名作为要打开或保存的文件。

(4) FileTitle　该属性用来指定文件对话框中所选择的文件名(不包括路径)。该属性与 FileName 属性的区别是：FileName 属性用来指定完整的路径，如"d:\prog\vbf\test.frm"，而 FileTitle 只指定文件名，即 test.frm。

（5）Filter　该属性用来指定在对话框中显示的文件类型。用该属性可以设置多个文件类型，供用户在对话框的"文件类型"的下拉列表中选择。Filter 的属性值由一对或多对文本字符串组成，每对字符串用管道符"|"隔开，在"|"前面的部分称为描述符，后面的部分一般为通配符和文件扩展名，称为"过滤器"，如 *.txt 等，各对字符串之间也用管道符隔开。其格式如下：

[窗体.]对话框名.Filter = 描述符1 | 过滤器1 | 描述符2 | 过滤器2…

如果省略窗体名，则为当前窗体。例如：

CommonDialog1.Filter = Word Files | (*.doc)

执行该语句后，在文件列表栏内将只显示扩展名为 .doc 的文件。再如：

CommonDialog1.Filter = All Files | (*.*) | Word Files | (*.doc) | Text Files | (*.txt)

执行该语句后，可以在文件类型栏内通过下拉列表选择要显示的文件类型。

（6）FilterIndex　该属性用来指定默认的过滤器，其设置值为一整数。用 Filter 属性设置多个过滤器后，每个过滤器都有一个值，第一个过滤器的值为 1，第二个过滤器的值为 2……用 FilterIndex 属性可以指定作为默认显示的过滤器。例如：

CommonDialog1.FilterIndex = 3

将把第三个过滤器作为默认显示的过滤器。对于上面的例子来说，打开对话框后，在文件类型栏内显示的是"(*.txt)"，其他过滤器必须通过下拉列表显示。

（7）Flags　该属性为文件对话框设置选择开关，用来控制对话框的外观，其格式如下：

对象.Flags[= 值]

其中"对象"为通用对话框的名称，"值"是一个整数，可以使用 3 种形式，即常量、十六进制数和十进制数。文件对话框的 Flags 属性所使用的值见表 12.4。

表 12.4　Flags 取值（文件对话框）

常量	十六进制整数	十进制整数
vbOFNAllowMultiselect	&H200&	512
vbOFNCreatePrompt	&H2000&	8192
vbOFNExtensionDifferent	&H400&	1024
vbOFNFileMustExist	&H1000&	4096
vbOFNHideReadOnly	&H4&	4
vbOFNNoChangeDir	&H8&	8
vbOFNNoReadOnlyReturn	&H8000&	32768
vbOFNNoValidate	&H100&	256

续表

常量	十六进制整数	十进制整数
vbOFNOverwritePrompt	&H2&	2
vbOFNPathMustExist	&H800&	2048
vbOFNReadOnly	&H1&	1
vbOFNShareAware	&H4000&	16384
vbOFNShowHelp	&H10&	16

在应用程序中,可以使用3种形式中的任一种,例如:

```
CommonDialog1.Flags = VbOFNFileMustExist        '常量
```

或

```
CommonDialog1.Flags = &H1000&                   '十六进制整数
```

或

```
CommonDialog1.Flags = 4096                      '十进制整数
```

一般来说,使用整数可以简化代码,而使用常量则可以提高程序的可读性,因为从常量本身可以大致地看出属性的含义。此外,Flags属性允许设置多个值,这可以通过以下两种方法来实现:

- 如果使用常量,则将各值之间用"Or"运算符连接,例如:

```
CommonDialog1.Flags = vbOFNOverwritePrompt Or vbOFNPathMustExist
```

- 如果使用数值,则将需要设置的属性值相加。例如,上面的例子可以写为:

```
CommonDialog1.Flags = 2050      '即 2048 + 2
```

当设置多个Flags属性值时,注意各值之间不要发生冲突。

文件对话框Flags属性各种取值的意义见表12.5(只列出十进制值)。

表 12.5 Flag 属性取值的含义(文件对话框)

值	作用
1	在对话框中显示"只读检查"(Read Only Check)复选框
2	如果用磁盘上已有的文件名保存文件,则显示一个信息框,询问用户是否覆盖现有文件
4	取消"只读检查"复选框
8	保留当前目录
16	显示一个"Help"按钮
256	允许在文件中有无效字符
512	允许用户选择多个文件(Shift键与光标移动键或鼠标结合使用),所选择的多个文件作为字符串存放在FileName中,各文件名用空格隔开
1024	用户指定的文件扩展名与由DefaultExt属性所设置的扩展名不同。如果DefaultExt属性为空,则该标志无效

续表

值	作用
2048	只允许输入有效的路径。如果输入了无效的路径,则发出警告
4096	禁止输入对话框中没有列出的文件名。设置该标志后,将自动设置2048
8192	询问用户是否要建立一个新文件。设置该标志后,将自动设置4096和2048
16384	对话框忽略网络共享冲突的情况
32768	选择的文件不是只读文件,并且不在一个写保护的目录中

(8) InitDir 该属性用来指定对话框中显示的起始目录。如果没有设置InitDir,则显示当前目录。

(9) MaxFileSize 该属性设定FileName属性的最大长度,以字节为单位。取值范围为1到2048,默认为256。

(10) CancelError 如果该属性被设置为True,则当单击"取消"按钮关闭一个对话框时,将显示出错信息,如果设置为False(默认),则不显示出错信息。

(11) HelpCommand 该属性指定Help的类型,可以取以下几种值:
- 1 显示一个特定上下文的Help屏幕,该上下文应先在通用对话框控件的HelpConText属性中定义。
- 2 通知Help应用程序,不再需要指定的Help文件。
- 3 显示一个帮助文件的索引屏幕。
- 4 显示标准的"如何使用帮助"窗口。
- 5 当Help文件有多个索引时,该设置使得用HelpContext属性定义的索引成为当前索引。
- 257 显示关键词窗口,关键词必须在HelpKey属性中定义。

(12) HelpContext 该属性用来确定Help ID的内容,与HelpCommand属性一起使用,指定显示的Help主题。

(13) HelpFile和HelpKey 该属性分别用来指定Help应用程序的Help文件名和Help主题能够识别的名字。

通用对话框类似于计时器,在设计应用程序时,可以把它放在窗体中的任何位置,其大小不能改变,程序运行时不出现在窗体上。

12.2.3 文件对话框举例

【例12.1】 编写程序,建立"打开"和"保存"对话框。

在窗体上画一个通用对话框,其Name属性为CommonDialog1(默认值);再画两个命令按钮,其Name属性分别为Command1和Command2;然后编写两个事件过程。建立"打开"对话框的事件过程如下:

```
Private Sub Command1_Click()
    CommonDialog1.FileName = ""
    CommonDialog1.Flags = VbOFNFileMustExist
    CommonDialog1.Filter = "All Files|*.*|(*.exe)|*.exe|(*.TXT)|*.TXT"
```

```
        CommonDialog1.FilterIndex = 2
        CommonDialog1.DialogTitle = "Open File( * .EXE)"
        CommonDialog1.Action = 1
        If CommonDialog1.FileName = "" Then
            MsgBox "No file selectd", 37, "Checking"
        Else
            '对所选择的文件进行处理
            Open CommonDialog1.FileName For Input As #1
            Do While Not EOF(1)
                Input #1, a$
                Print a$
            Loop
        End If
    End Sub
```

该事件过程用来建立一个 Open 对话框(见图 12.6),可以在这个对话框中选择要打开的文件,选择后单击"打开"按钮,所选择的文件名即作为对话框的 FileName 属性值。过程中的"CommonDialog1.Action=1"用来建立 Open 对话框,它与下面的语句:

    CommonDialog1.ShowOpen

等价。

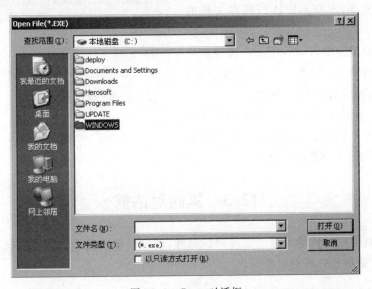

图 12.6 Open 对话框

Open 对话框似乎有些名不副实,因为它并不能真正"打开"文件,而仅仅是用来选择一个文件,至于选择以后的处理,包括打开、显示等,Open 对话框就无能为力了。在上面的过程中,前半部分用来建立 Open 对话框,设置对话框的各种属性,Else 之后的部分用来对选择的文件进行处理,首先打开文件,然后逐行显示文件内容。有关文件处理的内容请参见第 14 章。

建立 Save 对话框的事件过程如下：

```
Private Sub Command2_Click()
    CommonDialog1.CancelError = True
    CommonDialog1.DefaultExt = "TXT"
    CommonDialog1.FileName = "lbw.txt"
    CommonDialog1.Filter = "Text files(*.txt)|*.TXT|All Files(*.*)|*.*"
    CommonDialog1.FilterIndex = 1
    CommonDialog1.DialogTitle = "Save File As(*.TXT)"
    CommonDialog1.Flags = vbOFNOverwritePrompt Or vbOFNPathMustExist
    CommonDialog1.Action = 2
End Sub
```

该事件过程用来建立一个 Save 对话框（与 Open 对话框类似），可以在这个对话框中选择要保存的文件，选择后单击"保存"按钮，所选择的文件名即作为对话框的 FileName 属性值。过程中的"CommonDialog1.Action=2"用来建立 Save 对话框，它与下面的语句：

CommonDialog1.ShowSave

等价。

和 Open 对话框一样，Save 对话框也只能用来选择文件，本身不能执行保存文件的操作。

在上面的过程中，CancelError 属性被设置为 True，当单击"取消"(Cancel) 按钮时，将产生出错信息，如图 12.7 所示。

注意，在不同版本的 Windows 中，所打开的对话框的外观可能会不一样。上面的对话框是在 Windows XP 中打开的。

图 12.7 单击"取消"按钮产生的出错信息

12.3 其他对话框

用通用对话框控件除了建立文件对话框外，还可以建立其他一些对话框，包括颜色对话框、字体对话框和打印对话框等。

12.3.1 颜色对话框

颜色(Color)对话框用来设置颜色。它具有与文件对话框相同的一些属性，包括 CancelError, DialogTitle, HelpCommand, HelpContext, HelpFile 和 HelpKey，此外还有两个属性，即 Color 属性和 Flags 属性。

Color 属性用来设置初始颜色，并把在对话框中选择的颜色返回给应用程序。该属性是一个长整型数。Flags 属性的取值见表 12.6。

Flags 属性值的含义见表 12.7。

表 12.6 Flags 属性取值（颜色对话框）

常　　量	十六进制值	十进制值
vbCCFullOpen	&H2&	2
vbCCPreventFullOpen	&H4&	4
vbCCRGBInit	&H1&	1
vbCCShowHelp	&H8&	8

表 12.7 Flags 属性值的含义（颜色对话框）

值	作　　用
1	使得 Color 属性定义的颜色在首次显示对话框时随着显示出来
2	打开完整对话框，包括"用户自定义颜色"窗口
4	禁止选择"规定自定义颜色"按钮
8	显示一个 Help 按钮

为了设置或读取 Color 属性，必须将 Flags 属性设置为 1(vbCCRGBInit)。

【例 12.2】 建立颜色对话框。

在窗体上画一个通用对话框和一个命令按钮，然后编写如下的事件过程：

```
Private Sub Command1_Click()
    CommonDialog1.Flags = Vbccrgbinit
    CommonDialog1.Color = BackColor
    CommonDialog1.Action = 3
    Form1.BackColor = CommonDialog1.Color
End Sub
```

执行上面的程序，将显示一个颜色对话框，如图 12.8 所示。在该对话框的"基本颜色"部分选择一种颜色（单击某个色块），然后单击"确定"按钮，即可把窗体(Form1)的背景设置为所选择的颜色。

颜色对话框的 Flags 属性有 4 种取值（见表 12.6），其中 vbCCRGBinit 是必需的，用它可以打开一个颜色对话框，并可设置或读取 Color 属性。在颜色对话框中，如果单击"规定自定义颜色"按钮，则可打开自定义颜色对话框，它附加到颜色对话框的右侧，这样的颜色对话框称为完整对话框。如果同时设置 vbCCRGBinit 和 vbCCFullOpen，则可打开完整对话框；如果同时设置 vbCCRGBinit 和 vbCCPreventFullOpen，则禁止打开右边的自定义颜色对话框，在这种情况下，对话框中的"规定自定义颜色"按钮无效。

图 12.8 颜色对话框

12.3.2 字体对话框

在 Visual Basic 中，字体通过字体(Font)对话框或字体属性设置。利用通用对话框控件，可以建立一个字体对话框，并可在该对话框中设置应用程序所需要的字体。

字体对话框具有以下属性：

(1) CancelError，DialogTitle，HelpCommand，HelpContext，HelpFile 和 HelpKey 见前面的介绍。

(2) Flags 其取值见表 12.8。
各属性值的含义见表 12.9。

表 12.8 Flags 属性取值（字体对话框）

常量	十六进制值	十进制值
vbCFApply	&H200&	512
vbCFANSIOnly	&H400&	1024
vbCFBoth	&H3&	3
vbCFEffects	&H100&	256
vbCFFixedPitchOnly	&H4000&	16384
vbCFForceFontExist	&H10000&	65536
vbCFLimitSize	&H2000&	8192
vbCFNoSimulations	&H1000&	4096
vbCFNoVectorFonts	&H800&	2048
vbCFPrinterFonts	&H2&	2
vbCFScalableOnly	&H20000&	131072
vbCFScreenFonts	&H1&	1
vbCFShowHelp	&H4&	4
vbCFTTOnly	&H40000&	262144
vbCFWYSIWYG	&H8000&	32768

表 12.9 Flags 属性值的含义（字体对话框）

属性值	作用
1	只显示屏幕字体
2	只列出打印机字体
3	列出打印机和屏幕字体
4	显示一个 Help 按钮
256	允许中划线、下划线和颜色
512	允许 Apply 按钮
1024	不允许使用 Windows 字符集的字体（无符号字体）
2048	不允许使用矢量字体
4096	不允许图形设备接口字体仿真
8192	只显示在 Max 属性和 Min 属性指定范围内的字体（大小）
16384	只显示固定字符间距（不按比例缩放）的字体
32768	只允许选择屏幕和打印机可用的字体。该属性值应当与 3 和 131072 同时设置
65536	当试图选择不存在的字体或类型时，将显示出错信息
131072	只显示按比例缩放的字体
262144	只显示 TrueType 字体

(3) FontBold,FontItalic,FontName,Fontsize,FontStrikeThru,FontUnderline 这些属性可以在对话框中选择，也可以通过程序代码赋值。

(4) Max 和 Min 字体大小用点（一个点的高度是 1/72 英寸）量度。在默认情况下，字体大小的范围为 1～2048 个点，用 Max 和 Min 属性可以指定字体大小的范围（在 1～2048 之间的整数）。注意，在设置 Max 和 Min 属性之前，必须把 Flags 属性值设置为 8192。

Font 对话框可以通过 ShowFont 方法或 Action 属性(= 4)建立，请看下面的例子。

【例 12.3】 用字体对话框设置文本框中显示的字体。

在窗体上建立一个文本框，并在其中输入一些信息，然后画一个命令按钮和一个通用对话框。命令按钮的标题为"设置字体"，FontSize 属性为 18，如图 12.9 所示。

对命令按钮编写如下事件过程：

```
Private Sub Command1_Click()
    CommonDialog1.Flags = 3
    CommonDialog1.ShowFont
    Text1.FontName = CommonDialog1.FontName
    Text1.FontSize = CommonDialog1.FontSize
```

图 12.9 建立字体对话框

```
Text1.FontBold = CommonDialog1.FontBold
Text1.FontItalic = CommonDialog1.FontItalic
Text1.FontUnderline = CommonDialog1.FontUnderline
Text1.FontStrikethru = CommonDialog1.FontStrikethru
End Sub
```

上面的程序首先把通用对话框的 Flags 属性设置为 3,从而可以设置屏幕显示和打印机字体,接着用 ShowFont 方法建立字体对话框,然后把在字体对话框中设置的字体属性赋给文本框字体的属性,并在窗体上显示出所设置的值。程序运行后,单击"设置字体"按钮,显示如图 12.10 所示的字体对话框。

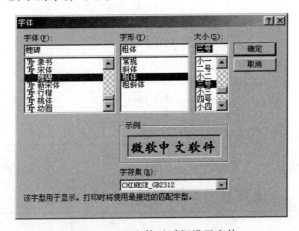

图 12.10 用字体对话框设置字体

可以根据需要在对话框中设置字体,然后单击"确定"按钮,其结果如图 12.11 所示。可以看出,文本框中的字体已按对话框中设置的属性显示。

图 12.11 例题执行结果

12.3.3 打印对话框

用打印(Printer)对话框可以选择要使用的打印机,并可为打印处理指定相应的选项,如打印范围、数量等。打印对话框除具有前面讲过的 CancelError、DialogTitle、HelpCommand、HelpContext、HelpFile 和 HelpKey 等属性外,还具有以下属性:

(1) Copies 该属性指定要打印的文档的副本数。如果把 Flags 属性值设置为 262144,则 Copies 属性值总为 1。

(2) Flags 该属性的取值见表 12.10。

表 12.10 Flags 属性取值(打印对话框)

常　量	十六进制值	十进制值
vbPDAllPages	&H0&	0
vbPDCollate	&H10&	10
vbPDDisablePrintToFile	&H80000&	524288
vbPDHidePrintToFile	&H100000&	1048576
vbPDNoPageNums	&H8&	8
vbPDNoSelection	&H4&	4
vbPDNoWarning	&H80&	128
vbPDPageNums	&H2&	2
vbPDPrintSetup	&H40&	64
vbPDPrintToFile	&H20&	32
vbPDReturnDC	&H100&	128
vbPDReturnIC	&H200&	256
vbPDSelection	&H1&	1
vbPDShowHelp	&H800&	1024
vbPDUseDevModeCopies	&H40000&	262144

各属性值的作用见表 12.11。

表 12.11 Flags 属性值的作用(打印对话框)

属 性 值	作　用
0	返回或设置"所有页"(All Pages)选项按钮的状态
1	返回或设置"选定范围"(Selection)选项按钮的状态
2	返回或设置"页"(Pages)选项按钮的状态
4	禁止"选定范围"选项按钮
8	禁止"页"选项按钮
16	返回或设置校验(Collate)复选框的状态
32	返回或设置"打印到文件"(Print To File)复选框的状态
64	显示"打印设置"(Print Setup)对话框(不是 Print 对话框)
128	当没有默认打印机时,显示警告信息
256	在对话框的 hDC 属性中返回"设备环境"(Device Context),hDC 指向用户所选择的打印机
512	在对话框的 hDC 属性中返回"信息上下文"(Information Context),hDC 指向用户所选择的打印机
2048	显示一个 Help 按钮
262144	如果打印机驱动程序不支持多份副本,则设置这个值将禁止复制编辑控制(即不能改变副本份数),只能打印 1 份
524288	禁止"打印到文件"复选框
1048576	隐藏"打印到文件"复选框

(3) FromPage 和 ToPage　该属性指定要打印文档的页范围。如果要使用这两个属性,必须把 Flags 属性设置为 2。

（4）hDC 该属性分配给打印机的句柄，用来识别对象的设备环境，用于 API 调用。

（5）Max 和 Min 该属性用来限制 FromPage 和 ToPage 的范围，其中 Min 指定所允许的起始页码，Max 指定所允许的最后页码。

（6）PrinterDefault 该属性是一个布尔值，在默认情况下为 True。当该属性值为 True 时，如果选择了不同的打印设置（如将 Fax 作为默认打印机等），Visual Basic 将对 Win.ini 文件作相应的修改。如果把该属性设为 False，则对打印设置的改变不会保存在 Win.ini 文件中，并且不会成为打印机的当前默认设置。

打印对话框通过 ShowPrint 或 Action 属性（=5）建立。请看下面的例子。

【例 12.4】 建立打印对话框。

在窗体上画一个通用对话框和一个命令按钮，然后编写如下的事件过程：

```
Private Sub Command1_Click()
    firstpage = 1
    lastpage = 50
    CommonDialog1.CancelError = True
    CommonDialog1.Copies = 1
    CommonDialog1.Min = firstpage
    CommonDialog1.Max = lastpage
    CommonDialog1.Flags = vbPDUseDevModeCopies Or vbPDSelection
    CommonDialog1.Action = 5
End Sub
```

运行上面的程序，单击命令按钮，将显示打印对话框，如图 12.12 所示。

图 12.12 建立打印对话框

利用打印对话框，可以选择要使用的打印机，设定打印范围和打印份数。如果单击"属性"按钮，则可以打开所选择的打印机的属性对话框，如图 12.13 所示，可以在这个对话框中设置打印纸尺寸、页边距等。但是应注意，和 Visual Basic 环境下的打印对话框不同，用上面程序建立的打印对话框并不能启动实际的打印过程。为了执行具体的打印操作，必须编写相应的程序代码。

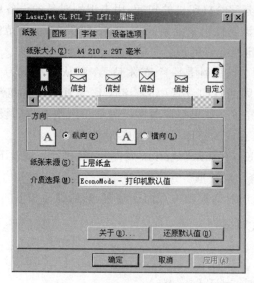

图 12.13 打印机属性对话框

习 题

12.1 在窗体上画一个通用对话框,其名称为 CommonDialog1,然后画一个命令按钮,并编写如下事件过程:

```
Private Sub Command1_Click()
    CommonDialog1.Flags = cdlOFNHideReadOnly
    CommonDialog1.Filter = "All Files (*.*)|*.*|Text Files" & _
                    "(*.txt)|*.txt|Batch Files (*.bat)|*.bat"
    CommonDialog1.FilterIndex = 2
    CommonDialog1.ShowOpen
    MsgBox CommonDialog1.FileName
End Sub
```

程序运行后,单击命令按钮,将显示一个"打开"对话框,此时在"文件类型"框中显示的内容是什么?

12.2 在文件对话框中,FileName 和 FileTitle 属性的主要区别是什么?假定有一个名为 fn.exe 的文件,它位于 c:\abc\def\目录下,则 FileName 属性的值是什么?FileTitle 属性的值是什么?

12.3 在窗体上画一个命令按钮和一个通用对话框,其名称分别为 Command1 和 CommonDialog1,然后编写如下代码:

```
Private Sub Command1_Click()
    CommonDialog1.FileName = ""
    CommonDialog1.Flags = VbOFNFileMustExist
```

```
        CommonDialog1.Filter = "All Files| * . * |( * .exe)| * .exe|( * .txt)| * .txt" _
                            & "|( * .doc)| * .doc"
        CommonDialog1.FilterIndex = 4
        CommonDialog1.DialogTitle = "Open File( * .exe)"
        CommonDialog1.Action = 1
        If CommonDialog1.FileName = "" Then
            MsgBox "No file selectd", 37, "Checking"
        Else
            '对所选择的文件进行处理
        End If
End Sub
```

程序运行后,单击命令按钮,将显示一个对话框。

(1) 该对话框的标题是什么?

(2) 该对话框"文件类型"框中显示的内容是什么?

(3) 单击"文件类型"框右端的箭头,下拉显示的内容是什么?

(4) 如果在对话框中不选择文件,直接单击"取消"按钮,则在信息框中显示的信息是什么? 该信息框中的按钮是什么?

12.4 编写程序,建立一个打开文件对话框,然后通过这个对话框选择一个可执行文件,并执行它。例如,程序运行后,在对话框中选择 Windows 下的"计算器"程序"Calc.exe",然后执行这个程序,打开"计算器"。

12.5 编写程序,在窗体上显示几行信息,通过自己定义的颜色对话框和字体对话框改变这行信息的颜色和字体。

12.6 在窗体上画一个文本框和 3 个命令按钮,在文本框中输入一段文本(汉字),然后实现以下操作:

(1) 通过字体对话框把文本框中文本的字体设置为黑体,字体样式设置为粗斜体,字体大小设置为 24。该操作在第一个命令按钮的事件过程中实现。

(2) 通过颜色对话框把文本框中文字的前景色设置为红色。该操作在第二个命令按钮的事件过程中实现。

(3) 通过颜色对话框把文本框中文字的背景色设置为黄色。该操作在第三个命令按钮的事件过程中实现。

第13章 多窗体程序设计与环境应用

简单 Visual Basic 应用程序通常只包括一个窗体,称为单窗体程序。在实际应用中,特别是对于较复杂的应用程序,单一窗体往往不能满足需要,必须通过多窗体(Multi-Form)来实现。在多窗体程序中,每个窗体可以有自己的界面和程序代码,完成不同的操作。本章将介绍多窗体程序设计,同时介绍 Visual Basic 工程结构以及与环境应用有关的内容。

13.1 建立多窗体应用程序

在多窗体程序中,要建立的界面由多个窗体组成,每个窗体的界面设计与以前讲的完全一样,只是在设计之前应先建立窗体,这可以通过"工程"菜单中的"添加窗体"命令实现,每执行一次该命令建立一个窗体。

程序代码是针对每个窗体编写的,因此也与单一窗体程序设计中的代码编写类似,但应注意各个窗体之间的相互关系。

多窗体实际上是单一窗体的集合,而单一窗体是多窗体程序设计的基础。掌握了单一窗体程序设计,多窗体的程序设计是很容易的。

13.1.1 与多窗体程序设计有关的语句和方法

在单窗体程序设计中,所有的操作都在一个窗体中完成,不需要在多个窗体间切换。而在多窗体程序中,需要打开、关闭、隐藏或显示指定的窗体,这可以通过相应的语句和方法来实现,下面对它们作简单介绍。

1. Load 语句

该语句格式如下:

`Load  窗体名称`

Load 语句把一个窗体装入内存。执行 Load 语句后,可以引用窗体中的控件及各种属性,但此时窗体没有显示出来。"窗体名称"是窗体的 Name 属性。

2. Unload 语句

该语句格式如下:

`Unload  窗体名称`

该语句与 Load 语句的功能相反,它清除内存中指定的窗体。

3. Show 方法

该方法格式如下:

`[窗体名称.]Show[模式]`

Show 方法用来显示一个窗体。如果省略"窗体名称",则显示当前窗体。参数"模式"用来确定窗体的状态,可以取两种值,即 0 和 1(不是 False 和 True)。当"模式"值为 1(或常量 vbModal)时,表示窗体是"模态型"窗体。在这种情况下,鼠标只在此窗体内起作用,不能到其他窗口内操作,只有在关闭该窗口后才能对其他窗口进行操作。当"模式"值为 0(或省略参数"模式"值)时,表示窗体为"非模态型"窗口,不用关闭该窗体就可以对其他窗口进行操作。

Show 方法兼有装入和显示窗体两种功能。也就是说,在执行 Show 时,如果窗体不在内存中,则 Show 自动把窗体装入内存,然后再显示出来。

4. Hide 方法

该方法格式如下:

`[窗体名称.]Hide`

Hide 方法使窗体隐藏,即不在屏幕上显示,但仍在内存中,因此,它与 Unload 语句的作用是不一样的。

在多窗体程序中,经常要用到关键字 Me,它代表的是程序代码所在的窗体。例如,假定建立了一个窗体 Form1,则可通过下面的代码使该窗体隐藏:

`Form1.Hide`

它与下面的代码等价。

`Me.Hide`

这里应注意,"Me.Hide"必须是 Form1 窗体或控件的事件过程中的代码。

下面通过一个例子来介绍如何进行多窗体程序设计。

【例 13.1】 设计一个程序,介绍"××电脑公司"出售的微型机。从清单上查到所需要的某种型号,然后显示该微机的配置和价格。要求介绍 4 种微机,即 HX2000A,HX2000B,HX2000C 和 HX2000D。

13.1.2 建立界面

该例要用到多个窗体,其名称和标题属性设置见表 13.1。

表 13.1 窗体属性设置

窗 体	Name	Caption
封面窗体	FormCover	"多重窗体程序演示"
列表窗体	ListForm	"微机型号列表"
配置窗体 1	HX2000A	"HX2000A 台式机"
配置窗体 2	HX2000B	"HX2000B 台式机"
配置窗体 3	HX2000C	"HX2000C 台式机"
配置窗体 4	HX2000D	"HX2000D 台式机"

下面分别建立各个窗体并设置其属性。

1. 封面窗体

封面窗体是整个程序的"门面",应有一定的"艺术性"。其主体部分可以用作图软件来设计。图 13.1 是完成后的封面窗体。

图 13.1　封面窗体

封面窗体上有一个图片框和两个命令按钮,其属性设置见表 13.2。

表 13.2　封面窗体控件属性设置

控　件	Name	Caption
图片框	Picture1	
左命令按钮	Command1	"继续"
右命令按钮	Command2	"结束"

封面窗体上图片框中的图形用绘图软件设计,复制到剪贴板中,然后粘贴(Paste)到图片框中。命令按钮的字体及其大小根据需要设置。

封面窗体的属性设置见表 13.3。

表 13.3　封面窗体属性设置

属　性	设　置　值	说　明
MaxButton	True	可以放大窗体
MinButton	True	可以缩小窗体
ControlBox	True	有左上角控制框
BorderStyle	2-Sizeble	可以改变窗体大小
Caption	"多重窗体程序演示"	此标题显示在窗体顶部
Name	FormCover	窗体名称,在程序代码中使用
Icon	disk06.ico	当窗体最小化时显示的图标

Icon 属性可根据需要设置,如果不设置 Icon 属性,Visual Basic 将使用默认图标。这里的 disk06.ico 文件位于 vb60\graphics\icons\computer 目录下。

2. 列表窗体

列表窗体用来显示应用程序的内容,实际上是一个对话框窗体。在该窗体中,将列出各种微机的型号供用户选择。

执行"工程"菜单中的"添加窗体"命令,增加一个窗体,然后在该窗体上建立 3 个控件:一个标签,一个列表框,一个命令按钮,其属性设置见表 13.4。

表 13.4 列表窗体控件属性设置

控件	属性	设置值
标签	Name	Label1
	Caption	"请选择所需要的微机"
列表框	Name	List1
	FontSize	三号
	FontName	宋体
	Fontbold	True
命令按钮	Name	Command1
	Caption	"返回"

完成后的列表窗体如图 13.2 所示。

图 13.2 列表窗体

在一般情况下,对话框窗体主要供用户阅读信息或输入信息,没有必要提供改变大小、缩成图标及放大等功能。该窗体属性设置见表 13.5。

表 13.5 列表窗体属性设置

属性	设置值	说明
MaxButton	False	右上角没有放大符号
MinButton	False	右上角没有缩小符号
ControlBox	True	保留左上角控制框
BorderStyle	3-Fixed Double	不能改变窗体大小

属 性	设 置 值	说 明
Caption	"微机型号列表"	此标题显示在窗体顶部
Name	ListForm	窗体名称，在程序代码中使用
Icon	默认	

3. HX2000A 微机窗体

执行"工程"菜单中的"添加窗体"命令，增加一个窗体。在该窗体上建立一个标签和一个命令按钮，如图 13.3 所示。该窗体用来显示 HX2000A 微机的配置及价格。

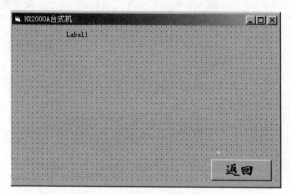

图 13.3 HX2000A 微机窗体

窗体及各控件的属性设置见表 13.6。

表 13.6 对象属性设置

对 象	属 性	设 置 值
窗体	Caption	"HX2000A 台式机"
	Name	HX2000A
标签	Name	Label1
	BackStyle	0-Transparent
	BoderStyle	0-None
	Autosize	True
命令按钮	Name	Command1
	Caption	"返回"

除窗体的 Caption 属性和 Name 外，另外 3 个窗体的结构与 HX2000A 微机的窗体基本相同，不再重复。请读者仿照 HX2000A 的窗体的属性设置建立其他 3 个窗体。

建立完上面 6 个窗体后，在"工程资源管理器"窗口中会列出已建立的窗体文件名称，如图 13.4 所示。窗体文件名称与窗体的 Name 属性值相同，但加上了扩展名 .frm。

利用工程资源管理器窗口，可以对任一个窗体及其代码进行修改。其方法是：单击要修改的窗体文件名，然后单击窗口上部的"查看对象"按钮，即可显示相应的窗体；而如果单击"查看代码"按钮,则可显示相应的程序代码窗口。对每个窗体及其代码的输入、编辑等操作,与单一窗体完全相同。

对于单一窗体程序来说,工程资源管理器窗口的作用并不很大,因为在屏幕上显示的只有一个窗体。在由多个窗体组成的程序中,情况就不同了。在设计阶段,可能有多个窗体同时出现在屏幕上,为了对某个窗体进行操作,必须把它变为活动窗体,这可以通过在工程资源管理器窗口中选择所需要的窗体名来实现。前面已经讲过,可以用3种方法打开

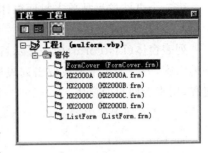

图13.4 界面建立完成后的工程资源管理器窗口

工程资源管理器窗口,即:执行"视图"菜单中的"工程资源管理器"命令、按 Ctrl+R 键或单击工具栏中的"工程资源管理器"按钮。

13.1.3 编写程序代码

程序代码是针对每个窗体编写的,其编写方法与单一窗体相同。只要在工程资源管理器窗口中选择所需要的窗体,然后单击"查看代码"按钮,就可以进入相应窗体的程序代码窗口。

该程序的执行顺序如下:

(1) 显示封面窗体。

(2) 单击"继续"命令按钮,封面窗体消失,显示列表窗体;而如果单击"结束"命令按钮,则程序结束。

(3) 列表窗体在列表框中列出目录,双击某种机型后,列表窗体消失,显示相应的窗体。例如,双击"HX2000A 微型机",将显示"HX2000A 台式机"窗体。

(4) 显示某种机型的窗体后,如果单击"返回"按钮,则该窗体消失,回到列表窗体。

(5) 在列表窗体中,如果单击"返回"按钮,则列表窗体消失,回到封面窗体。下面根据以上执行顺序分别编写各窗体的程序代码。

1. 封面窗体程序

封面窗体(FormCover)有两个命令按钮,为这两个命令按钮编写事件过程如下:

```
Private Sub Command1_Click()
    listform.Show
    FormCover.Hide
End Sub

Private Sub Command2_Click()
    End
End Sub
```

第一个事件过程是单击封面窗体左命令按钮时所发生的反应。首先显示列表窗体(ListForm),接着封面窗体(FornCover)消失。

第二个事件过程是单击封面窗体右命令按钮时所发生的反应,用来结束程序。

2. 列表窗体程序

列表窗体(ListForm)用来显示目录列表。它包括 3 个事件过程,一个用来装入列表框的内容,另一个用来响应双击列表框中某一项时的操作,第三个是"返回"命令按钮事件过程,用来返回封面窗体。

(1) 装入列表框内容:

```
Sub Form_Load()
    List1.AddItem "HX2000A 微机"
    List1.AddItem "HX2000B 微机"
    List1.AddItem "HX2000C 微机"
    List1.AddItem "HX2000D 微机"
End Sub
```

上述过程用 AddItem 方法把有关的内容装入列表框。

(2) 响应双击操作:

```
Sub List1_DblClick()
    ListForm.Hide
    Select Case List1.ListIndex
        Case 0
            HX2000A.Show
        Case 1
            HX2000B.Show
        Case 2
            HX2000C.Show
        Case 3
            HX2000D.Show
    End Select
End Sub
```

上述过程是当用户双击列表框中某一项时所产生的反应。首先,列表窗体(ListForm)消失,接着根据列表索引值(ListIndex)来决定显示哪一个窗体。在列表框中,第一个列表项的索引值为 0,它对应着"HX2000A 微机",依次类推。当双击"HX2000A 微机"时,ListIndex 的值为 0,执行"HX2000A.Show",显示"HX2000A 台式机"窗体;当双击"HX2000D 微机"时,ListIndex 的值为 3,执行"HX2000D.Show",显示"HX2000D 台式机"窗体,其他操作与此类似。

(3) 返回封面窗体:

```
Sub Command1_Click()
    ListForm.Hide
    FormCover.Show
End Sub
```

上述过程首先隐藏列表窗体,然后显示封面窗体。

3. "HX2000A 台式机"窗体程序

该窗体包括两个事件过程。

（1）显示"HX2000A 台式机"配置：

```
Sub Form_Load()
    Show
    Cls
    Label1.FontSize = 24
    Label1.FontName = "隶书"
    Label1.Caption = "HX2000A 微型机"
    Label1.FontBold = True
    FontSize = 16
    Print: Print: Print
    Print Tab(5);"处理器    Intel 酷睿 2 双核 E7400"
    Print Tab(5);"内   存   (2x1GB)NECC 双通道 DDR2"
    Print Tab(5);"硬   盘   320G SATA2 3.0Gb/s"
    Print Tab(5);"显示器    18.5 寸液晶显示器"
    Print Tab(5);"显   卡   ATI Radeon HD 3450"
    Print Tab(5);"光   驱   16X DVD 刻录光驱"
    FontUnderline = True
    Print: Print Tab(5);"价格      4999 元"
End Sub
```

该过程用来显示"HX2000A 微型机"的配置和价格。

在这个事件过程中，开头的 Show 语句用来把焦点移到窗体上，如果没有该语句，则不能在窗体上显示信息。这是因为，在 Load 事件完成前，窗体是不可视的，因而不拥有焦点。这个语句也可以写做：

`HX2000A.Show`

或

`Me.Show`

后面几个事件过程中的 Show 语句作用相同，不再重复。

（2）命令按钮事件过程：

```
Sub Command1_Click()
    Unload HX2000A
    ListForm.Show
End Sub
```

单击命令按钮，将使"HX2000A 台式机"窗体消失，显示列表窗体。

该过程中的 Unload HX2000A 也可以改为 HX2000A.Hide，但这样会在第二次显示窗体时不能在窗体上显示信息。

以下几个窗体的程序代码与"HX2000A 台式机"窗体类似。

4. "HX2000B 台式机"窗体程序

(1) 显示"HX2000B 台式机"配置：

```
Sub Form_Load()
    Show
    Cls
    Label1.FontSize = 24
    Label1.FontName = "隶书"
    Label1.Caption = "HX2000B 微型机"
    Label1.FontBold = True
    FontSize = 16
    Print: Print: Print
    Print Tab(5); "处理器      Intel 酷睿 2 双核 E7400"
    Print Tab(5); "内   存    4096MB DDRII 667"
    Print Tab(5); "硬   盘    640GB SATA(7200 转)"
    Print Tab(5); "显示器     21.6英寸 宽屏 LCD"
    Print Tab(5); "显   卡    nVIDIA GeForce 9400GT"
    Print Tab(5); "光   驱    DVD 刻录机"
    FontUnderline = True
    Print: Print Tab(5); "价格       5899 元"
End Sub
```

(2) 命令按钮事件过程：

```
Sub Command1_Click()
    Unload HX2000B
    ListForm.Show
End Sub
```

5. "HX2000C 台式机"窗体程序

(1) 显示"HX2000C 台式机"配置：

```
Sub Form_Load()
    Show
    Cls
    Label1.FontSize = 24
    Label1.FontName = "隶书"
    Label1.Caption = "HX2000C 微型机"
    Label1.FontBold = True
    FontSize = 16
    Print: Print: Print
    Print Tab(5); "处理器      Intel 酷睿 2 四核 Q8200"
    Print Tab(5); "内   存    4096MB"
    Print Tab(5); "硬   盘    640GB SATA(7200 转)A"
    Print Tab(5); "显示器     21.6寸液晶显示器"
    Print Tab(5); "显   卡    nVIDIA GeForce 9400GT"
```

```
    Print Tab(5);"光  驱     DVD 刻录机"
    FontUnderline = True
    Print: Print Tab(5);"价格     7999 元"
End Sub
```

（2）命令按钮事件过程：

```
Sub Command1_Click()
    Unload HX2000C
    ListForm.Show
End Sub
```

6．"HX2000D 台式机"窗体程序
（1）显示"HX2000D 台式机"配置：

```
Sub Form_Load()
    Show
    Cls
    Label1.FontSize = 24
    Label1.FontName = "隶书"
    Label1.Caption = "HX2000D 微型机"
    Label1.FontBold = True
    FontSize = 16
    Print: Print: Print
    Print Tab(5);"处理器    Intel Core i7 920"
    Print Tab(5);"内  存    (3X1GB)DDR3 SDRAM"
    Print Tab(5);"硬  盘    320GB 7200RPM"
    Print Tab(5);"显示器    20 寸液晶显示器"
    Print Tab(5);"显  卡    ATI Radeon HD 3650"
    Print Tab(5);"光  驱    DVD-ROM"
    FontUnderline = True
    Print: Print Tab(5);"价格     5999 元"
End Sub
```

（2）命令按钮事件过程：

```
Sub Command1_Click()
    Unload HX2000D
    ListForm.Show
End Sub
```

至此，多窗体程序的建立工作全部结束。运行上面的程序，首先显示封面窗体，单击"继续"命令按钮后，封面窗体消失，显示列表窗体。双击列表框中所需要的目录，即可进入相应的窗体，单击窗体上的"返回"按钮后返回列表窗体。执行过程如下：

（1）单击工具栏中的"运行"按钮，开始执行程序，显示封面窗体，如图 13.5 所示。

（2）单击"继续"按钮，封面窗体消失，显示列表窗体，如图 13.6 所示。

图 13.5　封面窗体

图 13.6　列表窗体

（3）双击列表框中的"HX2000A 微机"，显示该微机的配置和价格，如图 13.7 所示。

图 13.7　"HX2000A 台式机"窗体

（4）单击"返回"按钮,回到列表窗体（见图 13.6）。

（5）双击列表框中的"HX2000B 微机",显示该微机的配置和价格,如图 13.8 所示。

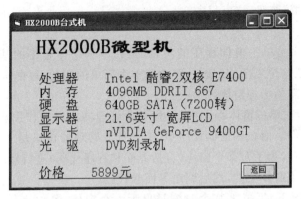

图 13.8 "HX2000B 台式机"窗体

（6）单击"返回"按钮,回到列表窗体（见图 13.6）。

（7）双击列表框中的"HX2000C 微机",显示该微机的配置和价格,如图 13.9 所示。

图 13.9 "HX2000C 台式机"窗体

（8）单击"返回"按钮,回到列表窗体（见图 13.6）。

（9）双击列表框中的"HX2000D 微机",显示该微机的配置和价格,如图 13.10 所示。

图 13.10 "HX2000D 台式机"窗体

(10) 单击"返回"按钮,回到列表窗体(见图 13.6)。

(11) 单击"返回"按钮,回到封面窗体(见图 13.5)。

(12) 单击"结束"按钮,结束程序。

说明:

(1) 多窗体程序是单一窗体程序的集合,是在单一窗体程序的基础上建立起来的。利用多窗体,可以把一个复杂的问题分解为若干个简单的问题,每个简单问题使用一个窗体。并且可以根据需要增加窗体。

(2) 如前所述,在单一窗体程序中,工程资源管理器窗口的作用显得不十分重要,因为只有一个窗体文件。而在多窗体程序中,工程资源管理器窗口是十分有用的。每个窗体作为一个文件保存,为了对某个窗体(包括界面和程序代码)进行修改,必须在工程资源管理器窗口中找到该窗体文件,然后调出界面或代码。

(3) 在一般情况下,屏幕上某个时刻只显示一个窗体,其他窗体隐藏或从内存中删除。为了提高执行速度,暂时不显示的窗体通常用 Hide 方法隐藏。窗体隐藏后,只是不在屏幕上显示,仍在内存中,它要占用一部分内存空间。因此,当窗体较多时,有可能造成内存紧张。如果出现这种情况,应当用 UnLoad 方法删除一部分窗体,需要时再用 Show 方法显示,因为 Show 方法具有双重功能,即先装入后显示。这样虽然可能会对执行速度有一定影响,但可以使程序的执行更为可靠。

(4) 利用窗体可以建立较为复杂的对话框。但是,在某些情况下,如果用 InputBox 或 MsgBox 函数能满足需要,则不必用窗体作为对话框。

(5) 窗体显示时,其 Visible 属性为 True,隐藏时 Visible 属性为 False。因此,可以通过 Visible 属性检查一个窗体是否隐藏。例如:

```
If FormCover.Visible Then
    FormCover.Hide
End If
```

13.2 多窗体程序的执行与保存

前面设计的程序包括 6 个窗体,程序运行后,首先显示的是封面窗体,即从该窗体开始执行程序。当应用程序包含多个窗体时,Visual Basic 怎么知道是从哪个窗体开始执行呢?

13.2.1 指定启动窗体

在单一窗体程序中,程序的执行没有其他选择,即只能从这个窗体开始执行。多窗体程序由多个窗体构成,究竟先从哪一个窗体开始执行呢? Visual Basic 规定,对于多窗体程序,必须指定其中一个窗体为启动窗体;如果未指定,就把设计时的第一个窗体作为启动窗体。在上面的例子中,没有指定启动窗体,但由于首先设计的是封面窗体,因此自动把该窗体作为启动窗体。

只有启动窗体才能在运行程序时自动显示出来,其他窗体必须通过 Show 方法才能看到。

启动窗体通过"工程"菜单中的"工程属性"命令来指定。执行该命令后,将打开"工程属性"对话框,单击该对话框中的"通用"选项卡,将显示如图 13.11 所示的对话框。

图 13.11 "工程属性"对话框("通用"选项卡)

单击"启动对象"栏右端的箭头,将下拉显示当前工程中所有窗体的列表,如图 13.12 所示。此时条形光标位于当前启动窗体上。如果需要改变,则单击作为启动窗体的名字,然后单击"确定"按钮,即可把所选择的窗体设置为启动窗体。

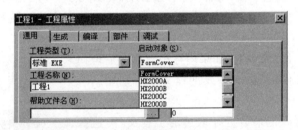

图 13.12 指定启动窗体

13.2.2 多窗体程序的存取

单窗体程序的保存比较简单,通过"文件"菜单中的"保存工程"或"工程另存为"命令,可以把窗体文件以.frm 为扩展名存盘,工程文件以.vbp 为扩展名存盘。而多窗体程序的保存要复杂一些,因为每个窗体要作为一个文件保存,所有窗体作为一个工程文件保存。

1. 保存多窗体程序

为了保存多窗体程序,通常需要以下两步:

(1) 在"工程资源管理器"中选择需要保存的窗体,例如"FormCover",然后执行"文件"菜单中的"FormCover.frm 另存为"命令,打开"文件另存为"对话框。用该对话框把窗体保存到磁盘文件中。在工程资源管理器窗口中列出的每个窗体或标准模块,都必须分别存入磁盘。窗体文件的扩展名为.frm,标准模块文件的扩展名为.bas。在上面的例子中,需要保存 6 个.frm 文件。如前所述,每个窗体通常用该窗体的 Name 属性值作为文件名存盘。当然,也可以用其他文件名存盘。

(2) 执行"文件"菜单中的"工程另存为"命令,打开"工程另存为"对话框,把整个工程以.vbp 为扩展名存入磁盘(假定为 mulform.vbp)。

在执行上面两个命令时,都要显示一个对话框,在对话框中输入要存盘的文件名及其路径。如果不指定文件名和路径,工程文件将以"工程 1.vbp"作为默认文件名存入当前目录。此外,窗体文件或工程文件存盘后,如果经过修改后再存盘,可以执行"文件"菜单中的"保存工程"命令。执行该命令后,不显示对话框,窗体文件和工程文件直接以原来命名的文件名存盘。如果是第一次保存窗体文件或工程文件,则当执行"保存窗体"或"保存工程"命令时将分别打开"文件另存为"或"工程另存为"对话框。

如果窗体文件和工程文件都是第一次保存,则可直接执行"文件"菜单中的"保存工程"命令,它首先打开"文件另存为"对话框,分别把各个窗体文件存盘,最后打开"工程另存为"对话框,将工程文件存盘。

2. 装入多窗体程序

保存文件通过以上两步实现,而打开(装入)文件的操作比较简单。即:执行"文件"菜单中的"打开工程"命令,将显示"打开工程"对话框("现存"选项卡),在对话框中输入或选择工程文件名(*.vbp),然后单击"打开"按钮,即可把属于该工程的所有文件(包括.frm 和.bas 文件)装入内存。在这种情况下,如果对工程中的程序或窗体进行修改后需要存盘,则只要执行"文件"菜单中的"保存工程"命令即可。

如果选择"打开工程"对话框中的"最新"选项卡,则将列出最近编写的工程文件,此时可以选择要打开的工程文件,然后单击"打开"按钮。

在执行"打开工程"命令时,如果内存中有修改后但尚未保存的文件(窗体文件、模块文件或工程文件),则显示一个对话框,提示保存。

Visual Basic 可以记录最近存取过的工程文件,这些文件名位于"文件"菜单的底部("退出"命令之上),如图 13.13 所示。打开"文件"菜单后,只要单击所需要的文件名,即可打开相应的文件。

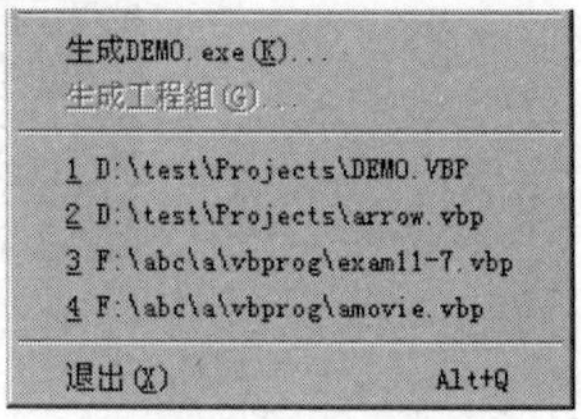

图 13.13 从"文件"菜单中选择要打开的工程文件

3. 多窗体程序的编译

多窗体程序可以编译生成可执行文件(*.exe),而可执行文件总是针对工程建立的。因此,多窗体程序的编译操作与单窗体程序是一样的。也就是说,不管一个工程包括多少窗体,都可以通过"文件"菜单中的"生成××.exe"命令生成可执行文件,这里的"××"是工程的名字。例如在前面的例子中,工程名字为 mulform,工程文件的名字为 mulform.vbp,执行"生成 mulform.exe"命令后生成的可执行文件的名字为 mulform.exe,可以在 Windows 下直接执行。

13.3 Visual Basic 工程结构

前面介绍了多窗体程序设计的方法。现在,对以前所学内容进行简单回顾,了解 Visual Basic 的工程结构,以便对 Visual Basic 应用程序有一个总体印象。

在传统的程序设计中,编程者对程序的"执行顺序"是比较明确的。但是,在 Visual Basic 中,程序的执行顺序不太容易确定,也就是说,很难勾画出程序的执行"轨迹"。不过,从大的方面来说,还是"有序可循"的。

模块(Module)是相对独立的程序单元。在 Visual Basic 中主要有 3 种模块:窗体模块、标准模块和类模块。类模块主要用来定义类和建立 ActiveX 组件,本书不涉及与类模块有关的内容。下面主要介绍标准模块和窗体模块。

13.3.1 标准模块

标准模块也称全局模块，由全局变量声明、模块层声明及通用过程等几部分组成。其中全局声明放在标准模块的首部，因为每个模块都可能要求有它自己的具有唯一名字的全局变量。全局变量声明总是在启动时执行。

模块层声明包括在标准模块中使用的变量和常量。

当需要声明的全局变量或常量较多时，可以把全局声明放在一个单独的标准模块中，这样的标准模块只含有全局声明而不含任何过程，因此 Visual Basic 解释程序不对它进行任何指令解释。这样的标准模块在所有基本指令开始之前处理。

在标准模块中，全局变量用 Public 声明，模块层变量用 Dim 或 Private 声明。

在大型应用程序中，主要操作在标准模块中执行，窗体模块用来实现与用户之间的通信。但在只使用一个窗体的应用程序中，全部操作通常用窗体模块就能实现。在这种情况下，标准模块不是必需的。

标准模块通过"工程"菜单中的"添加模块"命令来建立或打开。执行该命令后，显示"添加模块"对话框。利用这个对话框，可以建立新模块（选择"新建"选项卡），也可以把已有模块添加到当前工程中（选择"现存"选项卡，打开文件对话框）。单击"打开"按钮，即可打开标准模块代码窗口，可在该窗口内输入或修改代码。在编辑完代码之后，可以用"文件"菜单中的"保存文件"命令存盘。标准模块作为独立的文件存盘，其扩展名为 .bas。

一个工程文件可以有多个标准模块，也可以把原有的标准模块加入工程中。当一个工程中含有多个标准模块时，各模块中的过程不能重名。当然，一个标准模块内的过程也不能重名。

Visual Basic 通常从启动窗体指令开始执行。在执行启动窗体的指令前，不会执行标准模块中的 Sub 或 Function 过程，只能在窗体指令（窗体或控件事件过程）中调用。

在标准模块中，还可以包含一个特殊的过程，即 Sub Main（见 13.3.3 节）。

13.3.2 窗体模块

窗体模块包括 3 部分内容：声明部分、通用过程部分和事件过程部分。在声明部分中，用 Dim 语句声明窗体模块所需要的变量，因而其作用域为整个窗体模块，包括该模块内的每个过程。注意，在窗体模块代码中，声明部分一般放在最前面，而通用过程和事件过程的位置没有严格限制。

在声明部分执行之后，Visual Basic 在事件过程部分查找启动窗体中的 Sub From_Load 过程，它是在把窗体装入内存时所发生的事件。如果存在这个过程，则自动执行它。在执行完 Sub Form_Load 过程之后，如果窗体模块中还有其他事件过程，则暂停程序的执行，并等待激活事件过程。

Sub Form_Load 可以含有语句，也可以不含有任何指令。当该过程为空时，Visual Basic 将显示相应的窗体。如果在该过程中含有可由 Visual Basic 触发的事件，则触发事件过程的执行。在执行 Sub Form_Load 过程之后，将暂停指令执行，然后等待用户触发下一个事件。从表面上看,此时程序似乎什么事也没做,但应用程序仍处于运行(Run)状态,而不是中断(Break)状态。在 Visual Basic 中,可以运行一个不含有任何源代码的应用程序。程序运行后,在屏幕上显示一个空窗体(通常为 Form1)。这样的程序称为零指令程序。

窗体模块中的通用过程可以被本模块或其他窗体模块中的事件过程调用。

一个 Visual Basic 应用程序有多种存盘文件,这些文件通过不同的扩展名来区分,包括.bas 文件(标准模块)、.frm 文件(窗体模块)、.cls 文件(类模块)、.vbp 文件(工程)、.vbg 文件(工程组)等。在存盘时,这些文件分别保存,而在装入时,则只要装入.vbp 文件(单工程)或.vbg(多工程)即可。装入.vbp 或.vbg 文件后,与该工程或工程组有关的所有.bas 文件、.cls 文件和.frm 文件等都在工程资源管理器窗口中显示出来。

在窗体模块中,可以调用标准模块中的过程,也可以调用其他窗体模块中的过程,被调用的过程必须用 Public 定义为公用过程。标准模块中的过程可以直接调用(当过程名唯一时),而如果要调用其他窗体模块中的过程,则必须加上过程所在的窗体的名字,其格式为:

窗体名.过程名(参数表列)

13.3.3 Sub Main 过程

在一个含有多个窗体或多个工程的应用程序中,有时候需要在显示多个窗体之前对一些条件进行初始化,这就需要在启动程序时执行一个特定的过程。在 Visual Basic 中,这样的过程称为启动过程,并命名为 Sub Main,它类似于 C 语言中的 Main 函数。

如前所述,在一般情况下,整个应用程序从设计时的第一个窗体开始执行,需要首先执行的程序代码放在 Form_Load 事件过程中。如果需要从其他窗体开始执行应用程序,则可通过"工程"菜单中的"工程属性"命令("通用"选项卡)指定启动窗体。但是,如果有 Sub Main 过程,则可以(注意,是"可以",而不是"必须")首先执行 Sub Main 过程。

Sub Main 过程在标准模块窗口中建立。其方法是,执行"工程"菜单中的"添加模块"命令,打开标准模块窗口,在该窗口中输入:

Sub Main

然后按回车键,将显示该过程的开头和结束语句,然后即可在两个语句之间输入程序代码。

Sub Main 过程位于标准模块中。一个工程可以含有多个标准模块,但 Sub Main 过程只能有一个。Sub Main 过程通常是作为启动过程编写的,也就是说,程序员编写 Sub Main 过程,总是希望作为第一个过程首先执行。但是,与 C 语言中的 Main()函数不同,Sub Main 过程不能自动被识别,也就是说,Visual Basic 并不自动把它作为启动过程,必须通过与设置启动窗体类似的方法把它指定为启动过程。其操作步骤如下:

(1) 执行"工程"菜单中的"工程属性"命令,在打开的对话框中单击"通用"选项卡,将显示一个对话框,单击该对话框中"启动对象"栏右端的箭头,将显示窗体模块的窗体名列表,Sub Main 过程也出现在列表中,如图 13.14 所示。

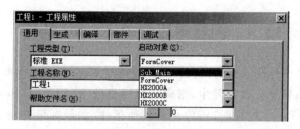

图 13.14 指定启动过程

(2) 选择 Sub Main。

(3) 单击"确定"按钮,即可把 Sub Main 指定为启动过程。

如果把 Sub Main 指定为启动过程,则可以在运行程序时自动执行。由于 Sub Main 过程可先于窗体模块执行,因此常用来设定初始化条件。例如:

```
Sub Main()
    '初始化内容
        ⋮
    Form2.Show
End Sub
```

该过程先进行所需要的初始化处理,然后显示一个窗体。

有时候,也可以在 Sub Main 过程中指定其他过程的执行顺序。例如:

```
Sub Main()
    Do
        Load Records()
        GetInput()
        SaveData()
    Loop
End Sub
```

该例按顺序调用标准模块中的 3 个过程,直到程序结束。

综上所述,可以看出,一个完整的 Visual Basic 应用程序由工程文件(扩展名为.vbp)组成,在工程中含有标准模块(扩展名为.bas)、窗体模块(扩展名为.frm)和类模块(扩展名为.cls)。此外,几个工程还可以组成一个工程组(扩展名为.vbg)。它们之间的关系如图 13.15 所示。

注意,一个工程组可以包含多个工程,一个工程可以包含多个窗体模块、标准模块以及

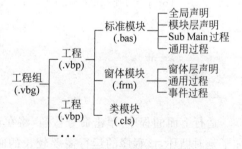

图 13.15 Visual Basic 应用程序结构

类模块,所有模块共属于同一个工程,但每个模块又相对独立,用一个单独的文件保存。

13.4 闲置循环与 DoEvents 语句

Visual Basic 是事件驱动型的语言。在一般情况下,只有当发生事件时才执行相应的程序。也就是说,如果没有事件发生,则应用程序将处于"闲置"(Idle)状态。另一方面,当 Visual Basic 执行一个过程时,将停止对其他事件(如鼠标事件)的处理,直至执行完 End Sub 或 End Function 指令为止。也就是说,如果 Visual Basic 处于"忙碌"状态,则事件过程只能在队列中等待,直到当前过程结束。

为了改变这种执行顺序,Visual Basic 提供了闲置循环(Idle Loop)和 DoEvents 语句。

所谓闲置循环,就是当应用程序处于闲置状态时,用一个循环来执行其他操作。简言之,闲置循环就是在闲置状态下执行的循环。但是,当执行闲置循环时,将占用全部 CPU 时间,不允许执行其他事件过程,使系统处于无限循环中,没有任何反应。为此,Visual Basic 提供了一个 DoEvents 语句。当执行闲置循环时,可以用它把控制权交给周围环境使用,然后回到原来程序继续执行。

DoEvents 既可以作为语句,也可以作为函数使用,一般格式为:

[窗体号 =]DoEvents[()]

当作为函数使用时,DoEvents 返回当前装入 Visual Basic 应用程序工作区的窗体号。如果不想使用这个返回值,则可随便用一个变量接收返回值。例如:

```
Dummy = DoEvents()
```

当作为语句使用时,可省略前、后的选择项。

在窗体上画一个命令按钮,然后编写如下的事件过程:

```
Private Sub Command1_Click()
    For i& = 1 To 2000000000
        x = DoEvents
        For j = 1 To 1000
        Next j
        Cls
        Print i&
    Next i&
End Sub
```

运行上面的程序,单击命令按钮,将在窗体左上角显示循环控制变量(i&)的值,由于加了延时循环,该程序的运行需要较长的时间。加入"x = DoEvents"后,可以在执行循环的过程中执行其他操作,如重设窗口大小、把窗体缩为图标、结束程序或运行其他应用程序等。如果没有 DoEvents,则在程序运行期间不能进行任何其他操作。

可以看出,DoEvents 给程序执行带来一定的方便,但不能不分场合的使用。有时候,应用程序的某些关键部分可能需要独占计算机时间,以防止被键盘、鼠标或其他程序中断,在这种情况下,不能使用 DoEvents 语句。例如,当程序从调制解调器接收信息时,就不应使用 DoEvents。

【例 13.2】 编写程序,试验闲置循环和 DoEvents 语句。

按以下步骤操作:

(1) 在 Form1 窗体上建立 3 个命令按钮,其属性设置见表 13.7。

表 13.7 控件属性设置

控 件	Caption	Name
命令按钮 1	"单击此按钮"	Command1
命令按钮 2	"闲置循环"	Command2
命令按钮 3	"退出"	Command3

设计好的窗体如图 13.16 所示。

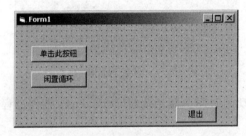

图 13.16 试验闲置循环(1)

(2) 执行"工程"菜单中的"添加模块"命令,打开标准模块窗口,编写如下程序:

```
Sub main()
    Form1.Show
    Do While DoEvents()
        If Form1.Command2.Left <= Form1.Width Then
            Form1.Command2.Left = Form1.Command2.Left + 1
            Beep
        Else
            Form1.Command2.Left = Form1.Left
        End If
    Loop
End Sub
```

(3) 对 Form1 窗体编写如下程序:

```
Private Sub Command1_Click()
    FontSize = 12
    Print "执行 Command1_Click 事件过程"
    For i = 1 To 1000000
        x = i * 2
    Next i
```

```
    End Sub
Private Sub Command3_Click()
    End
End Sub
```

(4) 把 Sub Main 设置为启动过程。

程序运行后,没有事件发生,进入闲置循环,使标有"闲置循环"的命令按钮右移,并发出声响。如果单击标有"单击此按钮"的命令按钮,则有事件发生,通过空循环使"闲置循环"按钮暂停移动,在窗体上显示相应的信息。然后"闲置循环"按钮接着移动。如果单击"退出"命令按钮,则退出程序。运行情况如图 13.17 所示。

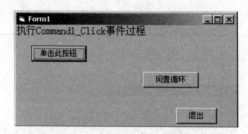

图 13.17 试验闲置循环(2)

命令按钮 2 暂停移动的时间由命令按钮 Command1 事件过程中的循环终值决定。

13.5 系 统 对 象

窗体和控件是使用较多的对象,此外,Visual Basic 还提供了一些系统对象。只要运行应用程序,这些对象就自动生成,并可随时在程序中使用。本节介绍两个系统对象,即 App 和 Screen。

13.5.1 App 对象

该对象对应于当前正在运行的程序,有以下主要属性:

(1) ExeName 字符串,返回可执行文件的名字(不包括扩展名)。
(2) Path 字符串,返回程序所在的路径。
(3) PreInstance 逻辑值,检查系统是否已有一个实例。
(4) TaskVisible 逻辑值,测试当前正在运行的程序是否显示在 Windows 系统的任务栏中。
(5) Major, Minor, Revision 分别返回应用程序的主版本号、小版本号、修订版本号。

在程序设计中,用 App 对象可指定应用程序文件所在的路径。例如:

Open App.Path & "\out.txt" For Output As #1

为写操作打开(建立)一个顺序文件,该文件名为"out.txt",其路径与应用程序的存盘路径相同。

Windows 是多任务系统,同一个程序可以同时多次运行,造成资源浪费。如果在启动窗体中加入如下代码,则可避免出现这种情况:

```
Private Sub Form_Load()
    If App.PrevInstance Then
        MsgBox "该应用程序正在运行,退出"
        End
    End If
End Sub
```

13.5.2　Screen 对象

Screen 对象具有以下属性:

(1) ActiveControl　用来确定窗体上哪个控件是活动的,即哪个控件拥有焦点,或者哪个控件能对用户的输入有所反应。

用 ActiveControl 属性可以查询或修改当前活动控件的属性。例如:

```
x$ = Screen.ActiveControl.Caption
```

可以查询当前活动控件的 Caption 属性,执行该语句后,x$ 即为当前活动控件的 Caption 属性的值。

(2) ActiveForm　与 ActiveControl 属性的作用类似,用来确定当前哪个窗体是活动窗体。在某一时刻,只有一个窗体是活动窗体。例如:

```
x$ = Screen.ActiveForm.Caption
```

可以确定当前活动窗体的标题。而

```
Screen.ActiveForm.Caption = "This Active Form"
```

可以把当前活动窗体的标题改为"This Active Form"。

(3) FontCount　给出屏幕显示或打印机可以使用的文本字体的种类数。

(4) Fonts　该属性实际上是一个数组,即 Fonts(),它是索引信息的列表,这个列表包含了在 Windows 的 Win.ini 文件中列出的打印机或屏幕显示可以使用的所有字体。Fonts()数组的下标从 0 起算,Fonts(0)是计算机上可以使用的第一种字体,Fonts(1)是第二种字体,等等。

(5) Height,Width　返回屏幕的高和宽(单位为 twip)。

(6) MousePointer　设置或获取鼠标形状。

【例 13.3】　用 Fonts 属性列出计算机中的各种字体,并用其中的字体显示信息。

在窗体上画一个标签和一个列表框,把标签的 AutoSize 属性设置为 True,然后编写如下事件过程:

```
Private Sub Form_Load()
    For i = 0 To Screen.FontCount - 1
        List1.AddItem Screen.Fonts(i)
```

```
        Next i
    End Sub

    Private Sub List1_Click()
        x $ = List1.List(List1.ListIndex)
        Label1.FontName = x $
        Label1.Caption = "当前显示的屏幕字体是  " & Label1.
FontName
    End Sub
```

程序运行后,在列表框中列出屏幕上可以显示的所有字体,单击某种字体,即可在标签中用这种字体显示信息。程序运行情况如图 13.18 所示。

除上述属性外,Screen 对象还可以使用 Height、MousePointer 和 Width 属性。这些属性与以前介绍的相同,不再重复。

图 13.18　Fonts 属性试验

习　题

13.1　多窗体程序与单窗体程序有何区别?

13.2　在多窗体程序中,怎样在各个窗体间切换?

13.3　为什么说在多窗体程序设计中,工程资源管理器有重要作用?

13.4　单窗体程序与多窗体程序的执行有什么区别?怎样指定启动窗体?

13.5　怎样保存和装入多窗体程序?

13.6　Visual Basic 程序由哪几类模块组成?如何定义全局变量?在标准模块中用 Dim 语句定义的变量是不是全局变量?

13.7　什么是闲置循环?DoEvents 语句有什么作用?

13.8　仿照本章中例 13.1 建立多窗体程序:

设计一个"古诗选读"程序,该程序由 6 个窗体构成,其中一个窗体为封面窗体,一个窗体为列表窗体,其余 4 个窗体分别用来显示 4 首诗的内容。程序运行后,先显示封面窗体,接着显示列表窗体,在该窗体中列出所要阅读的古诗目录(4 个),双击某个目录后,在另一个窗体的文本框中显示相应的诗文内容,每首诗用一个窗体显示。

下面是要显示的 4 首诗:

(1) 望天门山　　　　　　　　(2) 黄鹤楼送孟浩然之广陵

　　天门中断楚江开,　　　　　　　故人西辞黄鹤楼,

　　碧水东流至此回。　　　　　　　烟花三月下扬州。

　　两岸青山相对出,　　　　　　　孤帆远影碧空尽,

　　孤帆一片日边来。　　　　　　　唯见长江天际流。

(3) 黄鹤楼
昔人已乘黄鹤去,
此地空余黄鹤楼。
黄鹤一去不复返,
白云千载空悠悠。
晴川历历汉阳树,
芳草萋萋鹦鹉洲。
日暮乡关何处是,
烟波江上使人愁。

(4) 蜀相
丞相祠堂何处寻,
锦官城外柏森森。
映阶碧草自春色,
隔叶黄鹂空好音。
三顾频繁天下计,
两朝开济老臣心。
出师未捷身先死,
长使英雄泪满襟。

第14章 文 件

Visual Basic 的输入输出既可以在标准输入输出设备上进行,也可以在其他外部设备,诸如磁盘、磁带等后备存储器上进行。由于后备存储器上的数据是由文件构成的,因此非标准的输入输出通常称为文件处理。在目前微机系统中,除终端外,使用最广泛的输入输出设备就是磁盘。本章将介绍 Visual Basic 的文件处理功能以及与文件系统有关的控件。

14.1 文件概述

在计算机科学技术中,常用"文件"这一术语来表示输入输出操作的对象。所谓"文件",是指记录在外部介质上的数据的集合。例如用 Word 或 Excel 编辑制作的文档或表格就是一个文件,把它存放到磁盘上就是一个磁盘文件,输出到打印机上就是一个打印机文件。广义地说,任何输入输出设备都是文件。计算机以这些设备为对象进行输入输出,对这些设备统一按"文件"进行处理。

在程序设计中,文件是十分有用而且是不可缺少的。这是因为:①文件是使一个程序可以对不同的输入数据进行加工处理、产生相应的输出结果的常用手段;②使用文件可以方便用户,提高上机效率;③使用文件可以不受内存大小的限制。因此,文件是十分重要的。在某些情况下,不使用文件将很难解决所遇到的实际问题。

1. 文件结构

为了有效地存取数据,数据必须以某种特定的方式存放,这种特定的方式称为文件结构。Visual Basic 文件由记录组成,记录由字段组成,字段由字符组成。

(1) 字符(character) 它是构成文件的最基本单位。字符可以是数字、字母、特殊符号或单一字节。这里所说的"字符"一般为西文字符,一个西文字符用一个字节存放;如果为汉字字符,则通常和"全角"字符一样用两个字节存放。也就是说,一个汉字字符相当于两个西文字符。一般把用一个字节存放的西文字符称为"半角"字符,而把汉字和用两个字节存放的字符称为"全角"字符。注意,Visual Basic 6.0 支持双字节字符,当计算字符串长度时,一个西文字符和一个汉字都作为一个字符计算,但它们所占的内存空间是不一样的。例如,字符串"VB 程序设计"的长度为 6,而所占的字节数为 10。

(2) 字段(field) 它也称域。字段由若干个字符组成,用来表示一项数据。例如邮政编码"100084"就是一个字段,它由 6 个字符组成。姓名"王大力"也是一个字段,它由 3 个汉字组成。

(3) 记录(record) 它由一组相关的字段组成。例如在通讯录中,每个人的姓名、单位、地址、电话号码、邮政编码等构成一个记录,见表 14.1。在 Visual Basic 中,以记录为单位处理数据。

表 14.1 记录

姓　名	单　位	地　址	电话号码	邮政编码
王大力	信息学院	建国道 15 号	67651636	100078

(4) 文件(file) 文件由记录构成,一个文件含有一个以上的记录。例如在通讯录文件中有 100 个人的信息,每个人的信息是一个记录,100 个记录构成一个文件。

2. 文件种类

根据不同的分类标准,文件可分为不同的类型。

(1) 根据数据性质,可分为程序文件和数据文件。

① 程序文件(program file) 这种文件存放的是可以由计算机执行的程序,包括源文件和可执行文件。在 Visual Basic 中,扩展名为 .exe, .frm, .vbp, .vbg, .bas, .cls 等的文件都是程序文件。

② 数据文件(data file) 数据文件用来存放普通的数据。例如学生考试成绩、职工工资、商品库存等。这类数据必须通过程序来存取和管理。

(2) 根据数据的存取方式和结构,可分为顺序文件和随机文件。

① 顺序文件(sequential file) 顺序文件的结构比较简单,文件中的记录一个接一个地存放。在这种文件中,只知道第一个记录的存放位置,其他记录的位置无从知道。当要查找某个数据时,只能从文件头开始,一个记录一个记录地顺序读取,直至找到要查找的记录为止。

顺序文件的组织比较简单,只要把数据记录一个接一个地写到文件中即可。但维护困难,为了修改文件中的某个记录,必须把整个文件读入内存,修改完后再重新写入磁盘。顺序文件不能灵活地存取和增减数据,因而适用于有一定规律且不经常修改的数据。其主要优点是占空间少,容易使用。

② 随机存取文件(random access file) 又称直接存取文件,简称随机文件或直接文件。与顺序文件不同,在访问随机文件中的数据时,不必考虑各个记录的排列顺序或位置,可以根据需要访问文件中的任一个记录。对于顺序文件来说,文件中的各个记录只能按实际排列的顺序,一个一个地依次访问。也就是说,在访问完第 I 个记录之后,只能访问第 I+1 个记录,既不能访问第 I+2 或 I+3 个记录,也不能访问第 I−1 或 I−2 个记录。而对于随机文件来说,所要访问的记录不受其位置的约束,可以根据需要直接访问文件中的每个记录。

在随机文件中,每个记录的长度是固定的,记录中的每个字段的长度也是固定的。此外,随机文件的每个记录都有一个记录号。在写入数据时,只要指定记录号,就可以把数据直接存入指定位置。而在读取数据时,只要给出记录号,就能直接读取该记录。在随机文件中,可以同时进行读、写操作,因而能快速地查找和修改每个记录,不必为修改某个记录而对整个文件进行读、写操作。

随机文件的优点是数据的存取较为灵活、方便,速度较快,容易修改。主要缺点是占空间较大,数据组织较复杂。

(3) 根据数据的编码方式,可以分为 ASCII 文件和二进制文件。

① ASCII 文件 又称文本文件,它以 ASCII 方式保存文件。这种文件可以用字处理软件建立和修改(必须按纯文本文件保存)。

② 二进制文件(binary file) 以二进制方式保存的文件。二进制文件不能用普通的字处理软件编辑,占空间较小。

14.2 文件的打开与关闭

在 Visual Basic 中,数据文件的操作按下述步骤进行:

(1) 打开或建立文件 一个文件必须先打开或建立后才能使用。如果一个文件已经存在,则打开该文件;如果不存在,则建立该文件。

(2) 进行读、写操作 在打开或建立的文件上执行所要求的输入输出操作。在文件处理中,把内存中的数据传输到相关联的外部设备(例如磁盘)并作为文件存放的操作叫做写数据,而把外部设备(例如磁盘)数据文件中的数据传输到内存程序中的操作叫做读数据。一般来说,在主存与外设的数据传输中,由主存到外设叫做输出或写,而由外设到主存叫做输入或读。

(3) 关闭文件 文件处理一般需要以上 3 步。在 Visual Basic 中,数据文件的操作通过有关的语句和函数来实现。

14.2.1 文件的打开或建立

如前所述,在对文件进行操作之前,必须先打开或建立文件。Visual Basic 用 Open 语句打开或建立一个文件。其格式为:

Open 文件名 [For 方式] [Access 存取类型][锁定] As [#]文件号 [Len = 记录长度]

Open 语句的功能是:为文件的输入输出分配缓冲区,并确定缓冲区所使用的存取方式。

说明:

(1) 格式中的 Open,For,Access,As 以及 Len 为关键字,"文件名"是要打开(或建立)的文件的名称(包括路径)。下面列出其他参量的含义。

① 方式 指定文件的输入输出方式,可以是下述操作之一:

- Output 指定顺序输出方式。
- Input 指定顺序输入方式。
- Append 指定顺序输出方式。与 Output 不同的是,当用 Append 方式打开文件时,文件指针被定位在文件末尾。如果对文件执行写操作,则写入的数据附加到原来文件的后面。
- Random 指定随机存取方式,也是默认方式。在 Random 方式中,如果没有 Access 子句,则在执行 Open 语句时,Visual Basic 试图按下列顺序打开文件:

(a)读/写；(b)只读；(c)只写
- Binary 指定二进制方式。在这种方式下，可以用 Get 和 Put 语句对文件中任何字节位置的信息进行读写。在 Binary 方式中，如果没有 Access 子句，则打开文件的类型与 Random 方式相同。

"方式"是可选的，如果采取默认方式，则为随机存取方式，即 Random。

② 存取类型　放在关键字 Access 之后，用来指定访问文件的类型。可以是下列类型之一：
- Read 打开只读文件。
- Write 打开只写文件。
- Read Write 打开读写文件。这种类型只对随机文件、二进制文件及用 Append 方式打开的文件有效。

"存取类型"指出了在打开的文件中所进行的操作。如果要打开的文件已由其他过程打开，则不允许指定存取类型，否则 Open 失败，并产生出错信息。

③ 锁定　该子句只在多用户或多进程环境中使用，用来限制其他用户或其他进程对打开的文件进行读写操作。

④ 文件号　是一个整型表达式，其值在 1～511 范围内。执行 Open 语句时，打开文件的文件号与一个具体的文件相关联，其他输入输出语句或函数通过文件号与文件发生关系。

⑤ 记录长度　是一个整型表达式。当选择该参量时，为随机存取文件设置记录长度。对于用随机访问方式打开的文件，该值是记录长度；对于顺序文件，该值是缓冲字符数。"记录长度"的值不能超过 32767 字节。对于二进制文件，将忽略 Len 子句。

在顺序文件中，"记录长度"不需要与各个记录的大小相对应，因为顺序文件各个记录的长度可以不相同。当打开顺序文件时，在把记录写入磁盘或从磁盘读出记录之前，"记录长度"指出要装入缓冲区的字符数，即确定缓冲区的大小。缓冲区越大，占用空间越多，文件的输入输出操作越快。反之，缓冲区越小，剩余的内存空间越大，文件的输入输出操作越慢。默认时缓冲区的容量为 512 字节。

(2) 为了满足不同的存取方式的需要，对同一个文件可以用几个不同的文件号打开，每个文件号有自己的一个缓冲区。对于不同的访问方式，可以使用不同的缓冲区。但是，当使用 Output 或 Append 方式时，必须先将文件关闭，才能重新打开文件。而当使用 Input，Random 或 Binary 方式时，不必关闭文件就可以用不同的文件号打开文件。

(3) Open 语句兼有打开文件和建立文件两种功能。在对一个数据文件进行读、写、修改或增加数据之前，必须先用 Open 语句打开或建立该文件。如果为输入(Input)打开的文件不存在，则产生"文件未找到"错误；如果为输出(Output)、附加(Append)或随机(Random)访问方式打开的文件不存在，则建立相应的文件；此外，在 Open 语句中，任何一个参量的值如果超出给定的范围，则产生"非法功能调用"错误，而且文件不能被打开。

下面是一些打开文件的例子：

Open "Price.dat" For Output As #1

建立并打开一个新的数据文件,使记录可以写到该文件中。

```
Open "Price.dat" For Output As #1
```

如果文件"price.dat"已存在,该语句打开已存在的数据文件,新写入的数据将覆盖原来的数据。

```
Open "Price.dat" For Append As #1
```

打开已存在的数据文件,新写入的记录附加到文件的后面,原来的数据仍在文件中。如果给定的文件名不存在,则 Append 方式可以建立一个新文件。

```
Open "Price.dat" For Input As #1
```

打开已存在的数据文件,以便从文件中读出记录。

以上例子中打开的文件都是按顺序方式输入输出。

```
Open "Price.dat" For Random As #1
```

按随机方式打开或建立一个文件,然后读出或写入定长记录。

```
Open "Records" For Random Access Read As #1
```

为读取"Records"文件以随机存取方式打开该文件。

```
Open "c:\abc\abcfile.dat" For Random As #1 Len=256
```

用随机方式打开 C 盘上 abc 目录下的文件,记录长度为 256 字节。

```
Filename$ = "A:Dtat.art"
Open Filename$ For Append As #3
```

该例先把文件名赋给一个变量,然后打开该文件。

14.2.2 文件的关闭

文件的读写操作结束后,应将文件关闭。这可以通过 Close 语句来实现。其格式为:

Close [[#]文件号][,[#]文件号]…

Close 语句用来结束文件的输入输出操作。例如,假定用下面的语句打开文件:

```
Open "price.dat" For Output As #1
```

则可以用下面的语句关闭该文件:

```
Close #1
```

说明:

(1) Close 语句用来关闭文件,它是在打开文件之后进行的操作。格式中的"文件号"是 Open 语句中使用的文件号。关闭一个数据文件具有两方面的作用,第一,把文件缓冲区中的所有数据写到文件中;第二,释放与该文件相联系的文件号,以供其他 Open 语句使用。

(2) Close 语句中的"文件号"是可选的。如果指定了文件号,则把指定的文件关闭;如果不指定文件号,则把所有打开的文件统统关闭。

(3) 除了用 Close 语句关闭文件外,在程序结束时将自动关闭所有打开的数据文件。

(4) Close 语句使 Visual Basic 结束对文件的使用,它的操作十分简单,但绝不是可有可无的。这是因为,磁盘文件同内存之间的信息交换是通过缓冲区进行的。如果关闭的是为顺序输出而打开的文件,则缓冲区中最后的内容将被写入文件中。当打开的文件或设备正在输出时,执行 Close 语句后,不会使输出信息的操作中断。如果不使用 Close 语句关闭文件,则可能使某些需要写入的数据不能从内存(缓冲区)送入文件中。

14.3 文件操作语句和函数

文件的主要操作是读和写,将在后面各节中介绍。这里介绍的是通用的语句和函数,这些语句和函数用于文件的读、写操作中。

14.3.1 文件指针

文件被打开后,自动生成一个文件指针(隐含的),文件的读或写就从这个指针所指的位置开始。用 Append 方式打开一个文件后,文件指针指向文件的末尾,而如果用其他几种方式打开文件,则文件指针都指向文件的开头。完成一次读写操作后,文件指针自动移到下一个读写操作的起始位置,移动量的大小由 Open 语句和读写语句中的参数共同决定。对于随机文件来说,其文件指针的最小移动单位是一个记录的长度,而顺序文件中文件指针移动的长度与它所读写的字符串的长度相同。在 Visual Basic 中,与文件指针有关的语句和函数是 Seek。

文件指针的定位通过 Seek 语句来实现。其格式为:

Seek ♯文件号,位置

Seek 语句用来设置文件中下一个读或写的位置。"文件号"的含义同前,"位置"是一个数值表达式,用来指定下一个要读写的位置,其值在 $1 \sim 2^{31}-1$ 范围内。

说明:

(1) 对于用 Input,Output 或 Append 方式打开的文件,"位置"是从文件开头到"位置"为止的字节数,即执行下一个操作的地址,文件第一个字节的位置是 1。对于用 Random 方式打开的文件,"位置"是一个记录号。

(2) 在 Get 或 Put 语句中的记录号优先于由 Seek 语句确定的位置。此外,当"位置"为 0 或负数时,将产生出错信息"错误的记录号"。当 Seek 语句中的"位置"在文件尾之后时,对文件的写操作将扩展该文件。

与 Seek 语句配合使用的是 Seek 函数,其格式为:

n = Seek(文件号)

该函数返回文件指针的当前位置。由 Seek 函数返回的值在 $1 \sim 2^{31}-1$ 范围内。

对于用 Input,Output 或 Append 方式打开的文件,Seek 函数返回文件中的字节位置

(产生下一个操作的位置)。对于用 Random 方式打开的文件,Seek 函数返回下一个要读或写的记录号。

对于顺序文件,Seek 语句把文件指针移到指定的字节位置上,Seek 函数返回有关下次将要读写的位置信息;对于随机文件,Seek 语句只能把文件指针移到一个记录的开头,而 Seek 函数返回的是下一个记录号。

14.3.2 其他语句和函数

1. FreeFile 函数

用 FreeFile 函数可以得到一个在程序中没有使用的文件号。当程序中打开的文件较多时,这个函数很有用。特别是当在通用过程中使用文件时,用这个函数可以避免使用其他 Sub 或 Function 过程中正在使用的文件号。利用这个函数,可以把未使用的文件号赋给一个变量,用这个变量作文件号,不必知道具体的文件号是多少。

【例 14.1】 用 FreeFile 函数获取一个文件号。

```
Private Sub Form_Click()
    filename$ = InputBox$("请输入要打开的文件名:")
    Filenum = FreeFile
    Open filename$ For Output As Filenum
    Print filename$; " opened as file #"; Filenum
    Close #Filenum
End Sub
```

该过程把要打开的文件的文件名赋给变量 FileName$(从键盘上输入),而把可以使用的文件号赋给变量 Filenum,它们都出现在 Open 语句中。程序运行后,在输入对话框中输入"datafile.dat",单击"确定"按钮,程序输出:

datafile.dat opened as file #1

2. Loc 函数

该函数格式如下:

Loc(文件号)

Loc 函数返回由"文件号"指定的文件的当前读写位置。格式中的"文件号"是在 Open 语句中使用的文件号。

对于随机文件,Loc 函数返回一个记录号,它是对随机文件读或写的最后一个记录的记录号,即当前读写位置上的一个记录;对于顺序文件,Loc 函数返回的是从该文件被打开以来读或写的记录个数,一个记录是一个数据块。

在顺序文件和随机文件中,Loc 函数返回的都是数值,但它们的意义是不一样的。对于随机文件,只有知道了记录号,才能确定文件中的读写位置;而对于顺序文件,只要知道已经读或写的记录个数,就能确定该文件当前的读写位置。

3. LOF 函数

该函数格式如下:

LOF(文件号)

LOF 函数返回给文件分配的字节数(即文件的长度),与 DOS 下用 Dir 命令所显示的数值相同。

"文件号"的含义同前。在 Visual Basic 中,文件的基本单位是记录,每个记录的默认长度是 128 字节。因此,对于由 Visual Basic 建立的数据文件,LOF 函数返回的将是 128 的倍数,不一定是实际的字节数。例如,假定某个文件的实际长度是 257 字节(由 128×2+1 而来),则用 LOF 函数返回的是 384 字节(由 128×3 而来)。对于用其他编辑软件或字处理软件建立的文件,LOF 函数返回的将是实际分配的字节数,即文件的实际长度。

用下面的程序段可以确定一个随机文件中记录的个数:

```
RecordLength = 60
Open "c:\prog\Myrelatives" For Random As #1
x = LOF(1)
NumberOfRecords = x \ RecordLength
```

4. EOF 函数

该函数格式如下:

EOF(文件号)

EOF 函数用来测试文件的结束状态。

"文件号"的含义同前。利用 EOF 函数,可以避免在文件输入时出现"输入超出文件尾"错误。因此,它是一个很有用的函数。在文件输入期间,可以用 EOF 测试是否到达文件末尾。对于顺序文件来说,如果已到文件末尾,则 EOF 函数返回 True,否则返回 False。

当 EOF 函数用于随机文件时,如果最后执行的 Get 语句未能读到一个完整的记录,则返回 True,这通常发生在试图读文件结尾以后的部分时。

EOF 函数常用来在循环中测试是否已到文件尾,一般结构如下:

```
Do While Not EOF(1)
      '文件读写语句
Loop
```

14.4 顺序文件

在顺序文件中,记录的逻辑顺序与存储顺序相一致,对文件的读写操作只能一个记录一个记录地顺序进行。

顺序文件的读写操作与标准输入输出十分类似。其中读操作是把文件中的数据读到内存,标准输入是从键盘上输入数据,而键盘设备也可以看作是一个文件。写操作是把内存中的数据输出到屏幕上,而屏幕设备也可以看作是一个文件。

14.4.1 顺序文件的写操作

前面讲过,数据文件的写操作分为 3 步:打开文件、写入文件和关闭文件。其中打开文件和关闭文件分别由 Open 和 Close 语句来实现,写入文件由 Print ♯ 或 Write ♯ 语句来完成。

1. Print ♯ 语句

该语句格式如下:

`Print ♯ 文件号,[[Spc(n)|Tab(n)][表达式表][;|,]]`

Print ♯ 语句的功能是:把数据写入文件中。以前我们曾多次用到 Print 方法,Print ♯ 语句与 Print 方法的功能是类似的。Print 方法所"写"的对象是窗体、打印机或图片框,而 Print ♯ 语句所"写"的对象是文件。

在上面的格式中,"文件号"的含义同前,数据被写入该文件号所代表的文件中。其他参量,包括 Spc 函数、Tab 函数、"表达式表"及尾部的分号、逗号等,其含义与 Print 方法中相同。例如:

`Print ♯1,A,B,C`

把变量 A,B,C 的值写到文件号为 1 的文件中。而

`Print A,B,C`

则把变量 A,B,C 的值"写"到窗体上。

说明:

(1) 格式中的"表达式表"可以省略。在这种情况下,将向文件中写入一个空行。例如:

`Print ♯1`

(2) 和 Print 方法一样,Print ♯ 语句中的各数据项之间可以用分号隔开,也可以用逗号隔开,分别对应紧凑格式和标准格式。数值数据由于前有符号位,后有空格,因此使用分号不会给以后读取文件造成麻烦。但是,对于字符串数据,特别是变长字符串数据来说,用分号分隔就有可能引起麻烦,因为输出的字符串数据之间没有空格。例如,设:

`A$ = "Beijing", B$ = "Shanghai", C$ = "Tianjin"`

则执行

`Print ♯1, A$ ; B$ ; C$`

后,写到磁盘上的信息为"BeijingShanghaiTianjin"。为了使输出的各字符串明显地分开,可以人为地插入逗号,即改为:

`Print ♯1, A$ , "," ; B$ ; "," ; C$`

这样写入文件中的信息为"Beijing,Shanghai,Tianjin"。

但是,如果字符串本身含有逗号、分号和有意义的前后空格及回车或换行,则须用双引号(ASCII 码 34)作为分隔符,把字符串放在双引号中写入磁盘。例如,执行:

`a$ = "Camera, Automatic"`
`b$ = "6784.1278"`

    Print #1,Chr$(34);a$;Char$(34);Chr$(34);b$;Chr$(34)

这样，写入文件的数据为：

    "Camera, Automatic" "6784.1278"

（3）实际上，Print #语句的任务只是将数据送到缓冲区，数据由缓冲区写到磁盘文件的操作是由文件系统来完成的。对于用户来说，可以理解为由 Print #语句直接将数据写入磁盘文件。但是，执行 Print #语句后，并不是立即把缓冲区中的内容写入磁盘，只有在满足下列条件之一时才写盘：

- 关闭文件(Close)
- 缓冲区已满
- 缓冲区未满，但执行下一个 Print #语句

【例 14.2】 编写程序，用 Print #语句向文件中写入数据。

```
Private Sub Form_Click()
    Open App.Path & "\tel.dat" For Output As #1
    Tpname$ = InputBox$("请输入姓名：","数据输入")
    Tptel$ = InputBox$("请输入电话号码：","数据输入")
    TpAddr$ = InputBox$("请输入地址：","数据输入")
    Print #1, Tpname$, tptel$, TpAddr$
    Close #1
End Sub
```

上述过程首先在当前目录下建立一个名为"Tel.dat"的输出(Output)文件，文件号为1。然后在三个输入对话框中分别输入姓名、电话号码、地址，程序用 Print #语句把输入的数据写入文件"Tel.dat"中。最后用 Close 语句关闭文件。

在上面的程序中，使用了 App 对象，它使得要建立的文件位于当前目录下。在这种情况下，文件所在的目录与应用程序的存盘目录相同。

2. Write #语句

该语句格式如下：

Write #文件号,表达式表

和 Print #语句一样，用 Write #语句可以把数据写入顺序文件中。例如：

Write #1,A,B,C

将把变量 A,B,C 的值写入文件号为 1 的文件中。

说明：

（1）"文件号"和"表达式表"的含义同前。当使用 Write #语句时，文件必须以 Output 或 Append 方式打开。"表达式表"中的各项以逗号分开。

（2）Write #语句与 Print #语句的功能基本相同，其主要区别有以下两点：

① 当用 Write #语句向文件写数据时，数据在磁盘上以紧凑格式存放，能自动地在数据项之间插入逗号，并给字符串加上双引号。一旦最后一项被写入，就插入新的一行。

② 用 Write ＃语句写入的正数的前面没有空格。

【例 14.3】 在磁盘上建立一个电话号码文件,存放单位名称和该单位的电话号码。
程序如下：

```
Private Sub Form_Click()
    Open App.Path & "\tel.dat" For Output As ＃1
    unit$ = InputBox$("Enter unit:")
    While UCase(unit$) <> "DONE"
        tel$ = InputBox$("Telephone number:")
        Write ＃1, unit$, tel$
        unit$ = InputBox$("Enter unit:")
    Wend
    Close ＃1
    End
End Sub
```

上述程序反复地从键盘上输入单位名和电话号码,并写到当前目录下的"tel.dat"文件中,直到输入"done"为止。读者可以把用该程序建立的文件与前一个例子建立的文件进行比较,看它们有什么区别(用"记事本"查看)。

如果需要向电话号码文件中续加新的电话号码,则须把操作方式由 Output 改为 Append,即把 Open 语句改为：

Open "a:\tel.dat" For Append As ＃1

实际上,由于 Append 方式兼有建立文件的功能,因此最好在开始建立文件时就使用 Append 方式。

由 Open 语句建立的顺序文件是 ASCII 文件,可以用字处理程序来查看或修改。顺序文件由记录组成,每个记录是一个单一的文本行,它以回车换行序列结束。每个记录又被分成若干个字段,这些字段是记录中按同一顺序反复出现的数据块。在顺序文件中,每个记录可以具有不同的长度,不同记录中的字段的长度也可以不一样。

当把一个字段存入变量时,存储字段的变量的类型决定了该字段的开头和结尾。当把字段存入字符串变量时,下列符号标示该字符串的结尾：

- 双引号(")　当字符串以双引号开头时；
- 逗号(,)　当字符串不以双引号开头时；
- 回车-换行　当字段位于记录的结束处时。

如果把字段写入一个数值变量,则下列符号标示出该字段的结尾：

- 逗号；
- 一个或多个空格；
- 回车-换行。

【例 14.4】 从键盘上输入 4 个学生的数据,然后把它们存放到磁盘文件中。

学生的数据包括姓名、学号、年龄、住址,用一个记录类型来定义。按下述步骤编写程序：

(1) 执行"工程"菜单中的"添加模块"命令,建立标准模块,定义如下记录类型:

```
Type stu
    stname As String * 10
    num As Integer
    age As Integer
    addr As String * 20
End Type
```

将该模块以文件名"exam14_4.bas"存盘。

(2) 在窗体层输入如下代码:

```
Option Base 1
```

(3) 编写如下的窗体事件过程:

```
Private Sub Form_Click()
    Static stud() As stu
    Open "d:\temp\stu_list" For Output As #1
    n = InputBox("enter number of student:")
    ReDim stud(n) As stu
    For i = 1 To n
        stud(i).stname = InputBox$("Enter Name:")
        stud(i).num = InputBox("Enter number:")
        stud(i).age = InputBox("Enter age:")
        stud(i).addr = InputBox$("Enter address:")
        Write #1, stud(i).stname, stud(i).num, stud(i).age, stud(i).addr
    Next i
    Close #1
    End
End Sub
```

将上述事件过程(在窗体中)以文件名"exam14_4.frm"存盘。整个程序以文件名"exam14_4.vbp"存盘。

该过程首先定义一个记录数组(大小未定),打开一个输出文件"stu_list"(在D盘Temp目录下)。接着询问要输入的学生人数,输入后重新定义数组。然后用For循环从键盘上输入每个学生的姓名、学号、年龄和住址,并用Write #语句写入磁盘文件中。最后关闭文件,退出程序。

程序运行后,在输入对话框中输入学生人数,输入4并单击"确定"按钮后,即开始输入每个学生的数据。4个学生的数据输入完后,结束程序。此时屏幕上并没有信息输出,只是把从键盘上输入的数据写到磁盘文件中。可以在字处理软件(如"记事本")中查看该文件的内容:

```
"王大力      ",20061,20,"3号楼204室              "
"张  虹      ",20062,19,"3号楼205室              "
"向  荣      ",20063,20,"3号楼208室              "
```

"钟　华　　",20064,21,"3号楼209室　　　　"

可以看出,由于是用 Write # 语句执行写操作,文件中各数据项之间用逗号隔开,字符串数据放在双引号中。

14.4.2　顺序文件的读操作

顺序文件的读操作分 3 步进行,即打开文件、读数据文件和关闭文件。其中打开文件和关闭文件的操作如前所述,读数据的操作由 Input # 语句和 Line Input # 语句来实现。

1. Input # 语句

该语句格式如下:

Input # 文件号,变量表

Input # 语句从一个顺序文件中读出数据项,并把这些数据项赋给程序变量。例如:

Input #1,A,B,C

从文件中读出 3 个数据项,分别把它们赋给 A,B,C 3 个变量。

说明:

(1)"文件号"的含义同前。"变量表"由一个或多个变量组成,这些变量既可以是数值变量,也可以是字符串变量或数组元素,从数据文件中读出的数据赋给这些变量。文件中数据项的类型应与 Input # 语句中变量的类型匹配。

(2)在用 Input # 语句把读出的数据赋给数值变量时,将忽略前导空格、回车或换行符,把遇到的第一个非空格、非回车和换行符作为数值的开始,遇到空格、回车或换行符则认为数值结束。对于字符串数据,同样忽略开头的空格、回车或换行符。如果需要把开头带有空格的字符串赋给变量,则必须把字符串放在双引号中。

(3) Input # 与 InputBox 函数类似,但 InputBox 要求从键盘上输入数据,而 Input # 语句要求从文件中输入数据,而且执行 Input # 语句时不显示对话框。

【例 14.5】 把前面建立的学生数据文件 stu_list 读到内存,并在屏幕(窗体)上显示出来。

该程序的标准模块仍使用前面程序中的 exam14_4.bas,窗体层代码也与前一个程序相同。窗体事件过程如下:

```
Private Sub Form_Click()
    Static stud() As stu
    Open "d:\temp\stu_list" For Input As #1
    n = InputBox("enter number of student:")
    ReDim stud(n) As stu
    Print "姓　名"; Tab(21); "学号"; Tab(30); "年龄"; Tab(40); "住址"
    Print
    For i = 1 To n
        Input #1, stud(i).stname, stud(i).num, stud(i).age, stud(i).addr
```

```
        Print stud(i).stname; Tab(20); stud(i).num; Tab(30); stud(i).age; _
            Tab(40); stud(i).addr
    Next i
    Close #1
End Sub
```

该过程首先以输入方式打开文件 stu_list,它是前面一个程序建立的学生数据文件。数组定义方式与前面的程序相同。在 For 循环中,用 Input #语句读入 4 个学生的数据,并在窗体上显示出来。程序运行后,单击窗体,在输入对话框中输入 4,然后单击"确定"按钮,执行结果如图 14.1 所示。

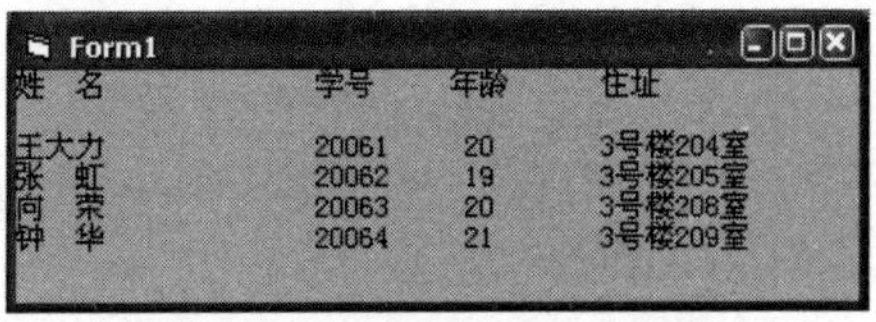

图 14.1　数据文件的读操作

在 Visual Basic 中,取消了早期 BASIC 版本中的 READ-DATA 语句,这给大量的数据输入造成诸多不便。当需要输入几十个、上百个甚至更多的数据时,如果用 InputBox 函数一个一个地输入,效率太低。这个问题可以通过 Input #语句从文件中读取数据来解决。请看下面的例子。

【例 14.6】　编写程序,对数值数据排序。

排序有很多种方法,第 8 章介绍过冒泡法。下面用冒泡法对数值数据排序。需要排序的数据放在一个数据文件中,名为"sortdata.dat",内容如下:

```
40
32 43 52 324 345 76 89 56 74 129
143 231 54 38 90 321 98 72 88 56
832 81 92 30 52 63 85 821 432 549
8 -23 546 -213 435 -9 567 856 30 784
```

文件中共有 41 个数值数据,第一个数据 40 表示数据个数,实际参加排序的有 40 个数据。各数据之间用空格或回车符分开。可以用任何字处理软件或编辑软件建立 sortdata.dat 文件(一般用"记事本"建立,如果用 Word 建立,则应保存为"纯文本"文件)。

在窗体层编写如下代码:

```
Option Base 1
```

编写如下事件过程:

```
Private Sub Form_Click()
    Static number() As Integer
    Open "d:\test\sortdata.dat" For Input As #1
    Input #1, n
    ReDim number(n) As Integer
```

```
        FontSize = 12
        For i = 1 To n
            Input #1, number(i)
        Next i
        For i = n To 2 Step -1
          For j = 1 To i - 1
              If number(j) > number(j + 1) Then
                  temp = number(j + 1)
                  number(j + 1) = number(j)
                  number(j) = temp
              End If
          Next j
        Next i
        Close #1
        For i = 1 To n
            Print number(i);
            If i Mod 10 = 0 Then Print
        Next i
    End Sub
```

上述过程先定义一个空数组,接着打开数据文件 sortdata.dat(该文件存放在 D 盘的 test 目录下),读取第一个数据(40),并用它重定义数组大小。此时文件指针位于第二个数据,For 循环从第二个数据开始,把 40 个数据读到数组 number 中,然后对这 40 个数值数据排序,并输出排序结果。执行情况如图 14.2 所示。

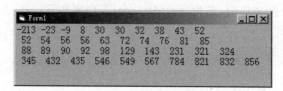

图 14.2 数值数据排序

2. Line Input #语句

该语句格式如下:

Line Input #文件号,字符串变量

Line Input #语句从顺序文件中读取一个完整的行,并把它赋给一个字符串变量。

"文件号"的含义同前。"字符串变量"是一个字符串简单变量名,也可以是一个字符串数组元素名,用来接收从顺序文件中读出的字符行。

在文件操作中,Line Input #是十分有用的语句,它可以读取顺序文件中一行的全部字符,直至遇到回车符为止。此外,对于以 ASCII 码存放在磁盘上的各种语言源程序,都可以用 Line Input #语句一行一行地读取。

Line Input #与 Input #语句功能类似。只是 Input #语句读取的是文件中的数据项,而 Line Input #语句读的是文件中的一行。

Line Input #语句常用来复制文本文件。下面举一个例子。

【例 14.7】 把一个磁盘文件的内容读到内存并在文本框中显示出来,然后把该文本框中的内容存入另一个磁盘文件。

首先用字处理程序(例如"记事本")建立一个名为"smtext1.txt"的文件(该文件存放在 D 盘的 test 目录下),该文件有 6 行,输入时每行均以回车键结束。文件内容如下:

    经五丈原

铁马云雕共绝尘,柳营高压汉宫春。
天清杀气屯关右,夜半妖星照渭滨。
下国卧龙空寤主,中原得鹿不由人。
象床宝帐无言语,从此谯周是老臣。

在窗体上画一个文本框,在属性窗口中把该文本框的 MultiLine 属性设置为 True,然后编写如下的事件过程:

```
Private Sub Form_Click()
    Open "d:\test\smtext1.txt" For Input As #1
    Text1.FontSize = 14
    Text1.FontName = "幼圆"
    Do While Not EOF(1)
        Line Input #1, aspect$
        whole$ = whole$ + aspect$ + Chr$(13) + Chr$(10)
    Loop
    Text1.Text = whole$
    Close #1
    Open "d:\test\smtext2.txt" For Output As #1
    Print #1, Text1.Text
    Close #1
End Sub
```

上述过程首先打开一个磁盘文件 smtext1.txt,用 Line Input #语句把该文件的内容一行一行地读到变量 Aspect$ 中,每读一行,就把该行连到变量 Whole$,加上回车换行符。然后把变量 Whole$ 的内容放到文本框中,并关闭该文件。此时文本框中分行显示文件 smtext1.txt 的内容,如图 14.3 所示。之后,程序建立一个名为"smtext2.txt"的文件,并把文本框的内容写入该文件。程序运行结束后,文本框及两个磁盘文件中具有相同的内容。

3. Input$ 函数

该函数格式如下:

Input$(n, #文件号)

Input$ 函数返回从指定文件中读出的 n 个字符的字符串。也就是说,它可以从数据文件中读取指定数目的字符。例如:

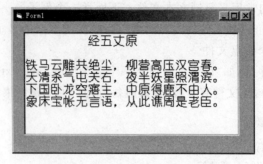

图 14.3 在文本框中显示文件内容

```
x$ = Input$(100,#1)
```

从文件号为 1 的文件中读取 100 个字符,并把它赋给变量 x$。

Input$函数执行所谓"二进制输入"。它把一个文件作为非格式的字符流来读取。例如,它不把回车-换行序列看作是一次输入操作的结束标志。因此,当需要用程序从文件中读取单个字符时,或者是用程序读取一个二进制的或非 ASCII 码文件时,使用 Input$函数较为适宜。

【例 14.8】 编写程序,在文件中查找指定的字符串。

为了查找文件中指定的字符串,可以先打开文件,用 Input$(1,1)搜索要查找的字符串的首字符,再试着进行完整的匹配。更直观的做法是:把整个文件读入内存,放到一个变量中,然后从这个变量中查找所需要的字符串,这种方法不仅容易实现,而且效率更高。在 Visual Basic 6.0 中,一个字符串变量最多可存放约 20 亿个字符。

可以编写一个查找任何文件中指定字符串的通用程序。为了简单起见,这里编写查找 Windows XP 系统中 windows\system32 目录下"autoexec.nt"文件中指定字符串的程序。不过,对它稍加修改,就可以变成通用程序。

程序如下:

```
Private Sub Form_Click()
    Q$ = InputBox$("请输入要查找的字符串:")
    Open "c:\windows\system32\autoexec.nt" For Input As #1
    X$ = Input$(LOF(1),1)        '把整个文件内容读入变量 X$ 中
    Close
    y = InStr(1, X$, Q$)
    If y <> 0 Then
        Print "找到字符串"; Q$
    Else
        Print "未找到字符串"; Q$
    End If
End Sub
```

该过程首先打开文件 autoexec.nt,用 Input$函数把整个文件读入内存变量 X$,然后用 InStr 函数在 X$ 中查找所需要的字符串(Q$)。如果找到了,则 y 的值不为 0,如果

没有找到,则 y 值为 0。根据 y 的值输出相应的信息。

程序运行后,单击窗体,显示一个输入对话框,在对话框中输入要查找的字符串,单击"确定"按钮后即开始查找。

14.5 随机文件

随机文件有以下特点:

(1) 随机文件的记录是定长记录,只有给出记录号 n,才能通过 $[(n-1)\times$ 记录长度$]$ 计算出该记录与文件首记录的相对地址。因此,在用 Open 语句打开文件时必须指定记录的长度。

(2) 每个记录划分为若干个字段,每个字段的长度等于相应的变量的长度。

(3) 各变量(数据项)要按一定格式置入相应的字段。

(4) 打开随机文件后,既可读也可写。

随机文件以记录为单位进行操作。本节中,"记录"兼有两个方面的含义:一个是记录类型,即用 Type…End Type 语句定义的类型;另一个是要处理的文件的记录。两者有联系,也有区别,要注意区分。

14.5.1 随机文件的读写操作

随机文件与顺序文件的读写操作类似,但通常把需要读写的记录中的各字段放在一个记录类型中,同时应指定每个记录的长度。

1. 随机文件的写操作

随机文件的写操作分为以下 4 步:

(1) 定义数据类型　随机文件由固定长度的记录组成,每个记录含有若干个字段。可以把记录中的各个字段放在一个记录类型中,记录类型用 Type…End Type 语句定义。Type…End Type 语句通常在标准模块中使用,如果放在窗体模块中,则应加上关键字 Private。

(2) 打开随机文件　与顺序文件不同,打开一个随机文件后,既可用于写操作,也可用于读操作。打开随机文件的一般格式为:

Open "文件名称" For Random As #文件号[Len = 记录长度]

"记录长度"等于各字段长度之和,以字符(字节)为单位。如果省略"Len＝记录长度",则记录的默认长度为 128 字节。

(3) 将内存中的数据写入磁盘　随机文件的写操作通过 Put 语句来实现,其格式为:

Put #文件号,[记录号],变量

这里的"变量"是除对象变量和数组变量外的任何变量(包括含有单个数组元素的下标变量)。Put 语句把"变量"的内容写入由"文件号"所指定的磁盘文件中。

说明:

① "文件号"的含义同前。"记录号"的取值范围为 $1\sim 2^{31}-1$,即 $1\sim 2147483647$。对于用 Random 方式打开的文件,"记录号"是需要写入的记录的编号。如果省略"记录号",

则写到下一个记录位置,即最近执行 Get 或 Put 语句后或由最近的 Seek 语句所指定的位置。省略"记录号"后,逗号不能省略。例如:

```
Put #2,,Filebuff
```

② 如果所写的数据的长度小于在 Open 语句的 Len 子句中所指定的长度,Put 语句仍然在记录的边界后写入后面的记录,当前记录的结尾和下一个记录开头之间的空间用文件缓冲区现有的内容填充。由于填充数据的长度无法确定,因此最好使记录长度与要写的数据的长度相匹配。

(4) 关闭文件 关闭文件的操作与顺序文件相同。

2. 随机文件的读操作

从随机文件中读取数据的操作与写文件操作步骤类似,只是把第三步中的 Put 语句用 Get 语句来代替。其格式为:

Get #文件号,[记录号],变量

Get 语句把由"文件号"所指定的磁盘文件中的数据读到"变量"中。

"记录号"的取值范围同前,它是要读的记录的编号。如果省略"记录号",则读取下一个记录,即最近执行 Get 或 Put 语句后的记录,或由最近的 Seek 函数指定的记录。省略"记录号"后,逗号不能省略。例如:

```
Get #1,,FileBuff
```

14.5.2 随机文件举例

下面通过一个例子说明随机文件的读写操作。

【例 14.9】 建立一个随机存取的工资文件,然后读取文件中的记录。

为了便于说明问题,使用一个简单的文件结构,见表 14.2。

表 14.2 例题使用的文件结构

姓 名	单 位	年 龄	工 资
⋮	⋮	⋮	⋮

按以下步骤操作:

(1) 定义数据类型。工资文件的每个记录含有 4 个字段,其长度(字节数)及数据类型见表 14.3。

表 14.3 记录结构

项 目	长度/字节	类 型
姓名(Emname)	10	字符串
单位(Unit)	15	字符串
年龄(Age)	2	整型数
工资(Salary)	4	单精度数

根据上面规定的字段长度和数据类型,在窗体层定义记录类型:

```
Private Type RecordType
    EmName As String * 10
    Unit As String * 15
    Age As Integer
    Salary As Single
End Type
```

定义了上述记录类型后,可以在窗体层定义该类型的变量:

```
Dim Recordvar As RecordType
```

(2) 打开文件并指定记录长度。由于随机文件的长度是固定的,因此应在打开文件时用 Len 子句指定记录长度,如果不指定,则记录长度默认为 128 字节。从前面可以知道,要建立的随机文件的每个记录的长度为 10+15+2+4=31 个字节,因此可以用下面的语句打开文件:

```
Open App.Path & "\Employee.dat" For Random As #1 Len = 31
```

用上面的语句打开文件时,记录的长度通过手工计算得到。当记录含有的字段较多时,手工计算很不方便,也容易出错。实际上,记录类型变量的长度就是记录的长度,可以通过 Len 函数求出来,即:

```
记录长度 = Len(记录类型变量)
        = Len(Recordvar)
```

因此,打开文件的语句可以改为:

```
Open App.Path & "\Employee.dat" For Random As #1 Len = Len(Recordvar)
```

注意,上面语句中有两个 Len,其中等号左边的 Len 是 Open 语句中的子句;而等号右边的 Len 是一个函数。

(3) 从键盘上输入记录中的各个字段,对文件进行读写操作。

打开文件后,就可以输入数据,并把数据记录写入磁盘文件,这可以通过下面的程序来实现:

```
recordvar.Emname = InputBox$("职工姓名:")
recordvar.Unit = InputBox$("所在单位:")
recordvar.Age = InputBox("职工年龄:")
recordvar.Salary = InputBox("职工工资:")
recordnumber = recordnumber + 1
Put #1,, Recordvar
```

用上面的程序段可以把一个记录写入磁盘文件"Employee.dat"。把这段程序放在循环中,就可以把指定数量的记录写入文件中。不必关闭文件,就可以从文件中读取记录。例如:

```
Get #1,, Recordvar
```

(4) 关闭文件。以上是建立和读取工资文件的一般操作,在具体编写程序时,应设计好文件的结构。

下面给出完整的程序。

① 在窗体层定义下面的记录类型和变量:

```
Private Type RecordType
    EmName As String * 6
    Unit As String * 10
    Age As Integer
    Salary As Single
End Type

Dim recordvar As RecordType
Dim position As Integer
Dim recordnumber As Integer
```

② 编写如下通用过程,执行输入数据及写盘操作:

```
Sub File_Write()    '输入数据,写入磁盘文件
    Do
        recordvar.EmName = InputBox$("职工姓名:")
        recordvar.Unit = InputBox$("所在单位:")
        recordvar.Age = Val(InputBox("职工年龄:"))
        recordvar.Salary = Val(InputBox("职工工资:"))
        recordnumber = recordnumber + 1
        Put #1, recordnumber, recordvar
        aspect$ = InputBox$("继续输入吗(Y/N)?")
    Loop Until UCase$(aspect$) = "N"
End Sub
```

随机文件建立后,可以从文件中读取数据。从随机文件中读数据有两种方法,一种是顺序读取,一种是通过记录号读取。由于顺序读取不能直接访问任意指定的记录,因而速度较慢。

③ 编写如下通用过程,执行顺序读文件操作:

```
Sub File_read1()    '顺序读取文件并输出
    Dim Rec As String
    Debug.Print " 姓名      单位           年龄    工资"
    Debug.Print
    For i = 1 To recordnumber
        Get #1, i, recordvar
        Rec = Rec & recordvar.EmName & " " & recordvar.Unit & _
              "   " & Str(recordvar.Age) & "    " & _
              Str(recordvar.Salary) & vbCrLf
    Next i
    Debug.Print Rec
End Sub
```

该过程从前面建立的随机文件 Employee.dat 中顺序地读出全部记录,从头到尾读取,并在立即窗口中显示出来。

④ 编写读取指定记录的过程。随机文件的主要优点之一,就是可以通过记录号直接访问文件中任一个记录,从而可以大大提高存取速度。在用 Put 语句向文件写记录时,就把记录号赋给了该记录。在读取文件时,通过把记录号放在 Get 语句中可以从随机文件取回一个记录。下面是通过记录号读取随机文件"employee.txt"中任一记录的通用过程:

```
Sub File_read2()    '读取指定记录
    Getmorerecords = True
    Dim Rec As String
    Do
        recordnum = InputBox("输入需要查看的记录的编号(输入 0 结束):")
        recordnum = Val(recordnum)
        If recordnum > 0 And recordnum <= recordnumber Then
            Get #1, recordnum, recordvar
            Rec = Rec & recordvar.EmName & " " & recordvar.Unit & _
            "    " & Str(recordvar.Age) & "      " & Str(recordvar.Salary) '& vbCrLf
            Debug.Print Rec
            MsgBox "单击"确定"按钮继续"
        ElseIf recordnum = 0 Then
            Getmorerecords = False
        Else
            MsgBox "输入的值超出范围,请重新输入"
        End If
    Loop While Getmorerecords
End Sub
```

该过程在 Do…Loop 循环中要求输入要查找的记录号,如果输入的记录号在指定的范围内,则在窗体上输出相应记录的数据;当输入的记录号为 0 时结束程序;如果输入的记录号不在指定的范围内,则显示相应的信息,并要求重新输入。

⑤ 编写删除指定记录的过程。在随机文件中删除一个记录时,并不是真正删除记录,而是把下一个记录重写到要删除的记录,其后的所有记录依次前移。操作完成后,最后一个记录是多余的。为了解决这个问题,可以把原来的记录个数减 1,这样,当再向文件中增加新的记录时,多余的记录即被覆盖。删除记录的通用过程如下:

```
Sub Deleterec(position As Integer)         '删除指定记录
repeat:
    Get #1, position + 1, recordvar
    If Loc(1) > recordnumber Then GoTo finish
    Put #1, position, recordvar
    position = position + 1
    GoTo repeat
finish:
```

```
            recordnumber = recordnumber - 1
        End Sub
```

上述4个通用过程分别用来建立随机文件、用顺序方式、通过记录号读取文件记录和删除指定记录。在下面的窗体事件过程中调用这4个过程：

```
    Private Sub Form_Click()
        Open App.Path & "\employee.txt" For Random As #1 Len = Len(recordvar)
        recordnumber = LOF(1) / Len(recordvar)
        Newline = Chr$(13) + Chr$(10)
        msg$ = "1. 建立文件"
        msg$ = msg$ + Newline + "2. 顺序方式读记录"
        msg$ = msg$ + Newline + "3. 通过记录号读文件"
        msg$ = msg$ + Newline + "4. 删除记录"
        msg$ = msg$ + Newline + "0. 退出程序"
        msg$ = msg$ + Newline + Newline + "    请输入数字选择："
Begin:
        resp = InputBox(msg$, "选择")

        Select Case resp
            Case 0
                Close #1
                End
            Case 1
                File_Write
            Case 2
                File_read1
                MsgBox "单击"确定"按钮继续"
            Case 3
                File_read2
            Case 4
                n = Val(InputBox("请输入要删除的记录号"))
                Deleterec (n)
        End Select
        GoTo Begin
    End Sub
```

上述程序运行后，单击窗体，显示一个输入对话框，如图14.4所示。此时输入0到4的数字，即可调用相应的通用过程执行随机文件的读写操作。

该程序可以执行4种操作，即写文件、顺序读文件、通过记录号读文件和删除文件中指定的记录。

程序的执行情况如下：

（1）程序运行后，单击窗体，显示输入对话框。在对话框中输入1，单击"确定"按钮，调用File_Write通用过程，执行写操作，输入表14.4所列的数据。

图 14.4 输入对话框

表 14.4 输入数据(1)

EmName	Unit	Age	Salary
李开诚	办公室	35	1850
王布公	财务科	32	1780
张德功	供销科	39	1810
李德胜	人事科	42	1890
赵凤鸣	劳资科	45	1910

每输入完一个记录,都要询问"More(Y/N)?",输入 Y 继续输入。输入完最后一个记录后,输入 N 并单击"确定"按钮,退出 File_Write 过程,回到图 14.4 所示的对话框。

(2) 输入 2,单击"确定"按钮,调用 File_read1 过程,顺序读取文件中的每个记录,并在立即窗口显示出来,如图 14.5 所示。

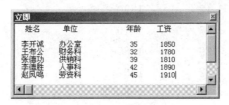

图 14.5 顺序读取文件中的记录

单击信息对话框中的"确定"按钮,返回输入对话框。

(3) 输入 3,并单击"确定"按钮,调用 File_read2 过程,通过记录号读文件记录。输入 3 后,在立即窗口中显示记录号为 3 的记录,如图 14.6 所示。

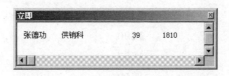

图 14.6 通过记录号读取文件中的记录

(4) 增加记录。在随机文件中增加记录,实际上是在文件的末尾附加记录。其方法是,先找到文件最后一个记录的记录号,然后把要增加的记录写到它的后面。通用过程 File_Write 具有建立文件和增加记录两种功能。也就是说,如果打开一个已经存在的文件,则写入的新记录将附加到该文件后面。运行前面的程序,出现对话框后输入 1,并单击"确定"按钮,然后输入表 14.5 所列的数据。

表 14.5 输入数据(2)

EmName	Unit	Age	Salary
赵欣华	运输科	29	1587
钱少波	劳资科	32	1592
伍中仁	办公室	27	1560

输入结束后,回到选择对话框,输入 2,并单击"确定"按钮,将显示文件中所有的记录,如图 14.7 所示。可以看出,新增加的记录已附在原来记录的后面。

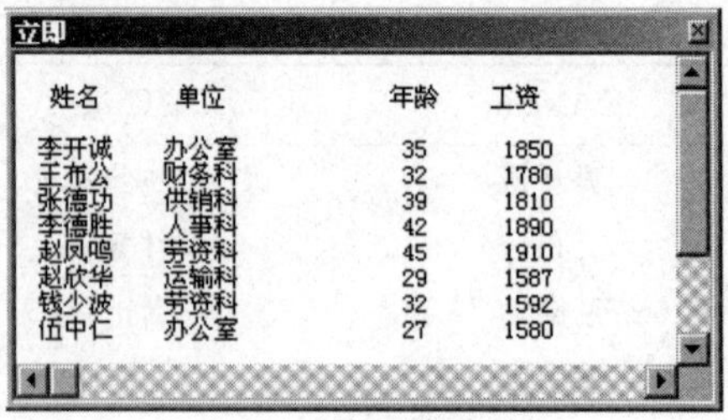

图 14.7 增加记录

(5) 删除记录。如前所述,在随机文件中删除一个记录时,并不是真正删除记录,而是把下一个记录重写到要删除的记录上,其后的所有记录依次前移。例如,前面建立的文件共有 8 个记录:

李开诚	办公室	35	1850
王布公	财务科	32	1780
张德功	供销科	39	1810
李德胜	人事科	42	1890
赵凤鸣	劳资科	45	1910
赵欣华	运输科	29	1587
钱少波	劳资科	32	1592
伍中仁	办公室	27	1560

假定要删除第 5 个记录,即"赵凤鸣   劳资科   45   1910"。其方法是:将第 6 个记录写到第 5 个记录上,第 7 个记录写到第 6 个记录上。通过以上的操作文件内容变为:

李开诚	办公室	35	1850
王布公	财务科	32	1780
张德功	供销科	39	1810
李德胜	人事科	42	1890
赵欣华	运输科	29	1587
钱少波	劳资科	32	1592
伍中仁	办公室	27	1560
伍中仁	办公室	27	1560

文件中仍有 8 个记录,原来的第 5 个记录没有了,最后两个记录相同。也就是说,最后一个记录是多余的。为了解决这个问题,可以把原来的记录个数减 1,由 8 个变为 7 个。这样,当再向文件中增加新的记录时,多余的记录即被覆盖。

在选择对话框中输入 4,将显示一个对话框,要求输入要删除的记录的记录号,输入 5 并单击"确定"按钮,第 5 个记录即被删除,回到选择对话框,此时如果输入 2,单击"确定"按钮,即可看到第 5 个记录已被删除,如图 14.8 所示。

图 14.8 删除记录

(6) 结束程序。在选择对话框中输入 0,将关闭文件并结束程序运行。

14.6 用控件显示和修改随机文件

前面介绍了随机文件的读写及修改操作。执行这些操作的程序是用 Visual Basic 编写的,然而其操作方式和显示方式与传统语言没什么区别。如果能结合 Visual Basic 的控件来显示和修改随机文件中的数据,效果要好得多。下面通过一个例子来说明它的实现方法。

【例 14.10】 编写程序,用控件显示和修改随机文件中的数据。

仍使用前面程序建立的文件"Employee.dat"来设计程序。按以下步骤操作:
(1) 在窗体上画 4 个标签、4 个文本框、6 个命令按钮,各控件的属性设置见表 14.6。

表 14.6 控件属性设置

控 件	Name	Caption	Text
标签 1	Label1	"姓名"	无
标签 2	Label2	"单位"	无
标签 3	Label3	"年龄"	无
标签 4	Label4	"工资"	无
文本框 1	Text1(0)	-	空白
文本框 2	Text1(1)	-	空白
文本框 3	Text1(2)	-	空白
文本框 4	Text1(3)	-	空白
命令按钮 1	Command1	"打开文件"	无
命令按钮 2	Command2	"前一个记录"	无
命令按钮 3	Command3	"下一个记录"	无
命令按钮 4	Command4	"输入数据"	无
命令按钮 5	Command5	"修改数据"	无
命令按钮 6	Command6	"写入数据"	无

按上述属性设置建立的窗体如图14.9所示。

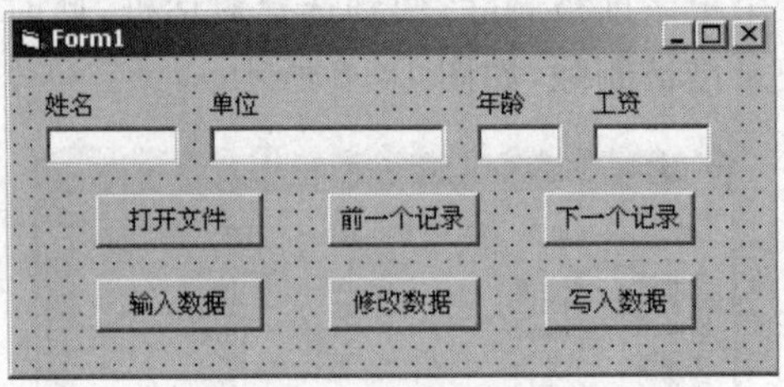

图14.9 随机文件数据的显示、添加和修改(界面设计)

窗体上的4个文本框是一个文本框控件数组中的4个元素,其控件数组名是Text1,通过下标表示不同的控件,即Text1(0),Text1(1),Text1(2),Text1(3)。用下面的方法建立文本框数组:

① 在窗体上建立一个文本框(名称为Text1),并将其Text属性设置为空白。

② 执行"编辑"菜单中的"复制"命令。

③ 执行"编辑"菜单中的"粘贴"命令,将显示一个对话框,单击"是"按钮,则在窗体左上角出现另一个同样的文本框。原来的文本框名为Text1(0),复制的文本框名为Text1(1)。把复制后的文本框移到适当位置,并调整其大小。

④ 执行"编辑"菜单中的"粘贴"命令,建立文本框Text1(2),并移到适当位置。用同样的方法,建立文本框Text1(3),并移到适当位置,并调整其大小。

4个标签分别用来标记记录中每个字段的标题,4个文本框用来显示字段的内容,而6个命令按钮分别用来打开文件、显示前一个记录、下一个记录中的数据、输入数据、修改数据和把数据写入文件。

(2) 定义记录类型、窗体层变量、编写通用过程:

```
Private Type RecordType
    EmName As String * 10
    Unit As String * 15
    Age As Integer
    Salary As Single
End Type

Dim recordvar As RecordType
Dim position As Integer
Dim recordnumber As Integer
Dim flag As Boolean

Sub display()
    Get #1, position, recordvar
    Text1(0).Text = recordvar.EmName
    Text1(1).Text = recordvar.Unit
    Text1(2).Text = recordvar.Age
```

```
    Text1(3).Text = recordvar.Salary
End Sub
```

该过程用来读取当前记录中的数据,并把各字段的内容在 4 个文本框中显示出来。

(3) 编写事件过程:

```
Private Sub Command1_Click()
    Open App.Path & "\Employee.txt" For Random As #1 Len = Len(recordvar)
    recordnumber = LOF(1) / Len(recordvar)
    position = 1
    display
End Sub

Private Sub Command2_Click()
    If position > 1 Then
        position = position - 1
        display
    ElseIf position = 1 Then
        MsgBox "这是第一个记录"
    End If
End Sub

Private Sub Command3_Click()
    If position < recordnumber Then
        position = position + 1
        display
    ElseIf position = recordnumber Then
        msg$ = "这是最后一个记录" + Chr$(13) + Chr$(10)
        msg$ = msg$ + "是否关闭文件?"
        resp = MsgBox(msg$, 36, "请选择")
        If resp = 6 Then
            Close #1
            End
        End If
    End If
End Sub

Private Sub Command4_Click()
    Text1(0).Text = ""
    Text1(1).Text = ""
    Text1(2).Text = ""
    Text1(3).Text = ""
    Text1(0).SetFocus
End Sub
```

```
Private Sub Command5_Click()
    flag = True
End Sub

Private Sub Command6_Click()
    recordvar.EmName = Text1(0)
    recordvar.Unit = Text1(1)
    recordvar.Age = Text1(2)
    recordvar.Salary = Text1(3)
    If flag = True Then
        Put #1, position, recordvar
    Else
        recordnumber = recordnumber + 1
        Put #1, recordnumber, recordvar
    End If
    flag = False
End Sub
```

程序运行后,单击"打开文件"命令按钮,将打开当前目录下的 Employee.txt 文件,如果该文件非空,则在 4 个文本框中显示第一个记录,并可通过单击"下一个记录"或"前一个记录"命令按钮浏览文件中的每个记录。单击"输入数据"命令按钮,在 4 个文本框中输入每个字段的内容,然后单击"写入数据",即可向文件中添加一个记录;而如果单击"修改数据"命令按钮,则可对当前显示的记录进行修改,修改后单击"写入数据"命令按钮,即可把修改后的记录写回文件。程序的运行情况如图 14.10 所示。

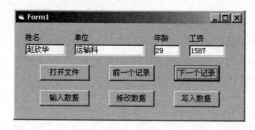

图 14.10 随机文件数据的显示、添加和修改(运行情况)

14.7 二进制文件

利用二进制存取可以获取任一文件的原始字节,即不仅能获取 ASCII 文件,而且能获取非 ASCII 文件的原始字节。这样,用户就可以读取或修改以非 ASCII 格式存盘的文件,例如可执行文件(*.exe)。

用下面的语句可以打开二进制输入/输出文件:

Open 文件说明　For Binary As ♯文件号

为二进制存取打开的文件被作为非格式化的字节序列来处理。可以把记录读或写到以二进制方式打开的文件中,但文件本身不必被处理成定长记录。实际上,二进制文件本身不必涉及记录,除非把文件中的每个字节看成是一个记录。

14.7.1 二进制存取与随机存取

二进制文件与随机文件的存取操作类似,这主要表现在以下两个方面:

(1) 不需要在读和写之间切换。在执行 Open 语句打开文件后,对该文件既可以读,也可以写,并且利用二进制存取可以在一个打开的文件中前后移动。

(2) 读写随机文件的语句也可用于读写二进制文件,即:

Get|Put #文件号,[位置],变量

在这里,"变量"可以是任何类型,包括变长字符串和记录类型;"位置"指明下一个 Get 或 Put 操作在文件的什么地方进行。二进制文件中的"位置"相对于文件开头而言。即第一个字节的"位置"是1,第二个字节的"位置"是2,等等。如果省略"位置",则 Get 和 Put 操作将文件指针顺序地从第一个字节到最后一个字节进行扫描。

Get 语句从文件中读出的字节数等于"变量"的长度;同样,Put 语句向文件中写入的字节数与"变量"的长度相同。例如,如果"变量"为整型,则 Get 语句就把读取的 2 个字节赋给"变量";如果"变量"为单精度型,则 Get 就读取 4 个字节。因此,如果 Get 和 Put 语句中没有指定"位置",则文件指针每次移过一个与"变量"长度相同的距离。

二进制文件与随机文件也有不同之处,主要是:二进制存取可以移到文件中的任一字节位置上,然后根据需要读、写任意个字节;而随机存取每次只能移到一个记录的边界上,读取固定个数的字节(一个记录的长度)。

二进制文件只能通过 Get 语句或 Input $ 函数读取数据,而 Put 则是向以二进制方式打开的文件中写入数据的唯一方法。

14.7.2 程序举例

【例 14.11】 编写程序,建立一个二进制文件,然后用 Seek 函数返回各项数据的位置。

在窗体上建立 3 个命令按钮,其标题(Caption 属性)分别为"建立文件"、"返回位置"和"退出",然后对 3 个命令按钮编写如下事件过程。

(1)"建立文件"事件过程:

```
Private Sub Command1_Click()
    Dim stuname As String * 10
    filename$ = InputBox$("Enter file name:")
    Open filename$ For Binary As #1
    Do
        stuname = InputBox$("请输入学生的名字:")
        Put #1, , stuname
        resp$ = InputBox$("继续输入吗?(Y/N)")
    Loop While UCase$(resp$) = "Y"
```

```
    Close #1
End Sub
```

该过程要求输入一个文件名,并把它作为二进制文件打开,然后向文件中写入数据(学生名字)。每输入完一个名字,程序询问是否继续输入,输入 Y 则继续,输入 N 则结束输入。

(2)"返回位置"事件过程：

```
Private Sub Command2_Click()
    Dim stuname As String * 10
    filename$ = InputBox$("Enter file name:")
    FontSize = 12
    Open filename$ For Binary As #1
    flen = LOF(1)
    For i = 1 To flen Step 10
        Get #1, , stuname
        x = Seek(1)
        Print stuname, x
    Next i
    Close #1
End Sub
```

Seek 函数返回的是下一个要读出的字节位置。由于变量的长度为 12 个字节,因此第一次返回的字节位置为 13,第二次为 25,以此类推。程序运行情况如图 14.11 所示。

(3)"退出"事件过程：

```
Private Sub Command3_Click()
    End
End Sub
```

图 14.11 数据项及其位置(字节)

14.8 文件系统控件

前面介绍了 Visual Basic 中数据文件的存取操作。计算机的文件系统包括用户建立的数据文件和系统软件及应用软件中的文件。为了管理计算机中的文件,Visual Basic 提供了文件系统控件。这一节将介绍这些控件的功能和用法,并介绍如何用它们开发应用程序。

在 Windows 应用程序中,当打开文件或将数据存入磁盘时,通常要打开一个对话框。利用这个对话框,可以指定文件、目录及驱动器名,方便地查看系统的磁盘、目录及文件等信息。为了建立这样的对话框,Visual Basic 提供了 3 个控件,即驱动器列表框(DriveListBox)、目录列表框(DirListBox)和文件列表框(FileListBox)。利用这 3 个控件,可以编写文件管理程序。

14.8.1 驱动器列表框和目录列表框

驱动器列表框和目录列表框是下拉式列表框,在工具箱中的图标如图 14.12 所示,其名称分别为 Drive$x$ 和 Dir$x$(x 为 1,2,3,…)。

(a) 驱动器列表框　(b) 目录列表框

图 14.12　驱动器列表框和目录列表框图标

1. 驱动器列表框

驱动器列表框及后面介绍的目录列表框、文件列表框有许多标准属性,包括:Enabled、FontBold、FontItalic、FontName、Fontsize、Height、Left、Name、Top、Visible、Width。此外还有一个 Drive 属性,用来设置或返回所选择的驱动器名。Drive 属性只能用程序代码设置,不能通过属性窗口设置。其格式为:

驱动器列表框名称.Drive[= 驱动器名]

这里的"驱动器名"是指定的驱动器,如果省略,则 Drive 属性是当前驱动器。如果所选择的驱动器在当前系统中不存在,则产生错误。

在程序执行期间,驱动器列表框下拉显示系统所拥有的驱动器名称。在一般情况下,只显示当前的磁盘驱动器名称。如果单击列表框右端的箭头,则把计算机所有的驱动器名称全部下拉显示出来,如图 14.13 所示。单击某个驱动器名,即可把它变为当前驱动器。

每次重新设置驱动器列表框的 Drive 属性时,都将引发 Change 事件。假定驱动器列表框的名称为 Drive1,则其 Change 事件过程的开头为 Drive1_Change()。

2. 目录列表框

目录列表框用来显示当前驱动器上的目录结构。刚建立时显示当前驱动器的顶层目录和当前目录。顶层目录用一个打开的文件夹表示,当前目录用一个加了阴影的文件夹来表示,当前目录下的子目录用合着的文件夹来表示,如图 14.14 所示。

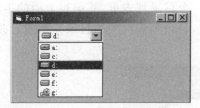

图 14.13　驱动器列表框(运行期间)　　　　图 14.14　目录列表框(设计阶段)

在 Visual Basic 中建立目录列表框时,当前目录为 Visual Basic 的安装目录(如"VB98"、"VB60"等)。程序运行后,双击顶层目录(这里是"C:\"),就可以显示根目录下的子目录名,双击某个子目录,就可以把它变为当前目录。

在目录列表框中只能显示当前驱动器上的目录。如果要显示其他驱动器上的目录，必须改变路径，即重新设置目录列表框的 Path 属性。

Path 属性适用于目录列表框和文件列表框，用来设置或返回当前驱动器的路径，其格式为：

[窗体.]目录列表框.|文件列表框.Path[= "路径"]

"窗体"是目录列表框所在的窗体，如果省略则为当前窗体。"路径"的格式与 DOS 下相同，如果省略"＝路径"，则显示当前路径。例如：

```
Print Dir1.Path
```

将显示当前路径（Dir1 是目录列表框的默认控件名）。而

```
Dir1.Path = "c:\msoffice"
```

将重新设置路径，目录列表框中显示 C 盘上 msoffice 目录下的目录结构。

Path 属性只能在程序代码中设置，不能在属性窗口中设置。它的功能类似于 DOS 下的 ChDir 命令，用来改变目录路径。对目录列表框来说，当 Path 属性值改变时，将引发 Change 事件。对文件列表框来说，如果改变 Path 属性，将引发 PathChange 事件。

驱动器列表框与目录列表框有着密切关系。在一般情况下，改变驱动器列表框中的驱动器名后，目录列表框中的目录应当随之变为该驱动器上的目录，也就是使驱动器列表框和目录列表框产生同步（Synchrnice）效果。这可以通过一个简单的语句来实现。

如前所述，当改变驱动器列表框的 Drive 属性时，将产生 Change 事件。当 Drive 属性改变时，Drive_Change 事件过程就发生反应。因此，只要把 Drive1.Drive 的属性值赋给 Dir1.Path，就可产生同步效果。即：

```
Private Sub Drive_Change()
    Dir1.Path = Drive1.Drive
End Sub
```

这样，每当改变驱动器列表框的 Drive 属性时，将产生 Change 事件，目录列表框中的目录变为该驱动器的目录。

例如，在窗体上画一个驱动器列表框，然后画一个目录列表框，并编写上面的事件过程。程序运行后，在驱动器列表框中改变驱动器名，目录列表框中的目录立即随着改变，如图 14.15 所示。

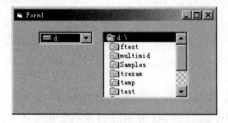

图 14.15　驱动器列表框和目录列表框的同步

14.8.2 文件列表框

用驱动器列表框和目录列表框可以指定当前驱动器和当前目录,而文件列表框可以用来显示当前目录下的文件(可以通过 Path 属性改变)。文件列表框的默认名称是 File$x$ (x 为 1,2,3,…)。在工具箱中,文件列表框的图标如图 14.16 所示。

图 14.16 文件列表框图标

1. 文件列表框属性

与文件列表框有关的属性较多,介绍如下:

(1) Pattern 该属性用来设置在执行时要显示的某一种类型的文件,可以在设计阶段通过属性窗口设置,也可以通过程序代码设置。在默认情况下,Pattern 的属性值为 *.*,即所有文件。在设计阶段,建立了文件列表框后,查看属性窗口中的 Pattern 属性,可以发现其默认值为 *.*。如果把它改为 *.exe,则在执行时文件列表框中显示的是 *.exe 文件。

在程序代码中设置 Pattern 的格式如下:

[窗体.]文件列表框名.Pattern[= 属性值]

如果省略"窗体",则指的是当前窗体上的文件列表框。如果省略" = 属性值",则显示当前文件列表框的 Pattern 属性值。例如:

Print File1.Pattern

将显示文件列表框 File1 的 Pattern 属性值。

在窗体上画一个文件列表框,在属性窗口中把它的 Pattern 属性设置为 *.exe,则文件列表框中只显示扩展名为.exe 的文件,如图 14.17 所示。

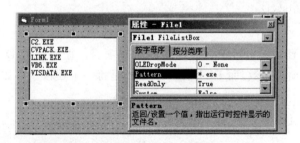

图 14.17 设置文件列表框的 Pattern 属性

如果执行

file1.Pattern = "*.mdb"

则文件列表框 File1 中将只显示扩展名为.mdb 的文件。

当 Pattern 属性改变时,将产生 Pattern_Change 事件。

(2) FileName 该属性格式如下:

[窗体.][文件列表框名.]FileName[= 文件名]

FileName 属性用来在文件列表框中设置或返回某一选定的文件名称。这里的"文件名"可以带有路径,可以有通配符,因此可用它设置 Drive,Path 或 Pattern 属性。

(3) ListCount ListCount 属性可用于组合框,也可用于驱动器列表框、目录列表框及文件列表框。其格式为:

[窗体.]控件.ListCount

这里的"控件"可以是组合框、目录列表框、驱动器列表框或文件列表框。ListCount 属性返回控件内所列项目的总数。该属性不能在属性窗口中设置,只能在程序代码中使用。

(4) ListIndex 该属性格式如下:

[窗体.]控件.ListIndex [= 索引值]

这里的"控件"可以是组合框、列表框、驱动器列表框、目录列表框或文件列表框,用来设置或返回当前控件上所选择的项目的"索引值"(即下标)。该属性只能在程序代码中使用,不能通过属性窗口设置。在文件列表框中,第一项的索引值为 0,第二项为 1,以此类推。如果没有选中任何项,则 ListIndex 属性的值将被设置为−1。

(5) List 该属性格式如下:

[窗体.]控件.List(索引)[= 字符串表达式]

这里的"控件",可以是组合框、列表框、驱动器列表框、目录列表框或文件列表框。在 List 属性中存有文件列表框中所有项目的数组,可用来设置或返回各种列表框中的某一项目。格式中的"索引"是某种列表框中项目的下标(从 0 开始)。例如:

```
For i = 0 To Dir1.ListCount
    Print Dir1.List(i)
Next i
```

该例用 List 属性来输出目录列表框中的所有项目。循环终值 Dir1.ListCount 指的是目录列表框中的项目总数,而 Dir1.List(i)指的是每一个项目。再如:

```
For i = 0 To File1.ListCount
    Print File1.List(i)
Next i
```

该例用 For 循环输出文件列表框 File1 中的所有项目。File1.ListCount 表示列表框中所有文件的总数,File1.List(i)指的是每个文件名。再如:

```
Print File1.ListIndex
Print File1.List(File1.ListIndex)
```

第一个语句用来输出文件列表框中某一被选项目的索引值(下标)。第二个语句显示以该索引值为下标的项目名称。

2. 驱动器列表框、目录列表框及文件列表框的同步操作

在实际应用中,驱动器列表框、目录列表框和文件列表框往往需要同步操作,这可以通过 Path 属性的改变引发 Change 事件来实现。例如：

```
Private Sub Dir1_Change()
    File1.Path = Dir1.Path
End Sub
```

该事件过程使窗体上的目录列表框 Dir1 和文件列表框 File1 产生同步。因为目录列表框 Path 属性的改变将产生 Change 事件，所以在 Dir1_Change 事件过程中，把 Dir1.Path 赋给 File1.Path，就可以产生同步效果。

类似地，增加下面的事件过程，就可以使 3 种列表框同步操作：

```
Private Sub Drive1_Change()
    Dir1.Path = Drive1.Drive
End Sub
```

该过程使驱动器列表框和目录列表框同步，前面的过程使目录列表框和文件列表框同步，从而使 3 种列表框同步。

3. 执行文件

文件列表框接收 DblClick 事件。利用这一点，可以执行文件列表框中的某个可执行文件。也就是说，只要双击文件列表框中的某个可执行文件，就能执行该文件。这可以通过 Shell 函数来实现。例如：

```
Private Sub File1_DblClick()
    x = Shell(File1.FileName,1)
End Sub
```

过程中的 FileName 是文件列表框中被选择的可执行文件的名字，双击该文件名就能执行。

14.8.3 程序举例

前面介绍了文件系统的 3 种控件，即驱动器列表框、目录列表框和文件列表框。利用这 3 种控件，可以建立简单的文件管理程序。下面通过一个例子说明文件系统 3 种控件的应用。

前面已多次使用过 Visual Basic 中"文件"菜单下的"打开工程"、"保存文件"等命令。在执行这些命令时，都要显示一个对话框，在这个对话框中，可以找到系统中所存储的每个文件。利用前面介绍的 3 个文件系统控件，可以建立类似的对话框。

【例 14.12】 建立一个文件控制对话框。利用这个对话框，可以查找每个磁盘上的任一个文件。

1. 界面设计

在窗体上画 5 个标签、两个命令按钮、一个文本框以及驱动器列表框、目录列表框和文件列表框。在窗体上的分布如图 14.18 所示。

界面中窗体及各个控件的属性设置见表 14.7。

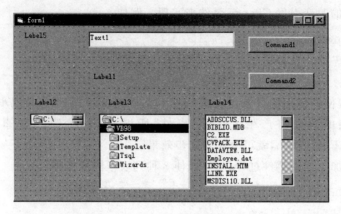

图 14.18 窗体设计

表 14.7 对象属性设置

控 件	Name	Caption	Text
窗体	Form1	"文件对话框"	无
标签 1	Label1	无(准备放路径)	无
标签 2	Label2	"驱动器:"	无
标签 3	Label3	"目录:"	无
标签 4	Label4	"文件:"	无
标签 5	Label5	"文件名:"	无
文本框	Text1	无	空白(输入文件名)
命令按钮 1	Command1	"确定"	无
命令按钮 2	Command2	"取消"	无
驱动器列表框	Drive1		
目录列表框	Dir1		
文件列表框	File1		

设计好的界面如图 14.19 所示。

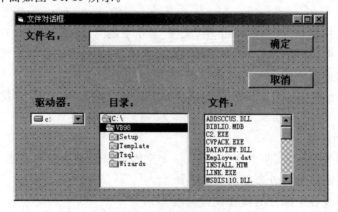

图 14.19 设计完成后的窗体

2. 编写代码

(1) 首先在窗体层定义如下变量:

```
Dim FinalPath As String
Dim FinalName As String
Dim Slashvar(20) As Integer
```

变量 FinalPath 用来存放完整的路径名,变量 FinalName 用来存放文件名称,数组 Slashvar(20)用来存放文件名中"\"的位置。

(2) 编写使驱动器列表框、目录列表框和文件列表框同步操作的事件过程:

```
Private Sub Drive1_Change()
    Dir1.Path = Drive1.Drive
End Sub

Private Sub Dir1_Change()
    File1.Path = Dir1.Path
    Label1.Caption = Dir1.Path
End Sub
```

前一个过程使驱动器列表框与目录列表框同步,后一个过程使目录列表框与文件列表框同步,同时把目录列表框的路径作为目录列表框上方标签的 Caption 属性。

(3) 编写文件列表框的 Click 事件过程:

```
Private Sub File1_Click()
    If Right $ (Dir1.Path, 1) <> "\" Then
        Text1.Text = Dir1.Path + "\" + File1.filename
    Else
        Text1.Text = Dir1.Path + File1.filename
    End If
End Sub
```

单击文件列表框中的项目时,执行上述事件过程,用来把文件名(包括路径)在文本框中显示出来。该过程首先检查当前目录路径最后是否有"\",如果有,就直接在目录路径后面加上文件名称;如果没有,就先在路径后面加上"\",然后再加上文件名称。

(4) 编写文件列表框的 DblClick 事件过程:

```
Private Sub File1_DblClick()
    FinalPath = Dir1.Path
    FinalName = File1.filename
    If Right $ (FinalPath, 1) <> "\" Then
        FinalPath = FinalPath + "\"
    End If
End Sub
```

该过程是双击文件列表框中的项目时所发生的反应,它把路径存入 FinalPath,把文件名存入 FinalName。

(5) 编写命令按钮 1 的事件过程：

```
Private Sub Command1_Click()
    Colon = InStr(Text1.Text, ":")
    Slash = InStr(Text1.Text, "\")
    If Colon Then
        Drive1.Drive = Mid$(Text1.Text, Colon - 1, 2)
    End If
    If Slash Then
        Temp$ = Text1.Text
        x = Colon
        y = Slash
        Do Until y = 0
            y = InStr(x, Temp$, "\")
            Slashvar(i) = y
            i = i + 1
            x = y + 1
        Loop
        k = Slashvar(i - 2)
        FinalPath = Mid$(Text1.Text, k + 1, TempLength)
    Else
        FinalPath = Left$(Text1.Text, 2)
        TempLength = Len(Text1.Text) - 2
        FinalName = Mid$(Text1.Text, 3, TempLength)
    End If
    If Right$(FinalPath, 1) <> "\" Then
        FinalPath = FinalPath + "\"
    End If
End Sub
```

上述事件过程是单击"确定"命令按钮时发生的反应，用来把显示在文本框中含有路径的文件名分成一个路径和一个文件名，分别存放到 FinalPath 和 FinalName 中。其原理是：用 Instr 函数找出整个文件名（含有路径）字符串中最后一个"\"符号所在的位置，该位置左边的部分是路径，存入 FinalPath，右边的部分是文件名，存入 FinalName。

(6) 编写命令按钮 2 的事件过程：

```
Private Sub Command2_Click()
    Text1.Text = ""
    FinalPath = ""
    End
End Sub
```

该过程是单击命令按钮"取消"时的反应，用来清除文本框和文件路径，然后退出程序。

程序运行后，单击驱动器列表框上的项目，可以改变当前驱动器，并影响到目录及文件。双击目录列表框中的项目,可以改变当前目录,同时影响到文件列表框。单击文件列表框中的项目,将在文本框上显示相应的路径及文件名,见图 14.20。此时如果单击"确定"按钮或双击文件列表框中的文件名,就能得到完整的路径和文件名(分别存放在变量 FinalPath 和 FinalName 中)。如果单击文本框,把光标移到文本框中,则可直接输入路径或文件名,单击"确定"按钮后将改变驱动器列表框、目录列表框及文件列表框的内容。例如,在文本框中输入"e:\",然后单击"确定"按钮,将显示 E 盘根目录下的目录及文件。如果单击"取消",则退出程序。

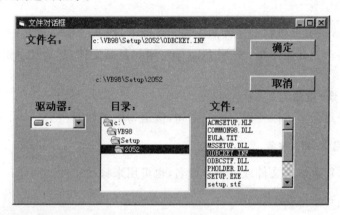

图 14.20　程序运行情况

14.9　文件基本操作

文件的基本操作指的是文件的删除、复制、移动、改名等。在 Visual Basic 中,可以通过相应的语句执行这些基本操作。

1. 删除文件

删除文件可以使用 Kill 语句,该语句格式如下:

`Kill 文件名`

用该语句可以删除指定的文件。这里的"文件名"可以含有路径。例如:

`kill "c:\wd\*.bak"`

将删除 C 盘 wd 目录下的备份文件。

Kill 语句具有一定的"危险性",因为在执行该语句时没有任何提示信息。为了安全起见,当在应用程序中使用该语句时,一定要在删除文件前给出适当的提示信息。

2. 复制文件

复制文件可以使用 FileCopy 语句,该语句格式如下:

`FileCopy 源文件名,目标文件名`

用 FileCopy 语句可以把"源文件名"复制为"目标文件名",复制后两个文件的内容完全一样。例如:

```
FileCopy "source.doc", "target.doc"
```

将把当前目录下的一个文件复制到同一目录下的另一个文件。如果将一个目录下的一个文件复制到另一个目录下,则必须包括路径信息,例如:

```
FileCopy "c:\firdir\source.doc", "d:\secdir\target.doc"
```

从上面的例子可以看出,FileCopy 语句中的"源文件名"和"目标文件名"可以含有驱动器和路径信息,但不能含有通配符(﹡或?)。此外,用该语句不能复制已由 Visual Basic 打开的文件。

Visual Basic 没有提供移动文件的语句。实际上,把 Kill 语句和 FileCopy 结合使用,即可实现文件移动。其操作是:先用 FileCopy 语句复制文件,然后用 Kill 语句将源文件名删除。

3. 文件(目录)重命名

文件或目录重命名可以使用 Name 语句,该语句格式如下:

Name 原文件名 As 新文件名

用 Name 语句可以对文件或目录重命名,也可用来移动文件。例如:

```
Name "myfile.old" As "myfile.new"
```

将把当前目录下名为 myfile.old 的文件改名为 myfile.new。

Name 语句中的"原文件名"是一个字符串表达式,用来指定已存在的文件名(包括路径);"新文件名"也是一个字符串表达式,用来指定改名后的文件名(包括路径),它不能是已存在的文件名。

在一般情况下,"原文件名"和"新文件名"必须在同一驱动器上。如果"新文件名"指定的路径存在并且与"原文件名"指定的路径不同,则 Name 语句将把文件移到新的目录下,并更改文件名。如果"新文件名"与"原文件名"指定的路径不同但文件名相同,则 Name 语句将把文件移到新的目录下,且保持文件名不变。例如:

```
Name "c:\dos\unzip.exe" As "c:\windows\unzip.exe"
```

将把 Unzip.exe 文件从 dos 目录下移到 windows 目录下,在 dos 目录下的 unzip.exe 文件被删除。再如:

```
Name "c:\dos\unzip.exe" As "c:\windows\dounzip.exe"
```

将原文件从 dos 目录下移到 windows 目录下并重新命名。

用 Name 语句可以移动文件,不能移动目录,但可以对目录重命名。例如:

```
Name "c:\temp" As "c:\tempold"
```

在使用 Name 语句时,应注意以下几点:

(1) 当"原文件名"不存在,或者"新文件名"已存在时,都会发生错误。
(2) Name 语句不能跨越驱动器移动文件。
(3) 如果一个文件已经打开,则当用 Name 语句对该文件重命名时将会产生错误。

因此,在对一个打开的文件重命名之前,必须先关闭该文件。

习　　题

14.1　在程序设计中,为什么说文件是不可缺少的?

14.2　文件分为哪几种类型?试说明数据文件的一般结构。

14.3　在 Visual Basic 中,顺序文件的读写操作通过什么语句实现?分为几步?如何进行?

14.4　随机文件与顺序文件有什么区别?如何对随机文件进行读写操作?

14.5　二进制文件与随机文件有什么相同点和不同点?

14.6　在磁盘上以文件形式建立一个三角函数表,其格式如下:

*	SIN	COS	TAN
0	?	?	?
1	?	?	?
⋮	⋮	⋮	⋮
90	?	?	?

14.7　某单位全年每次报销的经费(假定为整数)存放在一个磁盘文件中,试编写一个程序,从该文件中读出每次报销的经费,计算其总和,并将结果存入另一个文件中。

14.8　编写一个程序,用来处理活期存款的结算事务。程序运行后,先由用户输入一个表示结存的初值,然后进入循环,询问是接收存款还是扣除支出。每次处理之后,程序都要显示当前的结存,并把它存入一个文件中。要求输出的浮点数保留两位小数。

14.9　编写程序,按下列格式输出月历,并把结果放入一个文件中:

SUN	MON	TUE	WED	THU	FRI	SAT
1	2	3	4	5	6	7
8	9	10	11	12	13	14
15	16	17	18	19	20	21
22	23	24	25	26	27	28
29	30	31				

14.10　假定在磁盘上已建立了一个通讯录文件,文件中的每个记录包括编号、用户名、电话号码和地址等 4 项内容。试编写一个程序,用自己选择的检索方法(如二分法)从文件中查找指定的用户的编号,并在文本框中输出该用户的名字、电话号码和地址。

14.11　假定磁盘上有一个学生成绩文件,存放着 100 个学生的情况,包括学号、姓名、性别、年龄和 5 门课程的成绩。试编写一个程序,建立以下 4 个文件:

(1) 女生情况的文件。

(2) 按 5 门课程成绩高低排列的学生情况的文件(需增加平均成绩一栏)。

(3) 按年龄从小到大顺序排列的全部学生情况的文件。

(4) 按 5 门课程及平均成绩的分数段(60 分以下,60～70 分,71～80 分,81～90 分,90 分以上)进行人数统计的文件。

14.12 编写一个建立图书数据文件的程序。程序运行后,可以从键盘上输入每种图书的有关数据,包括图书分类号、登记号、作者名、单价、购进数、借出数、出版日期和出版社名称,把这些数据存入文件中。建立文件后,按登记号的顺序(由小到大)输出全部内容。

14.13 编写一个程序,输入某仓库的货物数据,建立一个顺序文件。每次从键盘上输入一种货物的数据,包括货物号、名称、单价、进库日期和数量。建立文件后,输出全部内容。

参 考 文 献

1 刘炳文. Visual Basic 语言教程. 北京：电子工业出版社，2000
2 刘炳文. Visual Basic 程序设计. 北京：机械工业出版社，2004
3 刘炳文. 精通 Visual Basic 6.0 中文版. 北京：电子工业出版社，1999
4 刘炳文. Visual Basic 程序设计——基础篇. 北京：人民邮电出版社，1998
5 刘炳文. Visual Basic 程序设计例题汇编. 北京：清华大学出版社，2006
6 刘炳文. Visual Basic 4.0 For Windows 95 程序设计基础. 北京：人民邮电出版社，1998
7 刘炳文. Quick BASIC 程序设计. 北京：电子工业出版社，1998